Nov. 12 2021
Friday
物理课
physics

$$\gamma = \cfrac{1}{\cfrac{2\Delta V}{V}B_0 \cos\theta + (B_0}$$

$$= \gamma_0 \cfrac{1}{(1-\frac{2\Delta V}{V})+\frac{2\Delta V}{V}}$$

$\theta = 0 \quad \gamma = \gamma_0$

$$0 = \left(\frac{\partial u}{\partial V}\right)_T = T\left(\frac{\partial P}{\partial T}\right)_V - P = 0$$

$$T\left(\frac{\partial P}{\partial T}\right)_V = P \qquad \ln P = \ln T + C$$

$$\left(\frac{\partial P}{P}\right)_V = \left(\frac{\partial T}{T}\right)_V \qquad \boxed{P = \alpha T}$$

$$T_t = T \qquad P = \frac{N k}{V} T \qquad PV = NkT$$

$x^2 = (\gamma_1 - R\cos\theta_m)^2 + (R\sin\theta_e \sin\phi)^2$

$R\cos\theta_m = R\sin\theta_e \cos\phi$

$\cos^2\theta_m = \sin^2\theta_e (1-\sin^2\theta_\phi)$

$\sin^2\theta_e \sin^2\phi = \sin^2\theta_e - \cos^2\theta_m$

$(R, \theta, \phi) \quad \theta_e, \phi$

Charles
physics
class

$m=0$, Recursion Relati

$$a_k\left[\ell(\ell+1)-k(k+1)\right]$$
$$+a_{k+2}\left[(k+1)(k+2)\right]=0$$

$$\frac{a_{k+2}}{a_k}=-\frac{\ell(\ell+1)-k(k+1)}{(k+1)(k+2)}=0$$

通过递推关系

$\ell=k$

ℓ 为偶数

Convection Zone
对流区

10K

300K km

Core
核

Radiation Zone
辐射区

Chromosphere
corona

70万 km

25% R_s

170K

photosphere 5800K 1cm

张朝阳 著

中信出版集团 | 北京

图书在版编目（CIP）数据

张朝阳的物理课 / 张朝阳著 . -- 北京：中信出版
社，2022.12 （2024.1重印）
ISBN 978-7-5217-4791-1

Ⅰ.①张… Ⅱ.①张… Ⅲ.①物理学－普及读物
Ⅳ.①O4-49

中国版本图书馆 CIP 数据核字（2022）第 177446 号

张朝阳的物理课
著者：　张朝阳
出版发行：中信出版集团股份有限公司
　　　　（北京市朝阳区东三环北路27号嘉铭中心　邮编　100020）
承印者：北京尚唐印刷包装有限公司

开本：787mm×1092mm　1/16　　印张：25.5　　字数：183 千字
版次：2022 年 12 月第 1 版　　印次：2024 年 1 月第 8 次印刷
书号：ISBN 978-7-5217-4791-1
定价：99.00 元

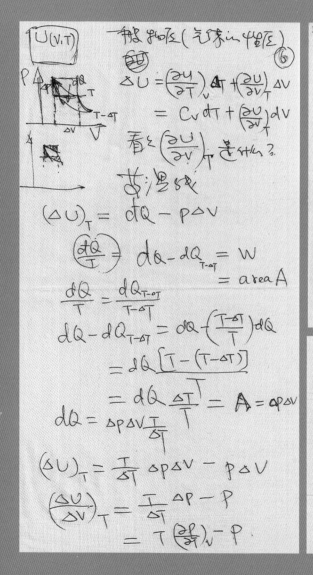

$$\boxed{U(V,T)}$$

一般情况（气体in平衡区） ⑥

$$\Delta U = \left(\frac{\partial U}{\partial T}\right)_V \Delta T + \left(\frac{\partial U}{\partial V}\right)_T \Delta V$$

$$= C_V\, dT + \left(\frac{\partial U}{\partial V}\right)_T dV$$

看 $\left(\frac{\partial U}{\partial V}\right)_T$ 是什么？

等温线

$$(\Delta U)_T = dQ - p\Delta V$$

$$\left(\frac{dQ}{T}\right)\ \ dQ - dQ_{T-\alpha T} = W = area\ A$$

$$\frac{dQ}{T} = \frac{dQ_{T-\alpha T}}{T-\alpha T}$$

$$dQ - dQ_{T-\alpha T} = dQ - \left(\frac{T-\alpha T}{T}\right) dQ$$

$$= dQ\frac{[T-(T-\alpha T)]}{T}$$

$$= dQ\frac{\alpha T}{T} = A = \alpha p\Delta V$$

$$dQ = \alpha p\Delta V\frac{T}{\alpha T}$$

$$(\Delta U)_T = \frac{T}{\alpha T}\alpha p\Delta V - p\Delta V$$

$$\left(\frac{\Delta U}{\Delta V}\right)_T = \frac{T}{\alpha T}\alpha p - p$$

$$= T\left(\frac{\partial p}{\partial T}\right)_V - p$$

对于理想气体 $U(V,T)$ 只与温度有关 ⑦

$$\left(\frac{\partial U}{\partial V}\right)_T = 0$$

$$T\left(\frac{\partial p}{\partial T}\right)_V = p$$

$$\frac{\partial p}{p} = \frac{\partial T}{T} \rightarrow p = \alpha T$$

但是前面推的结论in微观

$$p = \frac{N}{V}\frac{2}{3}\langle E_K\rangle$$

$$= \frac{2}{3}\frac{1}{V}U(T) \Rightarrow pv = \frac{2}{3}U(T)$$

$$= \alpha T \qquad = \alpha T$$

$$\boxed{PV}\ \ U = \frac{3}{2}\alpha T = \frac{3}{2}NKT \quad K=B$$

$$PV = \frac{2}{3}U(T) = NKT$$

$$\Rightarrow PV = NKT$$

那么我们假定 由那种气体
又与温度（热力温标）有关与
体积无关，气体是最简单
它的压强与 温度间满足这种
p，由热力学温标定义 μ_pT满足
$$PV = NKT$$

$$\boxed{8}$$

说明 现在建立的 integ是一致
$$PV = NKT$$

对OB两种理论是一致

辐射阻尼

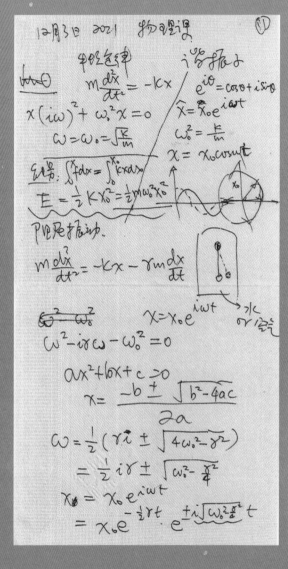

12月3日 2021 物理课

牛顿定律 谐振子

$$m\frac{d^2x}{dt^2} = -kx \qquad e^{i\theta} = \cos\theta + i\sin\theta$$

$$x(i\omega)^2 + \omega_0^2 x = 0 \qquad \hat{x} = x_0 e^{i\omega t}$$

$$\omega = \omega_0 = \sqrt{\frac{K}{m}} \qquad \omega_0^2 = \frac{k}{m}$$

$$x = x_0 \cos\omega t$$

能量: $\int f dx = \int_0^{x_0} kx\, dx$

$$E = \frac{1}{2}Kx_0^2 = \frac{1}{2}m\omega_0^2 x_0^2$$

阻尼振动.

$$m\frac{d^2x}{dt^2} = -kx - \gamma m\frac{dx}{dt}$$

$$\qquad \overset{-\omega^2}{\underset{}{}} - \overset{-\omega_0^2}{\underset{}{}} \qquad x = x_0 e^{i\omega t}$$

$$\omega^2 - i\gamma\omega - \omega_0^2 = 0$$

$$ax^2 + bx + c = 0$$

$$x = \frac{-b \pm \sqrt{b^2 - 4ac}}{2a}$$

$$\omega = \frac{1}{2}\left(\gamma i \pm \sqrt{4\omega_0^2 - \gamma^2}\right)$$

$$= \frac{1}{2}i\gamma \pm \sqrt{\omega_0^2 - \frac{\gamma^2}{4}}$$

$$x_0 = x_0 e^{i\omega t}$$

$$= x_0 e^{-\frac{1}{2}\gamma t} \cdot e^{\pm i\sqrt{\omega_0^2 - \frac{\gamma^2}{4}}\, t}$$

γ很小, 完美的情形

$$\omega^2 = \frac{\gamma^2}{4} \qquad \sim \omega_0^2$$

$$x = (x_0 e^{\frac{\gamma}{2}t}) e^{\pm i\omega t} \qquad \omega \sim \omega_0$$

类似简谐振子 振幅(变小)

方程能量衰减

$$E = \frac{1}{2}K A^2 = \frac{1}{2}m\omega_0^2 A^2$$

$$= \frac{1}{2}m\omega_0^2 x_0^2 e^{-\gamma t}$$

$$\frac{dE}{dt} = -\gamma\left(\frac{1}{2}m\omega_0^2 x_0^2\right)$$

$$= -\gamma E$$

电荷 偶极, 辐射 能量 阻尼 模型

$$E(t) = \frac{q}{4\pi\epsilon_0 r^2}\sin\alpha$$

$$S = \epsilon_0 c E^2 = \frac{1}{16\pi^2 \epsilon_0 c} \frac{q^2 a^2}{r^2}\sin\alpha$$

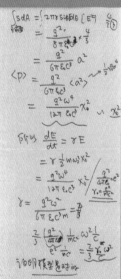

$$\int SdA = \int 2\pi r\sin\theta\, rd\theta \, [E^2]$$

$$= \frac{q^2}{8\pi\epsilon_0 c^3} a^2 \times \frac{4}{3}$$

$$= \frac{q^2}{6\pi\epsilon_0 c^3} a^2$$

$$\langle P \rangle = \frac{q^2}{6\pi\epsilon_0 c^3}\langle a^2 \rangle \quad \sim \frac{1}{2}x_0^2 \omega^4$$

$$= \frac{q^2 \omega^4}{12\pi\epsilon_0 c^3} x_0^2 \quad \sim x_0^2$$

所以 $\frac{dE}{dt} = \gamma E$

$$= \gamma \frac{1}{2}m\omega_0^2 x_0^2$$

$$= \frac{q^2 \omega^4}{12\pi\epsilon_0 c^3} x_0^2 \quad \Big/ \frac{q^2}{4\pi\epsilon_0} = e^2$$
$$\qquad\qquad\qquad\qquad r_0 = \frac{q^2}{mc^2}$$

$$\gamma = \frac{q^2 \omega^2}{6\pi\epsilon_0 c^3 m} \cdot \frac{2}{3}$$

$$\frac{2}{3}\left(\frac{q^2}{4\pi\epsilon_0}\right)\frac{1}{mc^3}\omega^2\frac{1}{c} = \frac{2}{3}\frac{r_0}{c}\omega^2$$

有100个模型等等解释

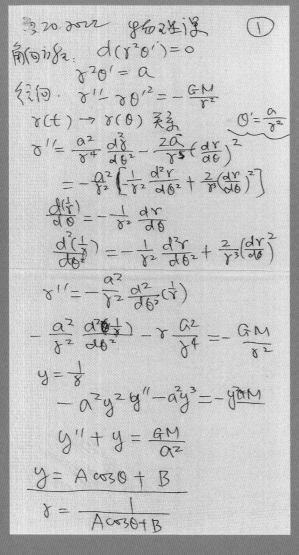

3.20.2022　　　　①

角向动量：$d(r^2\theta') = 0$

$r^2\theta' = a$

径向：$r'' - r\theta'^2 = -\dfrac{GM}{r^2}$

$r(t) \to r(\theta)$ 关系

$\theta' = \dfrac{a}{r^2}$

$r'' = \dfrac{a^2}{r^4}\dfrac{d^2r}{d\theta^2} - \dfrac{2a^2}{r^5}\left(\dfrac{dr}{d\theta}\right)^2$

$= -\dfrac{a^2}{r^2}\left[-\dfrac{1}{r^2}\dfrac{d^2r}{d\theta^2} + \dfrac{2}{r^3}\left(\dfrac{dr}{d\theta}\right)^2\right]$

$\dfrac{d(\frac{1}{r})}{d\theta} = -\dfrac{1}{r^2}\dfrac{dr}{d\theta}$

$\dfrac{d^2(\frac{1}{r})}{d\theta^2} = -\dfrac{1}{r^2}\dfrac{d^2r}{d\theta^2} + \dfrac{2}{r^3}\left(\dfrac{dr}{d\theta}\right)^2$

$r'' = -\dfrac{a^2}{r^2}\dfrac{d^2}{d\theta^2}\left(\dfrac{1}{r}\right)$

$-\dfrac{a^2}{r^2}\dfrac{d^2(\frac{1}{r})}{d\theta^2} - r\dfrac{a^2}{r^4} = -\dfrac{GM}{r^2}$

$y = \dfrac{1}{r}$

$-a^2 y^2 y'' - a^2 y^3 = -y^2 GM$

$y'' + y = \dfrac{GM}{a^2}$

$y = A\cos\theta + B$

$r = \dfrac{1}{A\cos\theta + B}$

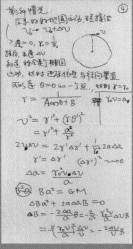

④

第三种情况.

在子午切地圈内动，过程情形

$\{\ddot{v_0} = 2.4v_{00}\}$

取 $A = 0$, $r_0 = \dfrac{1}{B}$

授后 未度 Δv

轨道 将会是行椭圆

运动，此时 速度很发 与径向垂直

取此是 $\theta = 0$ 点为一点， 这时 $r = r_0$,

$r = \dfrac{1}{A\cos\theta + B}$　$r_0 v = a_0$

$v^2 = r'^2 + (r\theta')^2$

$= r'^2 + \dfrac{a^2}{r^2}$

$2v\Delta v = 2r'\Delta r' + \dfrac{1}{r^2}2a\Delta a$

$r' = \Delta r'$　$(\Delta r')^2 \to 0$

$\Delta a = \dfrac{r_0 v \Delta v}{a}$

② $Ba^2 = GM$

$\Delta B a^2 + 2a\Delta a B = 0$

$\Delta B = -\dfrac{2\Delta a}{a}B = -\dfrac{2}{a}\cdot\dfrac{r_0 v}{a}\Delta v B$

$= -\left(\dfrac{r_0 v}{a}\right)^2\dfrac{\Delta v}{v} = -\dfrac{2\Delta v}{v}$

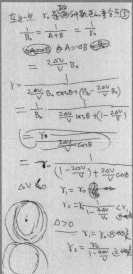

⑤

直起点 r_0 看两种轨道并合并了

$\dfrac{1}{B_0} = \dfrac{1}{A+B} = \dfrac{1}{r_0}$

$\quad A = -\Delta B$

$= \dfrac{2\Delta v}{v}B_0$

$r = \dfrac{1}{\frac{2\Delta v}{v}B_0\cos\theta + (B_0 - \frac{2\Delta v}{v}B_0)}$

$= \dfrac{1}{B_0}\dfrac{1}{\frac{2\Delta v}{v}\cos\theta + (1 - \frac{2\Delta v}{v})}$

$= \dfrac{r_0}{(1 - \frac{2\Delta v}{v}) + \frac{2\Delta v}{v}\cos\theta}$

$\Delta v < 0$　$r_1 = r_0$

$r_2 = \dfrac{r_0}{1 - \frac{4\Delta v}{v}} < r_1$ 近地点

$\Delta v > 0$　$r_1 = r_0$ 近地点

$r_2 = \dfrac{r_0}{1 - \frac{4\Delta v}{v}}$ 远地点

拉普拉斯算符的球坐标与量子力学

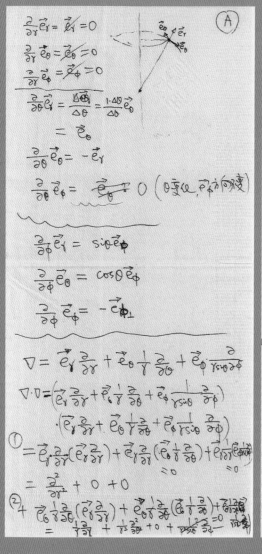

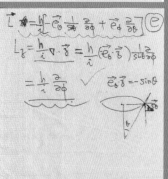

(A)

$$\frac{\partial}{\partial r}\vec{e}_r = \frac{\partial \vec{e}_r}{\partial r} = 0$$

$$\frac{\partial}{\partial r}\vec{e}_\theta = \frac{\partial \vec{e}_\theta}{\partial r} = 0$$

$$\frac{\partial}{\partial r}\vec{e}_\phi = \frac{\partial \vec{e}_\phi}{\partial r} = 0$$

$$\frac{\partial}{\partial \theta}\vec{e}_r = \frac{|\Delta \vec{e}_r|}{\Delta \theta}\vec{e}_\theta = \frac{1 \cdot \Delta \theta}{\Delta \theta}\vec{e}_\theta$$
$$= \vec{e}_\theta$$

$$\frac{\partial}{\partial \theta}\vec{e}_\theta = -\vec{e}_r$$

$$\frac{\partial}{\partial \theta}\vec{e}_\phi = \vec{e} \cdots = 0 \quad (\theta \, 变化, \, \vec{e}_\phi 方向不变)$$

$$\frac{\partial}{\partial \phi}\vec{e}_r = \sin\theta \, \vec{e}_\phi$$

$$\frac{\partial}{\partial \phi}\vec{e}_\theta = \cos\theta \, \vec{e}_\phi$$

$$\frac{\partial}{\partial \phi}\vec{e}_\phi = -\vec{e}_{\phi\perp}$$

$$\nabla = \vec{e}_r\frac{\partial}{\partial r} + \vec{e}_\theta \frac{1}{r}\frac{\partial}{\partial \theta} + \vec{e}_\phi \frac{\partial}{r\sin\theta\,\partial\phi}$$

$$\nabla \cdot \nabla = \left(\vec{e}_r\frac{\partial}{\partial r} + \vec{e}_\theta\frac{1}{r}\frac{\partial}{\partial \theta} + \vec{e}_\phi\frac{1}{r\sin\theta}\frac{\partial}{\partial\phi}\right)$$
$$\cdot\left(\vec{e}_r\frac{\partial}{\partial r} + \vec{e}_\theta\frac{1}{r}\frac{\partial}{\partial \theta} + \vec{e}_\phi\frac{1}{r\sin\theta}\frac{\partial}{\partial\phi}\right)$$

①
$$= \vec{e}_r\frac{\partial}{\partial r}\left(\vec{e}_r\frac{\partial}{\partial r}\right) + \vec{e}_r\frac{\partial}{\partial r}\left(\vec{e}_\theta\frac{1}{r}\frac{\partial}{\partial\theta}\right) + \vec{e}_r\frac{\partial}{\partial r}\cdots$$
$$= \frac{\partial^2}{\partial r^2} + 0 + 0$$

②
$$+ \vec{e}_\theta\frac{1}{r}\frac{\partial}{\partial\theta}\left(\vec{e}_r\frac{\partial}{\partial r}\right) + \vec{e}_\theta\frac{1}{r}\frac{\partial}{\partial\theta}\left(\vec{e}_\theta\frac{1}{r}\frac{\partial}{\partial\theta}\right) + \cdots$$
$$= \frac{1}{r}\frac{\partial}{\partial r} + \frac{1}{r^2}\frac{\partial^2}{\partial\theta^2} + 0 + \cdots$$

③
$$\vec{e}_\phi\frac{1}{r\sin\theta}\frac{\partial}{\partial\phi}\left(\vec{e}_r\frac{\partial}{\partial r}\right) + \vec{e}_\phi\frac{1}{r\sin\theta}\frac{\partial}{\partial\phi}\left(\vec{e}_\theta\frac{1}{r}\frac{\partial}{\partial\theta}\right)$$
$$+ \vec{e}_\phi\frac{1}{r\sin\theta}\frac{\partial}{\partial\phi}\left(\vec{e}_\phi\frac{1}{r\sin\theta}\frac{\partial}{\partial\phi}\right)$$

$$= \frac{\sin\theta}{r\sin\theta}\frac{\partial}{\partial r} + \frac{\cos\theta}{r^2\sin\theta}\frac{\partial}{\partial\theta}$$
$$+ \frac{1}{r^2\sin^2\theta}\frac{\partial^2}{\partial\phi^2}$$

(B)

①+②+③
$$= \frac{\partial^2}{\partial r^2} + \frac{1}{r}\frac{\partial}{\partial r} + \frac{1}{r^2}\frac{\partial^2}{\partial\theta^2}$$
$$+ \frac{1}{r}\frac{\partial}{\partial r} + \frac{\cos\theta}{r^2\sin\theta}\frac{\partial}{\partial\theta} + \frac{1}{r^2\sin^2\theta}\frac{\partial^2}{\partial\phi^2}$$

$$= \frac{1}{r^2}\frac{\partial}{\partial r}\left(r^2\frac{\partial}{\partial r}\right) + \frac{1}{r^2\sin\theta}\frac{\partial}{\partial\theta}\left(\sin\theta\frac{\partial}{\partial\theta}\right)$$
$$+ \frac{1}{r^2\sin^2\theta}\frac{\partial^2}{\partial\phi^2}$$

$$= \frac{1}{r^2}\frac{\partial}{\partial r}\left(r^2\frac{\partial}{\partial r}\right) + \frac{1}{r^2}\left[\frac{1}{\sin\theta}\frac{\partial}{\partial\theta}\left(\sin\theta\frac{\partial}{\partial\theta}\right) + \frac{1}{\sin^2\theta}\frac{\partial^2}{\partial\phi^2}\right]$$

(C)

$$\left[\vec{L} = \frac{\hbar}{i}\vec{r}\times\nabla, \quad \nabla = \vec{e}_\theta\frac{1}{r}\frac{\partial}{\partial\theta} + \vec{e}_\phi\frac{1}{r\sin\theta}\frac{\partial}{\partial\phi}\right]$$

$$L_z = \frac{\hbar}{i}\nabla\cdot\hat{z} = \frac{\hbar}{i}(\vec{e}_\phi\cdot\hat{z})\frac{1}{r\sin\theta}\frac{\partial}{\partial\phi}$$
$$= \frac{\hbar}{i}\frac{\partial}{\partial\phi} \quad\checkmark \qquad \vec{e}_\phi\cdot\hat{z} = -\sin\theta$$

CONTENTS
目 录

自 序

　　小学的时候，我是在外面奔跑玩耍中长大，这奠定了我后来好的体魄及三维空间的直接体验。

　　中学开始，中国恢复了高考制度，我开始发奋读书。在所有科目里，我发现数学和物理最讲道理，我清楚地记得牛顿第一定律让我理解了公共汽车突然刹车后发生的事情的那一刻——哦，原来是这样！我是在五机部工厂大院长大的，我父母都是医生，那个年代，"听诊器"和"方向盘"很吃香，子弟中学的老师跟我父母关系很好。有一天我妈跟没代过我课的最牛的物理老师说："李老师，考考朝阳哦，看看他水平咋样。"我星期天去李老师办公室，他出题：在有摩擦力的斜面上一个物体什么时候不往下滑？我两分钟给出答案：$\mu \geq \tan\theta$。李老师显得很高兴，但没说什么，只是说"你回去吧"。后来我妈告诉我，李老师说我是个人才，哈哈哈。

　　中学的我，物理大爆发，兴趣浓厚，考试也没什么压力，物理竞赛得过第一名，也下定决心今后要成为一名物理学家。

　　后来，大学时代，全国的尖子都放一块儿，80年代，人们都很单纯幼稚，没有PC，没有手机，没有互联网，甚至没有固定电话，脑子里只有几根筋，尖锐的几根筋支撑起的人生目标，局部压强极大，每个人都希望自己是最聪明、最可能当科学家的那一个，考试成绩变得如生死般重要，不因为就业、赚钱，而因为人的自我价值、自我判断。我们拼命地做习题，为了考试不出错，苏联的"吉米多维奇"上的题做了不少。考试出错扣分带来了挫败感和伤害，后来很多年这种挫败感以及异国他乡的亚文化孤独是我的人生底色，我变得厌学、拖延和叛逆……

　　时间快进到几年前，我已经重整了价值观，在人生过半的年月，满血复活。我看到的是一个充满意义的新的地平线，这个价值观的核心是，每个人来到世上，是带着责任和使命的，人生际遇分配给你的角色，你有责任尽最大的努力去完成。我环顾四周看看我能做点儿什么。其他的事情就不说了，如果我以前有物理的背景，那么构成过去两百年人类科技进步的基础的神奇的物理，我居然没有搞懂，那不是没有尽到此生的责任吗？在复活的这几年，厌学已经荡然无存，我又像中学时期的我，如饥似渴，学习一切。

在朋友圈看到描述理查德·费曼的学习方法的文章：一是围绕一个问题，翻阅资料，研究，而不是把一本书从头看到尾；二是写下来（自己推导）；三是讲给别人。这个方法我深表赞同，我叫它研究式学习。其实几百万年前智人从树上下来，围猎聚餐，在交流中发展了认知与语言。玻尔的哥本哈根学派就是在讨论争吵中窥视到了量子力学的真谛。所以我需要表达！

而这短视频、直播的年代，每个人可以容易地获得听众。哈哈哈！2021 年的 11 月 5 日，《张朝阳的物理课》直播开张。

这研究式学习一发不可收拾，大半年过去了，每周我确立兴奋点（主题），读一些资料，自己进行推导计算，写成讲稿，直播上课。课后再与几位来自中科院、清华大学等单位的博士生涂凯勋、李松、葛伯宣、张圣杰等讨论一小时，并由他们写成文字，剪成视频，这个循环已经进行了100 多次，本书是前 50 节课的内容。本书应用力学、热力学、统计力学、电磁学及量子力学的基础知识，对一些基本的物理问题进行了有个人风格的推导与演算，值得读者将其作为传统物理教科书的补充书籍阅读。

可以挑着看，跳着看，结合搜狐视频上的"张朝阳"账号的全程回放以及"张朝阳的物理课"的二创短视频一块儿看。书中可能有不严谨的地方，欢迎大家一起探讨……

Enjoy reading and calculating!

张朝阳

2022 年五一假期

第一部分

经典力学问题

牛顿定律
与守恒量专题

▼

空间站的速度有多快？
—— 初识牛顿运动定律和万有引力[1]

摘要：本节将从基础的牛顿定律出发，介绍万有引力定律和电荷的库仑定律，再到卫星、飞船的速度和角速度计算，一幅壮丽的物理图景即将展开。

　　自然界中存在四种基本的相互作用力 —— 电磁力、强相互作用力、弱相互作用力以及万有引力。它们构成了我们丰富多彩的世界，解开这些力的规律，就能解释这个世界的绝大多数现象。在经典力学中，我们用一个三维矢量来描写相互作用力，并且力满足牛顿三大运动定律。牛顿第一定律是指在没有外力作用下孤立质点保持静止或做匀速直线运动；牛顿第二定律指力等于质点质量乘以质点的加速度；牛顿第三定律则是指相互作用的两个质点之间的作用力和反作用力总是大小相等、方向相反，并且作用在同一条直线上。不过牛顿运动定律只给出了关于力的普遍性质，并未确定力的具体表达式，于是本节课将介绍两种力的具体形式，即万有引力与库仑力，并结合牛顿运动定律来具体做一些计算。

1.　本节内容来源于《张朝阳的物理课》第 1 讲视频。

一、初识物理大厦的基石——牛顿力学

物理大厦的基础是牛顿力学，所以我们需要从这里开始讲起。要了解牛顿力学，必然离不开"力"这个基本概念。牛顿三大定律里，后两个定律直接说到力。牛顿第一定律虽然没有直接对力做出限定，却描述了不受力作用的物体的运动状态。总之，牛顿三大定律都与力有关，可见此概念的重要性。

力的作用表现为改变物体的运动状态。如果没有力，物体将会静止或者一直保持原来的速度运动下去。这就是牛顿第一运动定律。如果力作用在质点上，质点的运动状态就会改变。牛顿力学里通过加速度来描述运动状态的改变。加速度被定义为单位时间内速度的改变量，也就是速度对时间的导数：

$$\vec{a} = \frac{\mathrm{d}\vec{v}}{\mathrm{d}t}$$

牛顿第二运动定律说的是力和加速度的关系：

$$\vec{F} = m\vec{a}$$

其中 $\vec{F}$ 表示作用在质点上的力，m 是这个质点的质量。我们平时说的100斤，指的就是质量。质量是用来衡量物质多少的量，同时也表征了物体受到力的作用后运动状态改变的难易程度。

牛顿第二定律是比较容易理解的：当静止的物体受到一个恒力的作用，它必然会不断加速；当运动的物体受到反向的力的作用，就会不断减速。这些结论都符合人们的观念。

有时候人们很难直接测量力的大小，但是只要知道了物体的运动状态，算出它的加速度，再乘以质量就可以得到力了。于是，牛顿第二定律不仅表明力使物体的运动状态发生改变，还说明我们可以通过加速度去测量力。

二、认识万有引力、库仑力

自然界中存在四种基本相互作用，它们分别是引力相互作用、电磁相互作用、强相互作用和弱相互作用。其中强相互作用和弱相互作用主要发生在原子核及以下尺度。而引力相互作用，就是所谓的万有引力。比如两个相距 r 的质点，质量分别为 m_1 和 m_2 ，那么它们之间存在着吸引力，大小为：

$$F = G\frac{m_1 m_2}{r^2}$$

其中 $G = 6.67 \times 10^{-11}$ N·m^2/kg^2 是万有引力常数。不管物体距离多远，也不管是什么类型的物体，比如搜狐大厦这栋楼，或者远在西雅图的某栋楼，都会对地球上的人有吸引力，只不过这个吸引力很小，人们一般难以察觉。但是对于宇宙中的星体等大质量的物体，引力的相互作用就变得很大了。太阳系乃至银河系的各种运动几乎都是引力在主宰。

前面介绍的引力公式是对两个质点进行描述的，但是像星体这种密度只随半径变化的球体，其外部引力可以等效为同等质量的质点的引力，且等效质点处于球心位置。这个结论将会在以后的小节中给予证明，目前先默认这一点。

在地球表面附近，所有物体都受到重力作用，这个重力主要来源于地球对物体的万有引力。重力垂直向下，大小是 $F = mg$ ，其中 $g \approx 9.8$ m/s^2 是重力加速度。我们要区分重量和质量这两个概念。重量指的是物体受到的重力大小，质量指的是物体含有的物质多少、惯性的大小。一个质量为 100 kg 的人，他的重量大约是 980 N 。

在地球附近，有如下关系：

$$F = mg = G\frac{Mm}{R^2}$$

其中 M 是地球质量，R 是地球半径。消掉 m，可得到 $g = \dfrac{GM}{R^2}$。在很多计算中，可以利用这个关系替换掉其中的 GM。

接下来我们来简单讨论电磁相互作用。虽然电磁现象可以通过麦克斯韦理论描述，但是电磁力可以被区分成很多种力，这里介绍的是电荷间的作用力，更严格地说是静电荷之间的力。静电力的公式与万有引力公式非常相似：

$$F = k\frac{q_1 q_2}{r^2}$$

其中 q_1 和 q_2 是两个点电荷的电荷量，r 是这两者之间的距离，$k = 9.0 \times 10^9\,\mathrm{N \cdot m^2/C^2}$ 是静电常数。静电力和引力一样，都与距离的平方成反比，且力的方向是沿着两个点电荷之间的连线。而电磁力与引力不一样的地方在于电荷有正有负，从而使得点电荷之间可能是吸引力，也可能是排斥力，表现为同种电荷互相排斥，异种电荷互相吸引。

既然静电力也是与距离的平方成反比，那么为什么星体之间的运动由引力主宰？这是因为异种电荷互相吸引，所以行星尺度上各种物体整体看来都是接近电中性的，从而几乎不存在静电力。而引力没有这种互相抵消的效应，越多质量堆叠在一起，引力就越强。

三、计算卫星、飞船和空间站的速度

如何计算卫星或者空间站的速度？卫星和空间站在天上只受到引力作用，没有其他力帮忙平衡住引力，为什么它们不掉下来？这是因为它们在做圆周运动。严格说来，实际上它们做的一般是椭圆运动，不过为了计算方便，此处暂且将之近似为匀速圆周运动。

既然卫星受到地球的引力作用，方向指向地心，那么卫星应该有一个指向地心的加速度。卫星做的是匀速圆周运动，它的速度大小不变，何来

的加速度呢？这是因为速度是个矢量，虽然它的大小不变，但其方向一直在发生变化。以地心为原点，在圆周运动所在的平面上建立极坐标，由于速度方向始终垂直于半径，速度大小不变的时候，由简单的几何关系可知，卫星运行了一个微小角度 $\Delta\theta$ 后速度的变化为：

$$\Delta v \equiv |\Delta\vec{v}| = v\Delta\theta$$

由加速度的定义还可得加速度大小为：

$$a = \lim_{\Delta t \to 0} \frac{\Delta v}{\Delta t} = v \lim_{\Delta t \to 0} \frac{\Delta\theta}{\Delta t} = v\frac{\mathrm{d}\theta}{\mathrm{d}t} \tag{1}$$

其中 $\dfrac{\mathrm{d}\theta}{\mathrm{d}t}$ 是角速度，一般用 ω 表示。同样，因为弧长等于角度 θ 乘以半径 r，可以得到速度和角速度的关系为：

$$v = r\frac{\mathrm{d}\theta}{\mathrm{d}t} = r\omega \tag{2}$$

其中 r 为圆周运动的半径。联立式（1）与式（2）可得加速度大小与速度的关系式 $a = \dfrac{v^2}{r}$。由于速度保持不变，所以加速度垂直于速度方向，而前面也说过了速度方向始终垂直于半径，那么加速度方向沿着半径指向地心。引力也是指向地心的，根据牛顿第二定律，有：

$$G\frac{Mm}{r^2} = m\frac{v^2}{r}$$

由此得到速度大小为：

$$v^2 = \frac{GM}{r}$$

联立式（2）可以计算出卫星绕地球运行的角速度：

$$\omega = \sqrt{\frac{GM}{r^3}}$$

进一步利用前面介绍的 $gR^2 = GM$，可得角速度与重力加速度 g 的关系：

$$\omega = \sqrt{\frac{gR^2}{r^3}}$$

地球半径大约是 6400 千米。假设某卫星或飞船的高度为 590 千米，代入数据可以得到相应的角速度为 1.08×10^{-3} rad/s ，也就是一天大约绕地球 15 圈。中国空间站高度大约是 400 千米，同样可以计算得到空间站一天绕地球大约 16 圈。

[**小 结**]
Summary

本节课介绍了两种相互作用力——万有引力以及库仑力，实际上库仑力是四大基本力中电磁力的一部分，但电磁力包含更多更复杂的内容。有了力的具体表达式，结合牛顿运动定律就可以求出物体的运动了，我们不仅能通过计算解释已有现象，还能定量地预测未来，这为人类的太空探索带来了巨大的力量。

▲

在力的作用下物体的动能怎么改变？
—— 介绍能量守恒与动量守恒[1]

摘要：本节将通过牛顿定律推导出物体的动能定理和动量定理，并解释能量守恒和动量守恒，然后应用于刚体球的弹性碰撞和飞船逃逸速度的计算。

上节课我们已经介绍了牛顿三大运动定律，并以此计算了卫星绕地球的运动。本节课将继续介绍更多关于物体运动的重要概念及其满足的规律。虽然这些新的概念与规律在这里似乎只是牛顿定律的衍生物，但实际上它们甚至比牛顿定律更加普适，能应用于超出经典力学之外更加广泛的物理理论，所以它们在物理学中具有重要地位。

一、动能定理和动量定理

牛顿第二定律 $\vec{F} = m\vec{a}$，其中 $\vec{F}$ 是质点受到的力，m 是质点质量，$\vec{a}$ 是质点的加速度。本节主要考虑一维情形，所以有 $a = \dfrac{\mathrm{d}^2 x}{\mathrm{d}t^2}$，其中 x 是质点的位移。

---

1. 本节内容来源于《张朝阳的物理课》第 2 讲视频。

　　力学中"功"的定义是什么？选取 x 方向为正方向，质点在力 F 的作用下运动了 dx 的距离，这个力对质点做的功就是 Fdx。如果运动的距离不是无穷小，就要用到积分来求这个力所做的功。假设质点在力 F 的作用下从 x_1 运动到了 x_2，速度从 v_1 变到了 v_2，借助牛顿第二定律，有：

$$
\begin{aligned}
\int_{x_1}^{x_2} F dx &= \int_{x_1}^{x_2} m \frac{d^2 x}{dt^2} dx \\
&= m \int_{x_1}^{x_2} \frac{dv}{dt} dx \\
&= m \int_{v_1}^{v_2} v dv \\
&= \frac{1}{2} m v_2^2 - \frac{1}{2} m v_1^2
\end{aligned}
$$

　　而速度为 v、质量为 m 的质点的动能定义为 $\frac{1}{2} m v^2$，所以上式表明，力对物体做的功等于物体动能的改变量，这就是动能定理。这是能量守恒定律的一个表现。力对质点做的功就是力输入给质点的能量，这部分能量转化为质点的动能。

　　接下来，我们来介绍力的冲量。假设力 F 作用在质点上用时 dt，那么 Fdt 就是在 dt 时间内力 F 对质点的冲量。如果作用时间不是无穷小，同样需要利用积分来求冲量。借助牛顿第二定律，有：

$$
\begin{aligned}
\int_{t_1}^{t_2} F dt &= m \int_{t_1}^{t_2} \frac{dv}{dt} dt \\
&= m \int_{v_1}^{v_2} dv \\
&= m v_2 - m v_1
\end{aligned}
\tag{1}
$$

　　速度为 v、质量为 m 的质点的动量定义为 mv，所以上式的物理意义是，力对质点的冲量等于质点动量的改变量。这是动量守恒定理的一个表现，物体通过力的作用来互相传递动量，传递的动量大小就等于冲量。

　　对于只包含两个质点的系统，假设它们之间有力的作用，那么根据动量定理与冲量定理，质点 1 受到的力所做的功等于质点 1 的动能改变量，而这个力的冲量等于质点 1 的动量改变量。根据牛顿第三定律，质点 2 会受到一个大小相等、方向相反的力，于是质点 2 的动能和动量也会改变，并且动量的改变量刚好是质点 1 动量改变量的相反数，从而两者的动量总和不变。这就是动量守恒定律。

　　另外，如果系统不存在耗散，则相差的这部分动能会和系统的势能改变量相抵消，定义机械能为势能与动能的总和，那么机械能是守恒的。

　　总的来说，当系统不受外力作用时，系统的总动量不变，即动量守恒；当系统不受外力作用，也没有热耗散时，机械能也是守恒的。运用这两个守恒律，往往可以化简复杂力学过程的计算，并简明扼要地直接得到需要的结果。

二、刚体球的弹性碰撞

　　假设光滑平面上有两个质量分别为 m_1 和 m_2 的刚体球，将其看成质点。第一个刚体球的速度是 v，方向朝向第二个刚体球，而初始时刻第二个刚体球静止。第一个刚体球运动一段时间后会和第二个刚体球发生碰撞，严格来讲，这里描述的是一维碰撞。这里假设碰撞是弹性的，没有机械能的耗散。碰撞之后两个球的速度分别是 v_1 和 v_2，根据动能守恒和动量守恒，有：

$$\frac{1}{2}m_1 v^2 = \frac{1}{2}m_1 v_1^2 + \frac{1}{2}m_2 v_2^2 \tag{2}$$

$$m_1 v = m_1 v_1 + m_2 v_2 \tag{3}$$

将式（3）两边除以 m_1，并令 $\alpha = \dfrac{m_2}{m_1}$，得到：

$$v = v_1 + \alpha v_2 \tag{4}$$

接着将式（2）两边除以 $\dfrac{m_1}{2}$，并将速度之间的关系式（4）代入其中替代掉 v，可得：

$$v_1^2 + 2\alpha v_1 v_2 + \alpha^2 v_2^2 = v_1^2 + \alpha v_2^2$$

两边消掉 v_1^2，然后除以 αv_2，得到：

$$2v_1 + \alpha v_2 = v_2 \quad \Rightarrow \quad v_1 = \frac{1}{2}v_2\left(1 - \frac{m_2}{m_1}\right)$$

如果想直接求解 v_1 和 v_2，可以将这个结果和前面的动量守恒式子联立起来得到一组二元线性方程。当 $m_2 = m_1$ 时，$v_1 = 0$，$v_2 = v$，所以第一个刚体球的动量全部转移到第二个刚体球上，两个球的运动状态刚好互相交换。当 $m_2 > m_1$ 时，$v_1 < 0$，也就是说第一个刚体球被反弹了回来，这是符合直觉的，比如把第二个刚体球看成是一面墙，这时 m_2 等同于无穷大，那么一个刚体球撞到墙上肯定会反弹回来。

虽然牛顿力学的基本对象是质点和力，但是处理这个碰撞问题时完全没用到力。碰撞之间发生的力是很复杂的，有时甚至无从知晓。如果从求解运动方程入手，那么这个问题根本无法求解。相反，借助能量守恒和动量守恒，这个问题得到了极大的简化。在物理学中经常会用到守恒量来求解问题。

三、第一宇宙速度和第二宇宙速度

接下来推导地球的第一宇宙速度和第二宇宙速度。第一宇宙速度被定义为近地环绕地球的最小速度，第二宇宙速度是从地面发射逃逸地球引力束缚的最小速度，也被称为逃逸速度。

上节课已知匀速圆周运动的加速度 $a = \dfrac{v^2}{r}$，r 是轨迹半径。假设卫星质量为 m，以第一宇宙速度 v_1 紧贴地面飞行，根据牛顿第二定律和引力公式，有：

$$\frac{mv_1^2}{R} = G\frac{Mm}{R^2} \quad \Rightarrow \quad v_1 = \sqrt{\frac{GM}{R}}$$

其中 M 和 R 分别是地球的质量和半径。由于地表附近重力 $mg = \dfrac{GMm}{R^2}$，

所以 $gR^2 = GM$，代入上式可得：

$$v_1 = \sqrt{gR} \approx 7.9 \times 10^3 \text{ m/s}$$

这就是第一宇宙速度。环绕速度随着距离的增大而减小，因此天空更高处的卫星的速度会小于 v_1。

假设卫星一开始在地球表面附近，当它以速度 v_1 沿水平方向运动时，它会绕着地球做圆周运动。当初始速度大于 v_1 时，它会做椭圆运动，并且离地球最远点会随着初速度的增大而变得越来越远。可见，这里存在一个速度值 v_2，当卫星以这个速度飞出，将能飞到无穷远处。这个速度可以通过动能定理或能量守恒定律推导出来。取最简单的情况，假设卫星沿径向飞出，并且飞到无穷远时速度刚好降到 0，根据动能定理，有：

$$\int_R^{+\infty} -\frac{GMm}{r^2}\mathrm{d}r = \frac{1}{2}mv^2\bigg|_{v=0} - \frac{1}{2}mv^2\bigg|_{v=v_2}$$

完成上式左边的积分可得到：

$$\frac{GMm}{R} = \frac{1}{2}mv_2^2$$

化简得到：

$$v_2 = \sqrt{\frac{2GM}{R}} = \sqrt{2}v_1 \approx 11.2 \text{ km/s}$$

这就是第二宇宙速度。这个结果不仅适用于沿径向飞出的情况，沿其他角度飞出的情况也同样适用，当然，前提是沿这个方向没有让卫星直接撞上地球。

除了直接用动能定理来计算第二宇宙速度，我们也可以用能量守恒定律来计算。如果卫星不是飞到无穷远，而是从 r_a 飞到 r_b，那么由动能定理可得：

$$\int_{r_a}^{r_b} -\frac{GMm}{r^2}\mathrm{d}r = \frac{1}{2}mv^2\bigg|_{v=v_b} - \frac{1}{2}mv^2\bigg|_{v=v_a} \tag{5}$$

若我们定义卫星在 r 处的重力势能为 $-\dfrac{GMm}{r}$，那么由式（5）可知，卫星在运动过程中始终保持着机械能守恒：

$$E = \frac{1}{2}mv^2 - \frac{GMm}{r} = \text{const.}$$

现在我们对卫星从地球表面处 $r_a = R$ 飞到无穷远处 $r_b = \infty$ 的过程应用能量守恒定律：

$$\frac{1}{2}mv_a^2 - \frac{GMm}{R} = \text{const.} = \frac{1}{2}mv_b^2 \tag{6}$$

第二宇宙速度 v_2 是卫星能从地表到达无穷远处的最小速度，即上式中 v_a 的最小值，显然当 $v_b = 0$ 时，v_a 取得最小值，此时根据公式可得到第二宇宙速度满足的方程：

$$\frac{GMm}{R} = \frac{1}{2}mv_2^2$$

与上面用动能定理计算的结果一模一样。

小 结
Summary

　　本节课利用牛顿定律导出了动能定理与动量定理，并进一步用动量定理导出了动量守恒定律，能量守恒定律则是通过一些实例来展现，之后的课程我们会更加严格地定义势能，来直接证明能量守恒。虽然我们的出发点是牛顿三大定律，但实际上能量守恒与动量守恒不仅仅适用于牛顿力学，它于量子力学、狭义相对论、热力学和统计力学等更加深奥复杂的理论都是成立的。这两个守恒律是普适的物理规律，我们将在之后的课程中体会到它们的重要性。

均匀球体的引力可否等效到球心？
—— 推导球坐标系的体积微元[1]

摘要：本节先简单介绍麦克斯韦速度分布律，补充速度分布化为速率分布的细节，引出关于直角坐标系与球坐标系的讨论，并导出球坐标系的体积元。之后以球壳与质点间的引力计算为例，结合巧妙的积分参数变换，最终发现球壳所受引力可以等效到其质心上，即质量集中到球心。将球壳积分变为球体也具有同样的结论。

在第三部分《大气中氢气含量为何低？》这一节中，我们推导了麦克斯韦速度分布，在推导过程中，理想气体的各向同性表明速度分布只与速率有关，这也说明麦克斯韦速度分布也可以化为速率分布。我们知道速率为 0 时正好对应速度为 0，反之亦然。但麦克斯韦速度分布在速度为 0 时取得最大值，而速率分布在速率为 0 时则取到最小值，这是违反直觉的。为了解决这个矛盾，我们将详细推导球坐标系体积元的表达式。

一旦有了球坐标系体积元的表达式，我们就可以在球坐标系下做积分运算了。读者在中学计算空间站绕地球运动的时候，是否想过空间站受的

---

1. 本节内容来源于《张朝阳的物理课》第 30 讲视频。

地球引力为何都是用空间站与地球中心的距离进行计算的？毕竟我们当时学习的牛顿万有引力公式只适用于两个质点之间的引力，空间站受的引力应该是地球各个点对它的引力的总和，而空间站到地球各点的距离不都相同，所以直接将地球等效于一个集中在球心的质点来计算万有引力并不是一件显然的事情。我们将利用球坐标系以及它的体积元表达式证明中学时候的计算方法是正确的——均匀球体的引力确实可以等效到球心。

一、区别与联系：麦克斯韦速度分布与速率分布

我们先来看一下麦克斯韦速度分布的推导。要重点强调理想气体的各向同性，表明速度分布只与速率有关。依据三个垂直方向上速度分布的独立性，可以将总的速度分布函数分解为各个方向上速度分布函数的乘积。之后取对数，将乘积化为求和的形式，再对某一速度分量求偏导。结合一些简单的变换，就可以用分离变量法解出各方向上的速度分布，进而回过头来，得到完整的三维速度分布：

$$f(v_x, v_y, v_z) = n\left(\frac{m}{2\pi kT}\right)^{\frac{3}{2}} e^{-\frac{m(v_x^2+v_y^2+v_z^2)}{2kT}}$$

可以看到速度分布 $f(v_x,v_y,v_z)$ 关于速度的依赖是通过速度的组合 $v_x^2+v_y^2+v_z^2$ 进行的，即速度分布可以写成只依赖于速率 $v=\sqrt{v_x^2+v_y^2+v_z^2}$ 的函数，但遗憾的是这个函数并不能被称为速率分布，至于原因就要从分布的定义说起了。速度分布 $f(v_x,v_y,v_z)$ 的意思为，在速度区间 $v_x \sim v_x+dv_x$、$v_y \sim v_y+dv_y$、$v_z \sim v_z+dv_z$ 内的粒子数密度为 $f(v_x,v_y,v_z)dv_xdv_ydv_z$，同理，设速率分布为 $g(v)$，则在速率区间 $v \sim v+dv$ 内的粒子数密度为 $g(v)dv$。可以发现速度分布对应的是单位速度区间的粒子数密度，而速率分布是单位速率区间的粒子数密度，由于是不同自变量的区间，对应的区间体积也不一样，所以直接变量代换，将速度分布的自变量换成速率还不够，还需

要考虑区间的变换。这节课之后将会求出球坐标系的体积元的表达式，现在先利用此表达式得到速度球坐标系中的体积元为：

$$v^2 \sin\theta \mathrm{d}\theta \mathrm{d}\varphi \mathrm{d}v$$

其中 v 是速度对应的速率，而 θ 和 φ 是描写速度方向的角度坐标。那么根据速度分布的定义，我们可知在此体积元内的所有粒子数为 $f(v_x, v_y, v_z)v^2 \sin\theta \mathrm{d}\theta \mathrm{d}\varphi \mathrm{d}v$，进一步将所有方向都积分起来，得到在速率区间 $v \sim v + \mathrm{d}v$ 内的粒子数为：

$$g(v)\mathrm{d}v = \left[\int_0^{2\pi} \left(\int_0^{\pi} f(v_x, v_y, v_z)v^2 \sin\theta \mathrm{d}\theta \right) \mathrm{d}\varphi \right] \mathrm{d}v$$

由于速度分布函数 $f(v_x, v_y, v_z)$ 只与速率 v 有关，并且利用简单的微积分知识可以计算得到 $\int_0^{2\pi} \int_0^{\pi} \sin\theta \mathrm{d}\theta \mathrm{d}\varphi = 4\pi$，最终得到速率分布函数的表达式：

$$g(v) = 4\pi f(v_x, v_y, v_z)v^2 = 4\pi n \left(\frac{m}{2\pi kT} \right)^{\frac{3}{2}} v^2 \mathrm{e}^{-\frac{mv^2}{2kT}}$$

上式速率分布显示，粒子速率趋于 0 时，粒子数密度趋于 0，同时取得最小值。然而，速度分布却显示，粒子的速度趋于 0 时，粒子数密度取到最大值。而正是球坐标系的体积元贡献的 v^2 项导致了这个看似矛盾的结果。区间对应的体积元越大，可以直观地认为此区间所含有的状态数越多，那么此区间对应的粒子数就越多，而速率区间的体积元随 v 的减小以 v^2 的方式减小，最终当速率趋于 0 的时候，速率区间包含的状态数趋于 0，那么处在此区间的粒子数也就趋于 0，即此时速率分布趋于 0。

那么上面用到的球坐标系体积元的表达式又是如何得到的呢？接下来我们具体建立坐标系来推导球坐标系的体积元。

二、几何与变换：球坐标系的体积微元

如下图所示，在直角坐标系上建立球坐标系，将坐标系中的点（图中

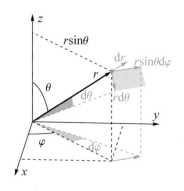

▶ 手稿
Manuscript

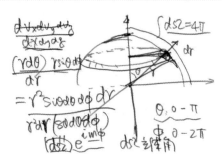

推导球坐标系的体积元

蓝色）与坐标原点连接起来，球坐标 r 为此连线的长度，球坐标 θ 是连线
与 z 轴的夹角，球坐标 φ 则是连线在 xy 平面的投影与 x 轴的夹角，这样直
角坐标系的点 (x, y, z) 就可以用球坐标 (r, θ, φ) 表示。接着我们推导球坐标
体积元的表达式，保持图中蓝色点的坐标 r 与 φ 不变，给坐标 θ 做一个微
小的变化 $\mathrm{d}\theta$ ，那么蓝色的点将会沿着图中与 $\mathrm{d}\theta$ 对应的橙色箭头方向移动
微小的距离 $r\mathrm{d}\theta$ ；同样地，保持图中蓝色点的坐标 r 与 θ 不变，给坐标 φ
做一个微小的变化 $\mathrm{d}\varphi$ ，那么蓝色的点将会沿着图中与 $\mathrm{d}\varphi$ 对应的橙色箭头
方向移动微小的距离 $r\sin\theta\mathrm{d}\varphi$ ；最后保持图中蓝色点的坐标 θ 与 φ 不变，
给坐标 r 做一个微小的变化 $\mathrm{d}r$ ，那么蓝色的点将会朝着图中沿着径向指向
外的橙色箭头方向移动微小的距离 $\mathrm{d}r$ 。由图可知， $\mathrm{d}\varphi$ 对应的橙色箭头平
行于 xy 平面，而 $\mathrm{d}\theta$ 与 $\mathrm{d}r$ 对应的橙色箭头在蓝色点与 z 轴形成的平面内，

该平面垂直于 xy 平面，除此之外，$\mathrm{d}\varphi$ 对应的橙色箭头还垂直于蓝色点与原点之连线在 xy 平面的投影。根据简单的几何知识，可知 $\mathrm{d}\varphi$ 对应的橙色箭头垂直于蓝色点与 z 轴形成的平面，即 $\mathrm{d}\varphi$ 对应的橙色箭头同时垂直于 $\mathrm{d}\theta$ 与 $\mathrm{d}r$ 对应的橙色箭头。另外，$\mathrm{d}\theta$ 对应的橙色箭头垂直于蓝色点到原点的连线，而 $\mathrm{d}r$ 对应的橙色箭头则平行于该连线，所以 $\mathrm{d}\theta$ 与 $\mathrm{d}r$ 对应的橙色箭头互相垂直。综上所述，图中三个橙色箭头互相垂直，即 $\mathrm{d}r$、$\mathrm{d}\theta$ 与 $\mathrm{d}\varphi$ 引起的蓝色点的变化方向互相垂直，那么将它们引起的蓝色点移动的微小距离 $\mathrm{d}r$、$r\mathrm{d}\theta$ 与 $r\sin\theta\mathrm{d}\varphi$ 相乘，就得到球坐标区间 $r\sim r+\mathrm{d}r$、$\theta\sim\theta+\mathrm{d}\theta$、$\varphi\sim\varphi+\mathrm{d}\varphi$ 对应的体积元：

$$r^2\sin\theta\mathrm{d}\theta\mathrm{d}\varphi\mathrm{d}r$$

在直角坐标系里，体积微元是 $\mathrm{d}x\mathrm{d}y\mathrm{d}z$；将积分变量从直角坐标系变换到球坐标系后，就可以将直角坐标的体积微元换成 $r^2\sin\theta\mathrm{d}\theta\mathrm{d}\varphi\mathrm{d}r$ 再继续积分。当然，类似地，反过来从球坐标到直角坐标也是可以进行变换的。

将 x，y，z 换成速度 v_x，v_y，v_z，同理，速度区间所示的体积微元 $\mathrm{d}v_x\mathrm{d}v_y\mathrm{d}v_z$ 对应到球坐标系里的体积微元就是 $v^2\sin\theta\mathrm{d}\theta\mathrm{d}\varphi\mathrm{d}v$，其中 v 是速率，这就得到了前面我们从麦克斯韦速度分布推导出速率分布时所使用的最关键公式。

三、分割、换元、组合、等效：计算均匀球体的引力

作为球坐标系的一个典型应用，现在计算质量为 m 的质点与半径为 r 的球壳之间的引力，其中质点与球心的距离为 R。其他具体参数如下图所示：

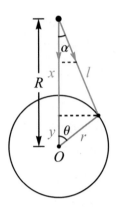

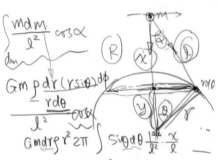

巧妙选取积分变量计算球壳与质点的引力

设球壳密度为 ρ，那么根据前面球坐标体积元的表达式，可以得到半径为 r 的球壳上的小体积元质量为 $\rho r^2 \sin\theta \mathrm{d}\theta \mathrm{d}\varphi \mathrm{d}r$，其与质点的距离设为 l，那么根据牛顿万有引力公式，小体积元作用于质点的引力为 $\dfrac{Gm\rho r^2 \sin\theta \mathrm{d}r\mathrm{d}\theta \mathrm{d}\varphi}{l^2}$。由于整个系统绕质点与球心连线是旋转对称的，所以质点受到球壳整体的引力是指向球心的，由矢量力的叠加原理可知，我们只需要考虑小体积元引力在质点与球心连线上的投影即可，设质点到小体积元的连线与质点到球心的连线的夹角为 α，则半径为 r 的球壳整体作用在质点 m 上的总引力为：

$$F_r = \int_0^{2\pi} \left[\int_0^{\pi} \left(\cos\alpha \frac{Gm\rho r^2 \sin\theta \mathrm{d}r}{l^2} \right) \mathrm{d}\theta \right] \mathrm{d}\varphi = 2\pi Gm\rho r^2 \mathrm{d}r \int_{-1}^{1} \frac{x}{l} \frac{1}{l^2} \mathrm{d}(\cos\theta) \quad (1)$$

其中第二个等号利用了变量代换 $\sin\theta d\theta = -d(\cos\theta)$ 以及上图中的几何关系 $\cos\alpha = \dfrac{x}{l}$。接下来需要进一步将积分求解出来。如果我们选取 $\cos\theta$ 为积分变量，就需要将 x 与 l 表示为 $\cos\theta$ 的函数，但这样积分会变得比较难，故尝试选取其他参量作为积分变量。注意到 $\cos\theta$ 可由角度 θ 所在的直角三角形的边长表示为：

$$\cos\theta = \frac{y}{r} = \frac{R-x}{r} \tag{2}$$

将式（2）代入式（1），得到变量代换后的作用在质点 m 上的引力表达式为：

$$F_r = 2\pi Gm\rho r dr \int_{R-r}^{R+r} \frac{1}{l^3} x dx \tag{3}$$

现在只剩下 x 与 l 两个参量，只要将其中一个表示成另一个，就可以做积分。我们这里选择将 x 用 l 表示出来，最终全部化成对 l 的积分。为了完成此目的，注意到上图中包含 θ 的直角三角形与包含 α 的直角三角形共用一条直角边，根据直角三角形勾股定理可以得到：

$$(R-x)^2 + l^2 - x^2 = r^2$$

利用此公式可以将 x 表示为：

$$x = \frac{R^2 - r^2 + l^2}{2R} \tag{4}$$

最后将 x 与 l 的关系式（4）代入积分公式（3）中，并完成对 l 的积分后得到：

$$F_r = 2\pi Gm\rho r dr \int_{R-r}^{R+r} \frac{1}{l^3} \frac{R^2 - r^2 + l^2}{2R} \frac{l}{R} dl = 4\pi r^2 \rho \frac{Gm}{R^2} dr$$

注意到球壳的质量为 $4\pi r^2 \rho dr$，R 是质点到球壳的距离，从上述引力的公式可以发现，质点 m 与球壳的引力可以等效地看成是球壳所有质量集中在球心的引力。那么将球壳按照 r 积分起来，就得到半径为 r_p 的球体作用在质点 m 上的引力：

$$F = \frac{Gm}{R^2} \int_0^{r_p} 4\pi r^2 \rho \mathrm{d}r = \frac{GmM}{R^2}$$

其中 $M = \int_0^{r_p} 4\pi r^2 \rho \mathrm{d}r$ 正是半径为 r_p 球体的总质量。可以发现，质点与球体的引力也可以等效地把球体质量看成集中在球心，并且即使球体密度与径向距离有关，也不影响此结论。球体在宇宙学里是普遍存在的形状，可以利用这个结论方便简易地得到其万有引力，所以这个结论具有非常重要的意义。

[小 结]
Summary

由于理想气体的各向同性，麦克斯韦速度分布可以化为速率分布，但由于单位速率区间对应的三维速度空间体积不再是单位 1，所以直接将速度分布函数中的三维速度换成速率并不能得到速率分布，还需要考虑速率区间与速度区间的体积元的对应关系，这也能解释为什么速度分布在速度趋于 0 的时候取得最大值，而速率分布却取到最小值。为了得到速率区间的体积元，我们仔细推导出了球坐标系的体积元表达式。球坐标系的体积元除了能把速度分布化为速率分布，还能使我们在球坐标系下进行积分运算，作为一个重要应用例子，我们在球坐标系下计算了球壳对质点的引力，发现球壳对质点的引力可以等效地看成是球壳所有质量集中在球心的引力。而密度至多只随半径变化的球体，等价于不同半径球壳的集合，它对质点的引力也可以等效地把球体质量看成集中在球心。宇宙中很多物体具有球形结构，所以万有引力的这个特殊性质对于我们计算宇宙中物体之间的万有引力有非常大的帮助，例如它马上可以告诉我们，中学时期计算空间站或地球表面人受到地球的引力的方法是正确的。值得一提的是，我们在对球壳引力进行积分的时候，根据几何关系巧妙地选取了积分变量，因而将原先复杂的积分化简成了非常简易的多项式的积分，从而直接得出引力的表达式。

▲

卫星如何绕地飞行？
——推导卫星轨迹方程[1]

摘要：本节内容将介绍第一宇宙速度、同步卫星和第二宇宙速度等概念，通过圆周运动规律求出地球的第一宇宙速度与同步卫星的轨道半径，在径向运动的特殊情况下得到第二宇宙速度的表达式，然后介绍并分析物体在万有引力下的能量守恒定律。最后，在极坐标下求解物体在万有引力下的运动轨迹，结果表明轨迹只能是椭圆、抛物线与双曲线这三种之一。

在这一课，我们回归一个最基础的问题——物体在万有引力作用下的运动问题。我们从大家比较关心的空间站来切入这个问题。空间站在天上一圈一圈地围绕地球旋转，它为什么不会掉下来？事实上，空间站一直都在往下掉，只不过因为它走得很快，它一边朝着地心掉下来，一边高速往前走，最终形成一个圆形或者椭圆形的运动。

在这里我们将详细求解物体（比如空间站和卫星）在引力场下的运动轨迹。引力场下物体的运动轨迹有很多用处，不过我们在这里关心的是，如果空间站碰到一块太空垃圾，或者被太阳风暴影响了一下，导致空间站的速度变化了一点，它会不会掉下来？为了解决这个问题，我们需要求出

---

1. 本节内容来源于《张朝阳的物理课》第 37 讲视频。

空间站在一般情况下的运动轨迹。

一、第一宇宙速度与第二宇宙速度，同步卫星轨道半径

求解引力场中的物体运动轨迹，这不是中学物理能解决的。不过，在此之前，我们先用中学物理讨论一下第一宇宙速度和第二宇宙速度。我们知道，地球对地外小型物体的引力为：

$$\frac{GMm}{r^2}$$

其中 M 是地球质量，m 是物体质量，r 是物体到地心的距离。根据牛顿第二定律，有：

$$\frac{GMm}{r^2} = ma \qquad\qquad (1)$$

a 是什么呢？a 是加速度。我们考虑圆周运动的情况。前面我们说了，物体在做匀速圆周运动的时候，物体的速度大小虽然不变，但是它的方向不断在改变。它的加速度就来自速度方向的改变。假设物体圆周运动时的速度大小为 v，半径为 r，那么它的加速度大小为 v^2/r。把加速度代入式（1）中，有：

$$\frac{GMm}{r^2} = m\frac{v^2}{r}$$

等式两边的 m 和分母中的一个 r 都可以消掉，移一下项并开方就得到：

$$v = \sqrt{\frac{GM}{r}} \qquad\qquad (2)$$

这就是卫星在半径为 r 的圆周上环绕地球所需的速度，它是随着半径增大而减小的。我们所说的第一宇宙速度指的是卫星在贴近地球的轨道上环绕地球的速度，这可以通过将式（2）中的 r 换成地球半径 R 得到，换言之，第一宇宙速度为 $v_1 = \sqrt{GM/R}$。

我们可以利用大家熟知的重力加速度 g 替换掉第一宇宙速度公式中的 GM 。质量为 m 的物体在地球表面受到的引力为 GMm/R^2 ，而这个引力就等于我们平时所说的物体重力 mg ，所以 $g = GM/R^2$ ，或者写为 $GM = gR^2$ 。利用这个结果替换掉第一宇宙速度公式中的 GM 就得到 $v_1 = \sqrt{gR}$ 。地球半径大约是 6400 千米，所以：

$$v_1 \approx \sqrt{9.8 \text{ m/s}^2 \times 6400 \times 10^3 \text{ m}} \approx 7.9 \text{ km/s}$$

这就是第一宇宙速度的值。对于离地球比较近的轨道，卫星必须达到这个速度才能保证不掉下来。因为环绕速度随着半径增大而减小，所以半径大的轨道上面的卫星，速度是小于第一宇宙速度的。

空间站在我们的头顶都是很快速地飞过的，那有没有一种卫星，在我们头顶是悬停不动的呢？这似乎不太可能，如果它悬停不动，那它不就在引力的作用下直接掉下来了吗？但是我们不要忘了，地球是不停地在自转的。如果这个卫星绕着地球转的角速度刚好等于地球自转的角速度，那么相对于地上的人来说，这个卫星不就是悬停不动的吗？这种卫星就是我们所说的同步卫星。下面我们来计算一下同步卫星的轨道半径，看看这个半径需要多大。

对于圆轨道的卫星速度，我们有：

$$v = \sqrt{\frac{GM}{r}} = \sqrt{\frac{gR^2}{r}}$$

其中根号里边的分子已经使用前面提到的 $GM = gR^2$ 进行了替换。又因为角速度和速度的关系是 $v = r\omega$ ，把它代进速度公式就可以得到：

$$\omega = \sqrt{\frac{gR^2}{r^3}} \tag{3}$$

根据我们前面的讨论，同步卫星的角速度和地球自转角速度一样。换言之，同步卫星绕地球转的方向和地球自转方向一致，并且角速度的大小要满足大约一天转一圈。一圈是 2π 弧度，所以在单位 rad/s 下角速度 ω 的

数值为 $2\pi/(24\times3600)$。目前我们的情况是，已知角速度，求卫星的轨道半径，所以需要从式（3）中解出半径 r：

$$r = \sqrt[3]{\frac{gR^2}{\omega^2}}$$

代入数值可以得到，同步卫星的轨道半径大约是 42000 千米。这是非常远的距离，差不多是地球半径的 6.6 倍。

接下来我们求地球表面的第二宇宙速度。第二宇宙速度指的是，物体从地球表面飞出并且能逃离地球的引力束缚飞到无穷远（忽略别的星球的引力影响）所需要的最小初速度。考虑物体沿地球径向飞出，如果物体能够飞到无穷远并且飞到无穷远之后速度刚好降为 0，那么它的初速度就是第二宇宙速度。

怎么求第二宇宙速度 v_2 呢？这就需要我们之前讲过的动能定理：力对物体做的功，等于物体动能的改变量。地球对物体的引力与飞出的物体运动方向相反，因此引力对物体做负功。假设物体质量为 m，物体从地面飞到无穷远时引力做的功为：

$$-\int_R^{+\infty} \frac{GMm}{r^2}\mathrm{d}r = -\frac{GMm}{R}$$

物体的初始动能为 $mv_2^2/2$。当它飞到无穷远处时速度刚好降为 0，所以末动能为 0。根据动能定理，有：

$$0 - \frac{1}{2}mv_2^2 = -\frac{GMm}{R} \tag{4}$$

所以

$$v_2 = \sqrt{\frac{2GM}{R}} = \sqrt{2}v_1$$

第二宇宙速度正好是第一宇宙速度的 $\sqrt{2}$ 倍，于是我们立刻可以计算得到地球的第二宇宙速度大约是 11.2 km/s。

我们这里推导第二宇宙速度用的是沿径向飞出的特例，但是，如果物体不是沿径向飞出呢？比如它沿着地面水平飞出，它能不能飞到无穷远？抑或它会在引力的作用下拐个大弯最后又飞回地面？答案是，它能飞出地球去到无穷远处。要全面回答这个问题，我们需要求解出物体的轨迹方程，这将会是这次课程和下一次课程的主要任务。

二、万有引力下的能量守恒

在求出轨迹方程之前，我们也可以利用引力场下的机械能守恒来理解为什么沿其他方向以第二宇宙速度飞出同样能飞到无穷远。所谓机械能，就是物体的动能和引力势能之和。动能我们之前讲过，那引力势能呢？这就需要回到引力公式来理解。质量为 m 的质点在地球外面受到的引力为：

$$\vec{F} = -\frac{GMm}{r^2}\vec{e}_r$$

矢量 $\vec{e}_r$ 是径向单位矢量，它可以写为 $\vec{r}/r$，所以引力可以写为：

$$\vec{F} = -\frac{GMm}{r^3}\vec{r}$$

当物体在引力场下运动了 $\mathrm{d}\vec{r}$，引力做的功为：

$$\vec{F} \cdot \mathrm{d}\vec{r} = -\frac{GMm}{r^3}\vec{r} \cdot \mathrm{d}\vec{r}$$

为了处理这个式子，我们需要一些处理矢量的技巧：

$$\vec{r} \cdot \mathrm{d}\vec{r} = \frac{1}{2}\mathrm{d}(\vec{r} \cdot \vec{r}) = \frac{1}{2}\mathrm{d}(r^2) = r\mathrm{d}r$$

所以，万有引力做的功可以改写为：

$$\vec{F} \cdot \mathrm{d}\vec{r} = -\frac{GMm}{r^3}r \cdot \mathrm{d}r = \mathrm{d}\left(\frac{GMm}{r}\right) \tag{5}$$

另一方面，外力做的功等于物体动能的改变量：

$$\vec{F} \cdot \mathrm{d}\vec{r} = \mathrm{d}\left(\frac{1}{2}mv^2\right) \tag{6}$$

综合式（5）和式（6）立即可以得到：

$$d\left(\frac{1}{2}mv^2 - \frac{GMm}{r}\right) = 0$$

其中 $mv^2/2$ 是物体的动能， $-GMm/r$ 被定义为物体距离地球为 r 时的势能。这个结果的物理意义是，在万有引力的作用下，机械能，也就是动能和势能之和，是保持不变的。

现在让我们回头看式（4），它表示以第二宇宙速度从地面起飞的物体的机械能是 0：

$$\frac{1}{2}mv_2^2 - \frac{GMm}{R} = 0$$

当物体飞到无穷远时，引力势能公式中的 $r = +\infty$，所以引力势能为 0。又因为机械能为 0，所以物体飞到无穷远时的动能刚好降为 0。这里的讨论不依赖于物体的运动路径，只和它的初态和末态有关。因此，从机械能守恒的角度来看，物体以第二宇宙速度沿不同方向飞出，都有可能飞到无穷远。不过，这里的讨论只是论证了从其他方向飞到无穷远不违背机械能守恒，不代表它一定能飞到无穷远。

三、求解万有引力下的卫星轨迹

在这里，我们终于要开始着手求解物体在引力场中的运动轨迹了。因为引力只沿径向方向，所以采用极坐标能一定程度地简化方程。极坐标的基矢会随着位置的不同而不同，随着质点的运动，质点位置的极坐标基矢会不断变化，从而其对时间的导数不为 0。为了后面的讨论，我们先来求极坐标基矢对时间的导数。考虑在 t 到 $t + dt$ 这段时间下，质点从 $\vec{r}(t)$ 运动到了 $\vec{r}(t + dt)$，基矢 $\vec{e}_r$ 和 $\vec{e}_\theta$ 的变化如下图所示。

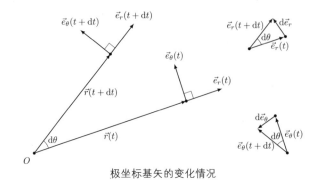

极坐标基矢的变化情况

注意，上图的角度变化 $\mathrm{d}\theta$ 已经经过了夸大处理，实际上它是一个微量。为了求基矢在 $\mathrm{d}t$ 时间内的改变量，我们需要将不同时刻的对应基矢移到同一点上。从图中可以看出，$\mathrm{d}\vec{e}_r$ 和 $\vec{e}_\theta$ 同向，$\mathrm{d}\vec{e}_\theta$ 和 $\vec{e}_r$ 反向。$\mathrm{d}\vec{e}_r$ 和 $\mathrm{d}\vec{e}_\theta$ 的大小都可以利用弧长公式估算出来，对应的角度是 $\mathrm{d}\theta$，对应的"半径"分别是 $|\vec{e}_r|=1$ 和 $|\vec{e}_\theta|=1$。于是 $|\mathrm{d}\vec{e}_r|=|\mathrm{d}\vec{e}_\theta|=\mathrm{d}\theta$。再根据刚刚提到的 $\mathrm{d}\vec{e}_r$ 和 $\mathrm{d}\vec{e}_\theta$ 的方向，我们有：

$$\mathrm{d}\vec{e}_r = \vec{e}_\theta \mathrm{d}\theta$$
$$\mathrm{d}\vec{e}_\theta = -\vec{e}_r \mathrm{d}\theta$$

接下来我们使用一个撇号表示对时间的一阶导数，两个撇号表示对时间的二阶导数，比如 $\theta' = \mathrm{d}\theta/\mathrm{d}t$ 和 $\theta'' = \mathrm{d}^2\theta/\mathrm{d}t^2$。那么：

$$\frac{\mathrm{d}\vec{e}_r}{\mathrm{d}t} = \vec{e}_\theta \frac{\mathrm{d}\theta}{\mathrm{d}t} = \theta'\vec{e}_\theta$$
$$\frac{\mathrm{d}\vec{e}_\theta}{\mathrm{d}t} = -\vec{e}_r \frac{\mathrm{d}\theta}{\mathrm{d}t} = -\theta'\vec{e}_r$$

质点的位置矢量为 $\vec{r} = r\vec{e}_r$，速度等于位置矢量对时间的导数，所以：

$$\vec{v} = \frac{\mathrm{d}\vec{r}}{\mathrm{d}t} = \frac{\mathrm{d}}{\mathrm{d}t}(r\vec{e}_r)$$
$$= \frac{\mathrm{d}r}{\mathrm{d}t}\vec{e}_r + r\frac{\mathrm{d}\vec{e}_r}{\mathrm{d}t}$$
$$= r'\vec{e}_r + r\theta'\vec{e}_\theta$$

加速度等于速度对时间的导数，所以：

$$\vec{a} = \frac{\mathrm{d}\vec{v}}{\mathrm{d}t} = \frac{\mathrm{d}}{\mathrm{d}t}\left(r'\vec{e}_r + r\theta'\vec{e}_\theta\right)$$

$$= r''\vec{e}_r + r'\frac{\mathrm{d}\vec{e}_r}{\mathrm{d}t} + r'\theta'\vec{e}_\theta + r\theta''\vec{e}_\theta + r\theta'\frac{\mathrm{d}\vec{e}_\theta}{\mathrm{d}t}$$

$$= (r'' - r(\theta')^2)\vec{e}_r + (2r'\theta' + r\theta'')\vec{e}_\theta$$

对于匀速圆周运动，$r' = 0$，所以 $\vec{v} = r\theta'\vec{e}_\theta$，速度大小 $v = r\theta'$，这也说明了 $\theta'' = 0$。利用这些结果，匀速圆周运动的加速度为：

$$\vec{a} = -r(\theta')^2\vec{e}_r = -\frac{v^2}{r}\vec{e}_r$$

加速度大小为 $a = v^2 / r$，这是前面计算第一宇宙速度时使用的结论。

回到一般轨迹的运动上，设质点的质量为 m，根据牛顿第二定律，我们得到：

$$m\vec{a} = \vec{F} = -\frac{GMm}{r^2}\vec{e}_r$$

代入加速度的公式，消去两边的共同因子 m，然后分别考虑角向部分和径向部分，就能得到一组等式：

$$r'' - r(\theta')^2 = -\frac{GM}{r^2} \tag{7}$$

$$2r'\theta' + r\theta'' = 0 \tag{8}$$

我们先来看看式 (8)，它的左边可以改写为 $(r^2\theta')' / r$，也就是说 $(r^2\theta')' = 0$，换言之，在粒子运动的过程中，$r^2\theta'$ 是个常数，我们记这个常数为 α。我们知道，θ' 表示质点和原点的连线在单位时间内转过的角度，所以 $r^2\theta' / 2$ 表示质点和原点的连线在单位时间内扫过的面积，它是个常数。这正是开普勒第二定律。

我们再看式 (7)，它里边含有 θ'，不过我们可以用 $\theta' = \alpha / r^2$ 将其替换掉，这样就得到：

$$r'' - \frac{\alpha^2}{r^3} = -\frac{GM}{r^2} \tag{9}$$

由于我们的目标是求出质点的运动轨迹，在极坐标下轨迹一般通过

$r = r(\theta)$ 表示出来，所以我们需要将 r 对时间的导数转化成对 θ 的导数，这通过基础的导数运算可以做到。比如说：

$$\frac{\mathrm{d}}{\mathrm{d}t} = \frac{\mathrm{d}\theta}{\mathrm{d}t}\frac{\mathrm{d}}{\mathrm{d}\theta} = \theta'\frac{\mathrm{d}}{\mathrm{d}\theta} = \frac{\alpha}{r^2}\frac{\mathrm{d}}{\mathrm{d}\theta}$$

上式已经用 $\theta' = \alpha/r^2$ 进行了替换。这是一个普遍结果，用于将时间导数换成角度导数。利用这个结果，我们先来处理 r'：

$$r' = \frac{\mathrm{d}r}{\mathrm{d}t} = \frac{\alpha}{r^2}\frac{\mathrm{d}r}{\mathrm{d}\theta}$$

在这个结果的基础上，我们处理 r''：

$$\begin{aligned}
r'' &= \frac{\mathrm{d}r'}{\mathrm{d}t} = \frac{\alpha}{r^2}\frac{\mathrm{d}}{\mathrm{d}\theta}\left(\frac{\alpha}{r^2}\frac{\mathrm{d}r}{\mathrm{d}\theta}\right) \\
&= -\frac{\alpha^2}{r^2}\left[-\frac{1}{r^2}\frac{\mathrm{d}^2r}{\mathrm{d}\theta^2} + \frac{2}{r^3}\left(\frac{\mathrm{d}r}{\mathrm{d}\theta}\right)\right]
\end{aligned} \tag{10}$$

这个结果以及式 (9) 都含有很多 r^k 的倒数，因此，直觉上感觉进行变量代换 $y = 1/r$ 能简化方程。为此，我们考察一下 $y = 1/r$ 对 θ 的一阶导数及二阶导数：

$$\frac{\mathrm{d}y}{\mathrm{d}\theta} = \frac{\mathrm{d}}{\mathrm{d}\theta}\left(\frac{1}{r}\right) = -\frac{1}{r^2}\frac{\mathrm{d}r}{\mathrm{d}\theta}$$

$$\begin{aligned}
\frac{\mathrm{d}^2y}{\mathrm{d}\theta^2} &= \frac{\mathrm{d}}{\mathrm{d}\theta}\left(-\frac{1}{r^2}\frac{\mathrm{d}r}{\mathrm{d}\theta}\right) \\
&= -\frac{1}{r^2}\frac{\mathrm{d}^2r}{\mathrm{d}\theta^2} + \frac{2}{r^3}\left(\frac{\mathrm{d}r}{\mathrm{d}\theta}\right)
\end{aligned}$$

神奇的事情发生了！对比式 (10) 最后的方括号里边的量，和上式 $\mathrm{d}^2y/\mathrm{d}\theta^2$ 一模一样！因此：

$$r'' = -\frac{\alpha^2}{r^2}\frac{\mathrm{d}^2y}{\mathrm{d}\theta^2}$$

将这个结果代入式 (9) 并化简，可以得到：

$$\frac{\mathrm{d}^2y}{\mathrm{d}\theta^2} + y = \frac{GM}{\alpha^2}$$

这个方程的解很简单，是 $y = A\cos(\theta + \theta_0) + B$，其中 $B = GM/\alpha^2$。我们

可以选取角度坐标起点使得 $\theta_0 = 0$ ，因此方程的解可以写为 $y = A\cos\theta + B$ 。
对于常数 A ，我们需要利用质点的初始条件才能确定下来，不过我们总可以
选取角坐标使得 $A > 0$ 。考虑到 $y = 1/r$ ，所以质点的轨迹为：

$$r = \frac{1}{A\cos\theta + B} \ , \ \left(B = \frac{GM}{\alpha^2} \right)$$

这个极坐标方程对应的曲线分别是椭圆（当 $A < B$ ）、抛物线（当 $A = B$ ）
和双曲线（当 $A > B$ ）。当轨迹是椭圆时，我们可以找到轨迹上的近地点和远
地点。所谓近地点，就是轨迹上离地球最近的点，远地点则是离地球最远的
点。θ 的取值范围是 0 到 2π ，因此 $\cos\theta$ 的取值范围是 -1 到 1，$\theta = 0$ 时对应
近地点，距离为 $r_1 = 1/(A + B)$ ；$\theta = \pi$ 时对应远地点，距离为 $r_2 = 1/(B - A)$ 。

[小 结]
Summary

这次课程的前半部分内容比较简单，只需要用到高中的物
理知识；后半部分内容，特别是其中的轨迹求解，需要用到不
少微积分的知识。读者们可以通过这里的计算来复习并掌握相
关知识。卫星的运动轨迹在历史上是一个经典问题。在牛顿之
前，开普勒已经通过实验观测得到了行星围绕太阳运动的三大
定律。后来，牛顿根据开普勒定律反推得到万有引力随距离平
方成反比的形式。总的来说，是牛顿最先解决了卫星和行星的
运动轨迹问题。轨迹方程的导出有利于我们分析各种各样和卫
星、行星相关的问题。在下一节，我们将在此基础上详细分析
以第二宇宙速度朝各个方向发射能否逃离地球的引力束缚，和
空间站受到微小扰动时会怎么改变运动状态这两个问题。

空间站受到扰动会不会掉下来？
—— 第二宇宙速度及空间站扰动问题[1]

摘要： 本节内容将解决上一节的两个遗留问题：1. 以第二宇宙速度沿不同的方向飞出能否逃离地球的引力束缚到达无穷远处？答案是能。2. 空间站受到扰动导致速度大小发生改变后会不会从天上掉下来？答案是，空间站在受到扰动后会轻微地改变轨道，并不会掉下来。

前一节内容介绍了第一宇宙速度和同步卫星，并且在沿径向发射的特殊情况下求出了第二宇宙速度。求出第二宇宙速度之后，我们也提了一个问题，那就是当初始速度等于第二宇宙速度时，不是沿径向飞出，而是沿着其他方向飞出，这个物体能否逃离地球的引力束缚到达无穷远？直观上来说，当物体以第二宇宙速度沿着倾斜的方向飞出，那么它的竖直速度分量将小于第二宇宙速度，貌似它飞不出地球的引力束缚。实际上，这样的分析是错的，水平速度分量同样能帮助物体逃离地球。

另一个问题是，空间站在天上并不是绝对不受干扰的。太空垃圾、太阳风暴，或者其他什么东西，都有可能影响到空间站的速度。假如某种干

---

1. 本节内容来源于《张朝阳的物理课》第 38 讲视频。

扰使得空间站的速度大小发生了改变，那空间站会不会"砰"的一下子掉下来？如果空间站就这么掉下来了，我们发射的这么多卫星也就毫无用处了。可喜的是，空间站并不会掉下来。接下来让我们详细揭开这两个问题的谜底吧。

一、飞船以第二宇宙速度沿各个方向飞出，皆可逃离地球飞到无穷远

在前一节内容中，我们已经证明了第二宇宙速度 v_2 需要满足的方程为：

$$\frac{1}{2}mv_2^2 - \frac{GMm}{R} = 0$$

其中 m 为物体的质量，在这里可以被消掉，M 是地球质量，R 为地球半径，v_2 的值为 11.2 km/s。

另外，在前一节中，我们求解出了物体在质点引力场下的运动轨迹为：

$$r = \frac{1}{A\cos\theta + B}, \quad \left(B = \frac{GM}{\alpha^2}\right)$$

其中 $\alpha = r^2\theta'$，是一个在物体运动过程中保持不变的常数，A 的取值依赖于物体的初始条件。我们在上一节研究过卫星做圆周运动的情况，现在我们有了一般的轨道方程，那它能不能得到圆周运动的情况呢？作为对我们求出的轨道方程的一个检验，我们考察一下从它能不能得到圆周运动的性质。

当物体做圆周运动时，半径 r 不随角度 θ 改变，因此轨道方程中的 A 为 0。所以 $r = 1/B = \alpha^2/(GM)$。将 $\alpha = r^2\theta' = rv$ 代入，立即得到：

$$\frac{GM}{r^2} = \frac{v^2}{r}$$

这正是物体在引力场下做圆周运动时需要满足的方程，等式左边是引力加速度，等式右边是圆周运动时的加速度。

我们再看看另外一个情形。我们知道，如果物体在地面上以第二宇宙

速度竖直飞出的话，它能逃离地球飞到无穷远。现在同样让这个物体达到第二宇宙速度，但是速度的方向不是竖直向上，而是垂直于径向方向，那它到底能不能飞到无穷远呢？我们现在已经掌握了完整的轨迹方程，所以几乎所有卫星运动问题都能回答。我们现在就来回答这个问题。如果它在半径 r_0 处沿水平方向飞出，它的初始速度是第二宇宙速度，满足

$$\frac{1}{2}mv_2^2 = \frac{GMm}{r_0} \tag{1}$$

式子两边的 m 可以消掉。在这种情况下，它的运动轨迹肯定不是一个圆。为了弄清楚它的轨迹，我们需要计算出对应的 α 是多少，A 和 B 分别是多少。物体水平飞出时，速度和径向单位矢量垂直，所以此处它的径向速度是 0，于是这里一定是近地点或者远地点。在上一节中我们推导出了速度在极坐标下的表达式为：

$$\vec{v} = r'\vec{e}_r + r\theta'\vec{e}_\theta \tag{2}$$

此时设物体径向速度为 0，我们有 $v_2 = r_0\theta'$，所以 $\alpha = r_0 v_2$。用 α 消掉式（1）中的 v_2 可以得到：

$$\frac{1}{2}\left(\frac{\alpha}{r_0}\right)^2 = \frac{GM}{r_0}$$

移项就得到：

$$\frac{1}{2r_0} = \frac{GM}{\alpha^2} = B$$

也就是 $r_0 = 1/(2B)$。同时，物体在 r_0 位置时不是远地点就是近地点，不管哪一种情况，都可以将其设为角度坐标的起点，于是在这一点上 $\theta = 0$。根据轨道方程，令 $\theta = 0$，有 $r_0 = 1/(A+B)$。r_0 不仅等于 $1/(2B)$，还等于 $1/(A+B)$。这意味着什么呢？这意味着 $A = B$。于是根据这里的结果，轨道方程可以改写为

$$r = \cfrac{1}{A\cos\theta + B}$$
$$= \cfrac{1}{B(1+\cos\theta)}$$
$$= \cfrac{2r_0}{1+\cos\theta}$$

初始位置是 $\theta = 0$ 处，代进去就得到 $r = r_0$。当 θ 等于 π 的时候，上式分母就是 $1-1$ 等于 0 了。所以说，当 θ 越来越接近 π 时，飞船距离地心的距离 r 将会趋向于无穷大，从而飞船飞到了无穷远处。也就是说，物体逃逸出了地球的引力束缚。这种情况下物体的轨迹是一条抛物线。

注意到刚才的分析着眼于水平飞出（沿切向飞出）的情况，利用到的性质主要包括两点，第一是初始时刻的径向速度分量等于 0，这一点导致 α 等于半径乘以速度，同时也导致了初始位置是轨道的近地点或者远地点，于是可以作为坐标 θ 的起点；第二点是，初始速度满足式（1）。这两点综合起来就会得到 $A = B$，于是运动轨迹为抛物线，从而物体能到达无穷远处。

回忆上一节介绍的引力势能，式（1）本质上说的是在初始位置时动能加上引力势能等于 0。因为能量守恒，只要初始时刻总能量为 0，那么接下来任何时刻总能量都等于 0。假如物体以第二宇宙速度沿任意方向飞出，忽略地球体积，根据上一节的讨论，物体的轨迹必然是椭圆、抛物线或双曲线中的一种，这些曲线统称为二次曲线。对于后两种情况，物体的运动轨迹可能只是抛物线或者双曲线的一部分，比如前面说的水平飞出的情况，它的轨迹不是完整的一条抛物线。但是，不管怎么样，部分的轨迹可以经过反向延伸成为一整条二次曲线。所以，我们总能在轨迹上面找到最近点或者最远点。由于物体是以第二宇宙速度飞出的，在这个最近点上物体的状态满足两个性质：第一是它的径向速度分量等于 0，第二是它的总能量等于初始总能量，也就是等于 0：

$$\frac{1}{2}mv^2 - \frac{GMm}{r} = 0$$

这两个性质正好就是物体沿切向飞出时初始位置满足的性质，因此在任意方向飞出的情况下，物体依然能够逃离引力束缚飞到无穷远处。

假如物体是斜向上飞出的，那么它已经"飞离"近地点，需要对轨迹做反向延伸才能得到近地点。如果物体向下飞出，这时候就要考虑地球的大小了，如果轨迹的近地点距离小于地球半径，那么物体会撞到地面上；如果轨迹的近地点距离大于地球半径，物体将会在飞过近地点之后逃离地球去到无穷远处。

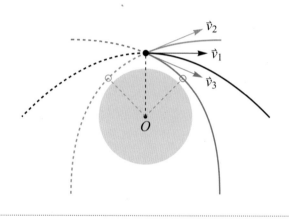

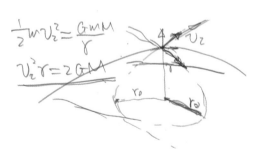

不同方向飞出时的轨迹

二、空间站在碰撞后轨迹会变成椭圆，速度改变量很小时新轨道变化不大

关于空间站受到扰动会不会掉下来的问题，我们可以采取简化问题突出重点的策略。假设空间站一开始做的是圆周运动，速度为 v_0，半径为 r_0。然后在某个时刻，空间站碰到一些碎片，或者受到太阳风的影响，空间站的速度变成了 $v_0 + \Delta v$，速度方向不变。Δv 可以是正数也可以是负数，分别对应速度在扰动之后变大或者变小。

我们已经知道一般性的轨迹方程了，还需要确定轨迹的两个参数。为了对比轨道的变化情况，我们需要计算出扰动前的轨道方程以及扰动后的轨道方程。假设扰动前的轨道参数为 A_0 与 B_0，扰动后的轨道参数为 A 和 B。根据我们的假设，扰动之前的运动是圆周运动。前文已经介绍了圆周运动的轨道参数，借助其结论，我们有：

$$A_0 = 0$$
$$B_0 = \frac{1}{r_0}$$

在扰动之后，新的轨迹方程为：

$$r = \frac{1}{A\cos\theta + B}$$

扰动的瞬间，空间站的位置并没有变化，因此新的轨迹和旧的轨迹必然有重合点。根据我们的假设，扰动前的运动为圆周运动，速度与径向垂直。扰动瞬间只改变了速度的大小，没有改变速度的方向，因此扰动后的那一刻速度依然和径向垂直，也就是说速度的径向分量为 0。所以，扰动位置是新轨道的近地点或者远地点，这里可以作为轨迹方程中 θ 坐标的起点。考虑 $\theta = 0$ 的位置，有：

$$r_0 = \frac{1}{A + B} \tag{3}$$

在上式中，A 可以大于 0，也可以小于 0。大于 0 表明 $\theta = 0$ 处是近地点，小于 0 表明此处是远地点。考虑式（2），它是速度在极坐标下的展开式。因为极坐标基矢是正交的，所以矢量模方等于分量的平方和。考虑到 $\theta' = \alpha / r^2$，我们会得到：

$$v^2 = \left(r'\right)^2 + r^2\left(\theta'\right)^2 = \left(r'\right)^2 + \frac{\alpha^2}{r^2}$$

空间站受到扰动之后速度大小改变了，所以 α 也跟着改变了，但是空间站到地心的距离仍然保持为 r_0。速度的改变量 Δv 相对于 v_0 来说很小，我们可以使用微分法来进行研究。微分法是能把复杂的变化转化为线性变化的一种方法，因此能够简化我们的分析。通过对上式进行微分，我们有：

$$2v\Delta v = 2r'\Delta r' + \frac{2\alpha\Delta\alpha}{r_0^2}$$

由于假设改变的只是速度大小而非方向，再考虑到原来的速度方向是沿着地球切向的，所以在扰动后的一瞬间径向速度依然为 0，于是上式右边第一项为 0。经过化简，我们可以得到：

$$\alpha\Delta\alpha = vr_0^2\Delta v \tag{4}$$

由于 $B = GM / \alpha^2$，也就是 $B\alpha^2 = GM$。其中 GM 是一个常数，所以：

$$\alpha^2\Delta B + 2B_0\alpha\Delta\alpha = 0$$

将这个结果和式（4）结合起来，可以得到：

$$\Delta B = -\frac{2B_0\alpha\Delta\alpha}{\alpha^2} = -\frac{2B_0 vr_0^2\Delta v}{\left(r_0 v\right)^2} = -\frac{2\Delta v}{v}B_0$$

可见 B 的变化方向与 v 的相反：当 Δv 大于 0 时，ΔB 小于 0；当 Δv 小于 0 时，ΔB 大于 0。

解决完 B 的改变量，接下来我们求 A 的改变量。前面提到 $A_0 = 0$，所以 A 的改变量等于 A 本身。我们要怎么求出它的改变量呢？注意到式（3），它将 A 和 B 联系起来了，因此可以从 B 的改变量得到 A 的改变量。

因为 $A + B = 1 / r_0$ 为常数，所以：

$$\Delta A = -\Delta B = \frac{2\Delta v}{v} B_0$$

综合这些结论，我们得到：

$$A = A_0 + \Delta A = \frac{2\Delta v}{v} B_0$$
$$B = B_0 + \Delta B = B_0 \left(1 - \frac{2\Delta v}{v} \right)$$

将这个结果代入轨迹方程，最终得到：

$$r = \frac{1}{\dfrac{2\Delta v}{v} B_0 \cos\theta + B_0 \left(1 - \dfrac{2\Delta v}{v} \right)}$$
$$= \frac{r_0}{1 - \dfrac{2\Delta v}{v} + \dfrac{2\Delta v}{v}\cos\theta}$$

这就是扰动后的轨道方程，适用于 $\Delta v / v$ 远小于 1 的情况。可见在扰动之后，空间站的轨道从圆形变成了椭圆形。我们可以得到：

$$r(\pi) = \frac{r_0}{1 - \dfrac{4\Delta v}{v}}$$

这存在两种情况。当 $\Delta v < 0$ 时，有 $r(\pi) < r(0)$，也就是说 $\theta = \pi$ 处是近地点。什么意思呢？意思就是说当空间站失速了，它会沿着原来圆周的内侧偏离，走一个椭圆轨道。而当 $\Delta v > 0$ 的时候，$r(\pi) > r(0)$，所以 $\theta = 0$ 成了近地点，这时候空间站将沿着原来的圆周轨迹的外侧偏离。总而言之，随着速度大小的变化，空间站的轨迹在连续地变化。空间站不会突然地掉下来，它的轨道只是在原来的轨道上做微小的修正。

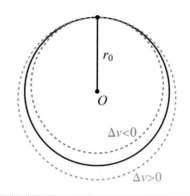

▲ 手稿
Manuscript

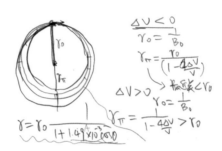

扰动后轨道的变化情况（其中实线是未受扰动时的轨迹）

　　到了这里，我们关心的问题都已经解决完毕。不过，我们现在只是知道了 r 作为 θ 的函数，而 r 与 θ 作为 t 的函数还是没有知道。这可以通过积分得到，因为 $r^2\theta' = \alpha$ ，也就是：

$$\frac{\mathrm{d}\theta}{\mathrm{d}t} = \frac{\alpha}{r^2}$$

　　将轨道方程代进去可以得到：

$$\frac{\mathrm{d}\theta}{(A\cos\theta + B)^2} = \alpha\mathrm{d}t$$

　　对上式进行积分可以得到 $t(\theta)$ ，然后反解就可以得到 θ 作为 t 的函数。将 $\theta(t)$ 代入轨道方程会得到 $r(t)$ 。

[小 结]
Summary

　　本节内容主要是在上一节得到的轨道方程基础之上回答上一节遗留下来的问题，最终我们通过实际计算表明，以第二宇宙速度沿各个方向都可以逃离地球的引力束缚飞到无穷远，以及空间站在受到扰动之后，它的轨道只是发生了轻微的改变，不会突然掉下来。在小节的最后部分，我们还介绍了怎么解出卫星位置随着时间变化的方程。

花样滑冰怎样才能转得更快？
——质点系的运动定律和角动量定理[1]

摘要：这一节主要推导质点系的质心运动定律和角动量定理，并将质点系的角动量定理应用到刚体定轴转动上面，证明在外力矩为 0 的情况下角动量会维持不变。最后，我们使用推导出来的角动量定理和角动量守恒定律解释花样滑冰的旋转速度问题与走钢丝时的稳定性问题，并对长杆的摆动问题做出详细的推导与计算，以及在角动量定理的基础上证明开普勒第二定律。

为什么杂技演员走钢丝时会手持长杆？花样滑冰时如何调节转动的角速度？杂技表演和花样滑冰都是我们平时收看电视节目或者网络节目时会遇到的，好奇的我们应该学会怎么用力学回答这两个问题。在前面我们学习过动量定理和相应的动量守恒定律，但是当时处理的是质点。如果我们面对的是多个质点或者是一个大小与形状无法忽略的物体，我们应该怎么分析其运动？为此，我们再次从牛顿定律出发，推导质点系的质心运动定律和角动量定理，并将角动量定理应用于刚体的定轴转动。然后，我们尝

---

1. 本节内容来源于《张朝阳的物理课》第 45 讲和第 46 讲视频。

试利用这些结果对杂技表演中平衡杆的作用、花样滑冰时转速调节的原理进行解释。这些解释是定性的，我们无须做具体的计算。作为一个具体的可计算例子，我们将解决长杆在重力作用下的摆动问题，并分析它和单摆的区别。另一方面，我们以前在没有使用角动量概念的情况下推导了开普勒第二定律。在这里，我们将证明，开普勒第二定律是角动量定理的简单推论。

一、质点系的质心运动定律：牛顿定律的简单叠加

为了突出重点，我们先从简单的两质点系统入手。假设两个质点的质量分别是 m_1 和 m_2，它们各自受到的合力分别为：

$$\vec{F}_1 = \vec{g}_1 + \vec{h}_{21}$$
$$\vec{F}_2 = \vec{g}_2 + \vec{h}_{12}$$

其中用字母 g 表示的是外力，用字母 h 表示的是两质点之间的相互作用力，下标 21 表示质点 2 对质点 1 的作用，下标 12 表示质点 1 对质点 2 的作用。这里只考虑力 h 的方向平行于两质点连线的情况。利用牛顿第二运动定律 $\vec{F} = m\vec{a}$，两个质点会产生两个方程，二者相加会得到组合的运动方程：

$$\vec{F}_1 + \vec{F}_2 = m_1 \frac{\mathrm{d}^2 \vec{r}_1}{\mathrm{d}t^2} + m_2 \frac{\mathrm{d}^2 \vec{r}_2}{\mathrm{d}t^2} \tag{1}$$

其中 $\vec{r}_1$ 和 $\vec{r}_2$ 分别表示两个质点的位置。将前面合力的表达式代入等式左边，有：

$$\vec{F}_1 + \vec{F}_2 = (\vec{g}_1 + \vec{h}_{21}) + (\vec{g}_2 + \vec{h}_{12})$$

考虑到牛顿第三定律，$\vec{h}_{12} = -\vec{h}_{21}$，所以：

$$\vec{F}_1 + \vec{F}_2 = \vec{g}_1 + \vec{g}_2$$

我们再回到式（1），它的等号右边可以改写为

$$m_1 \frac{\mathrm{d}^2 \vec{r_1}}{\mathrm{d}t^2} + m_2 \frac{\mathrm{d}^2 \vec{r_2}}{\mathrm{d}t^2} = \underbrace{(m_1 + m_2)}_{\equiv M} \frac{\mathrm{d}^2}{\mathrm{d}t^2} \underbrace{\left(\frac{m_1 \vec{r_1} + m_2 \vec{r_2}}{m_1 + m_2} \right)}_{\equiv \vec{r}_{\mathrm{CM}}}$$

$$= M \frac{\mathrm{d}^2}{\mathrm{d}t^2} \vec{r}_{\mathrm{CM}}$$

上式中的 M 是总质量，$\vec{r}_{\mathrm{CM}}$ 是质心坐标。将前面的结果综合起来，我们会得到：

$$\vec{g}_1 + \vec{g}_2 = M \frac{\mathrm{d}^2}{\mathrm{d}t^2} \vec{r}_{\mathrm{CM}}$$

这个方程描述的是质心怎么随着时间改变，因此被称为质心运动定律。又因为系统的总动量为：

$$\vec{p}_1 + \vec{p}_2 = m_1 \frac{\mathrm{d}\vec{r_1}}{\mathrm{d}t} + m_2 \frac{\mathrm{d}\vec{r_2}}{\mathrm{d}t} = M \frac{\mathrm{d}}{\mathrm{d}t} \vec{r}_{\mathrm{CM}} = \vec{p}_{\mathrm{CM}}$$

所以质心运动定律可以改写为：

$$\vec{g}_1 + \vec{g}_2 = \frac{\mathrm{d}}{\mathrm{d}t} \vec{p}_{\mathrm{CM}}$$

质心运动定律描述的是系统总动量随时间的变化情况：系统总动量在单位时间的改变量等于总外力。因此，质心运动定律又被称为质点系的动量定理。

这里的结果可以推广到多质点的情况，质点之间的相互作用力会互相抵消，最终只剩下外力。所以对于多质点的情况，等式左边依然是质点系受到的合外力，右边是总质量乘以质心加速度，形式与牛顿定律类似。

二、质点系的角动量定理：总角动量变化率等于合外力矩

质心运动定律虽然形式简单，但是已经丢失了系统的很多信息。就像 $2 \times 6 = 12$ 与 $3 \times 4 = 12$ 一样，如果只知道最后结果是 12，是不能确定原来是 2×6 还是 3×4 的。所以，只要我们回到各个质点的原始运动方程，我们

会获得更多关于系统的信息。但是对于质点系，我们一般只知道它所受的外力，质点之间的相互作用力在很多情况下都非常复杂，质心运动定律的推导过程中刚好把质点之间的"内力"都消掉了。那还有没有别的方法能得到关于系统的新的信息而又不会涉及质点间的作用力的呢？还是有的，接下来我们要介绍的角动量定理就满足此要求。

我们先考虑单质点的情况。质点的运动方程为：

$$\vec{F} = m\frac{\mathrm{d}\vec{v}}{\mathrm{d}t}$$

我们定义力 $\vec{F}$ 对质点的力矩为质点的位置矢量 $\vec{r}$ 与这个力的叉乘。用 $\vec{r}$ 同时与上式的两端做叉乘，我们有：

$$
\begin{aligned}
\vec{r} \times \vec{F} &= m\vec{r} \times \frac{\mathrm{d}\vec{v}}{\mathrm{d}t} \\
&= m\frac{\mathrm{d}}{\mathrm{d}t}(\vec{r} \times \vec{v}) - m\frac{\mathrm{d}\vec{r}}{\mathrm{d}t} \times \vec{v} \\
&= \frac{\mathrm{d}}{\mathrm{d}t}(\vec{r} \times \vec{p}) - m\vec{v} \times \vec{v} \\
&= \frac{\mathrm{d}}{\mathrm{d}t}(\vec{r} \times \vec{p})
\end{aligned}
$$

我们将 $\vec{r} \times \vec{p}$ 定义为质点的角动量 $\vec{L}$，也就是：

$$\vec{r} \times \vec{F} = \frac{\mathrm{d}\vec{L}}{\mathrm{d}t} = \frac{\mathrm{d}}{\mathrm{d}t}(\vec{r} \times \vec{p})$$

这就是单质点的角动量定理：角动量在单位时间内的改变量等于质点所受力矩。

在单质点角动量定理的基础上，考虑两个质点的情况。与证明质心运动定律类似，对两质点分别应用角动量定理，这样我们会得到两个方程，然后我们将这两个方程叠加在一起，会得到：

$$\vec{r_1} \times \vec{F_1} + \vec{r_2} \times \vec{F_2} = \frac{\mathrm{d}\vec{L_1}}{\mathrm{d}t} + \frac{\mathrm{d}\vec{L_2}}{\mathrm{d}t} = \frac{\mathrm{d}}{\mathrm{d}t}(\vec{L_1} + \vec{L_2})$$

其中的数字下标分别对应两个质点。使用我们前面推导质心运动定律时所用的符号，上式中的力矩之和可以改写为

$$\begin{aligned}
\vec{r}_1 \times \vec{F}_1 + \vec{r}_2 \times \vec{F}_2 &= \vec{r}_1 \times (\vec{g}_1 + \vec{h}_{21}) + \vec{r}_2 \times (\vec{g}_2 + \vec{h}_{12}) \\
&= \vec{r}_1 \times \vec{g}_1 + \vec{r}_2 \times \vec{g}_2 + (\vec{r}_1 \times \vec{h}_{21} + \vec{r}_2 \times \vec{h}_{12}) \\
&= \vec{r}_1 \times \vec{g}_1 + \vec{r}_2 \times \vec{g}_2 + (\vec{r}_1 - \vec{r}_2) \times \vec{h}_{21} \\
&= \vec{r}_1 \times \vec{g}_1 + \vec{r}_2 \times \vec{g}_2
\end{aligned}$$

最后一个等式之所以成立，是因为我们只考虑质点之间相互作用力平行于质点间连线的情况，$\vec{r}_1 - \vec{r}_2$ 等于质点 2 到质点 1 的位移矢量，所以它与 $\vec{h}_{21}$ 平行，从而叉乘的结果为 0。上式最终的结果正好是两个质点的合外力矩。于是，总角动量在单位时间内的改变量等于外力矩之和。这个结论可以推广到多质点的情况。如果用 τ 表示外力矩，那么角动量定理可以写为：

$$\tau_{\text{total}} = \frac{\mathrm{d}}{\mathrm{d}t} \vec{L}_{\text{total}}$$

或者通过各个外力与各个质点的角动量表示为：

$$\sum_i \vec{r}_i \times \vec{g}_i = \frac{\mathrm{d}}{\mathrm{d}t} \left(\sum_i \vec{L}_i \right)$$

三、角动量定理在刚体定轴转动上的应用

前面的角动量定理是在离散的情况下推导出来的，不过也能应用到连续的刚体上。有一点需要注意的是，在体积不可忽略的物体上的质量微元，它们之间的切应力并不平行于质量微元之间的连线。这似乎表明角动量定理不能用在刚体上。所幸的是，切应力只作用在接触面上，因此作用力和反作用力的作用位置相同，从而求其力矩时所用的位置矢量也相同，力矩叠加在一起后切应力部分正好互相抵消。总的来说，角动量定理依然可以应用到连续的物体上，包括刚体。

刚体的运动是复杂的，即使考虑刚体绕着一个固定点转动，其转动轴也可能时刻改变。简单起见，我们这里只考虑刚体绕着固定轴转动的情

况。以刚体的转动轴为 z 轴建立柱坐标系，与 z 轴垂直的坐标面使用的是极坐标。考虑刚体上的一小块质量，把它看成第 i 个质点，它的角动量为：

$$\vec{r}_i \times \vec{p}_i = \vec{r}_i \times (m_i \vec{v}_i) \tag{2}$$

在定轴转动的情况下，刚体上的质点做的是圆周运动，利用圆周运动的相关结论，我们有：

$$\vec{r}_i = r_i \vec{e}_r + z_i \vec{k}$$
$$\vec{v}_i = r_i \frac{\mathrm{d}\theta}{\mathrm{d}t} \vec{e}_\theta$$

其中角度 θ 没有标注下标 i，是因为在定轴转动的情况中刚体每一点（轴心上的点除外）的角速度都是一样的。在定轴转动的情况下，我们只需要考虑 z 分量的角动量定理，其他分量会牵扯到转轴施加给刚体的力矩，这不在我们考虑的范围内。将上式代入式（2），并利用基矢叉乘关系：

$$\vec{e}_r \times \vec{e}_\theta = \vec{k}$$
$$\vec{k} \times \vec{e}_\theta = -\vec{e}_r$$

可以得到该质点角动量的 z 分量为：

$$L_i = m_i r_i^2 \frac{\mathrm{d}\theta}{\mathrm{d}t}$$

质点 i 的角动量还包含径向分量，不过基矢 $\vec{e}_r$ 对时间的导数正比于基矢 $\vec{e}_\theta$，不会对 z 方向产生任何影响，因此可以在考虑角动量对时间导数的 z 分量时把质点 i 角动量的径向分量忽略掉。

注意到刚体定轴转动下，r_i 不会随时间变化，于是刚体总角动量对时间的导数的 z 分量为：

$$\frac{\mathrm{d}L}{\mathrm{d}t} = \frac{\mathrm{d}}{\mathrm{d}t} \left(\sum_i m_i r_i^2 \frac{\mathrm{d}\theta}{\mathrm{d}t} \right)$$
$$= \left(\sum_i m_i r_i^2 \right) \frac{\mathrm{d}^2\theta}{\mathrm{d}t^2}$$

后文为了表述的简洁性，将把角动量的 z 分量简称为角动量。定义刚体的转动惯量为：

$$I = \sum_i m_i r_i^2 = \int r^2 \mathrm{d}m$$

那么刚体角动量随时间的变化率可以写为：

$$\frac{\mathrm{d}L}{\mathrm{d}t} = I\frac{\mathrm{d}^2\theta}{\mathrm{d}t^2}$$

接着，我们考虑质点 i 受到的 z 方向的外力矩：

$$
\begin{aligned}
\vec{r}_i \times \vec{g}_i\big|_z &= \left[(r_i\vec{e}_r + z_i\vec{k}) \times (g_r\vec{e}_r + g_\theta\vec{e}_\theta + g_z\vec{k}) \right]\Big|_z \\
&= r_i\vec{e}_r \times (g_\theta\vec{e}_\theta) = r_i g_\theta\vec{k}
\end{aligned}
$$

将合外力矩叠加在一起，结合角动量定理，我们有：

$$\sum_i r_i g_\theta = I\frac{\mathrm{d}^2\theta}{\mathrm{d}t^2}$$

这就是刚体定轴转动的角动量定理。它在形式上和牛顿第二定律非常相似，等式右边是转动惯量与角加速度的乘积，正如质量衡量的是物体运动状态改变的难易程度，转动惯量衡量的是刚体转动状态改变的难易程度。在牛顿第二定律中，力是改变物体运动的原因，而在角动量定理中，力矩是改变刚体转动的原因。

如果外力矩等于 0，那么 $I\omega$ 为常数，不随时间变化。$I\omega$ 正好是刚体定轴转动时的角动量，所以刚体的角动量在外力矩为 0 时保持不变，这就是刚体的角动量守恒定律。

角动量定理和角动量守恒定律可以帮助我们理解生活中的一些问题。我们先以花样滑冰运动员在冰上的转动为例。运动员转动时会做各种动作，虽然不能看成刚体，但角动量守恒依然成立。运动员在冰面受到的摩擦力可忽略不计，重力与支持力相互抵消，可以近似看成不受外力作用。当运动员转动过程中，如果将手缩回，则转动惯量公式中与手对应的 r_i 变小了，从而运动员的转动惯量也将变小。因为角动量保持不变，所以运动

员的角速度 ω 必然会增大。反之，如果运动员的手伸张出去，角速度则会变小。

　　另一个例子是，杂技演员在走钢丝时一般都会手持一根长杆，这是为什么呢？这是因为，杂技演员手中的长杆可以助其提高转动惯量，从而在受到同等大小的力矩扰动的情况下，手持长杆会比没有持长杆的角速度改变量要小，杂技演员也因此更容易恢复平衡。

四、物理摆

　　作为刚体角动量定理的应用，我们计算一下物理摆的运动方程。所谓物理摆，指的是线密度均匀的长杆在重力作用下绕着其一个端点自由摆动的系统。这是一个刚体定轴转动的模型。假设长杆的质量线密度为 μ，长度为 L，那么它的转动惯量为：

$$I = \int_0^L \mu r^2 \mathrm{d}r = \frac{1}{3}\mu L^3$$

对长杆的力矩贡献不为 0 的只有重力，重力矩为：

$$\tau = -\int_0^L \mu g r \sin\theta \mathrm{d}r = -\frac{1}{2}\mu L^2 \sin\theta$$

利用前面推导出来的角动量定理，我们有：

$$-\frac{1}{2}\mu L^2 \sin\theta = \frac{1}{3}\mu L^3 \frac{\mathrm{d}^2\theta}{\mathrm{d}t^2}$$

化简上式，我们得到：

$$\frac{\mathrm{d}^2\theta}{\mathrm{d}t^2} + \frac{3}{2}\frac{g}{L}\sin\theta = 0 \qquad\qquad (3)$$

　　这个结果是不平凡的。为什么这么说呢？如果我们简单地把长杆看成所有质量集中于长杆质心处的物体，利用牛顿定律，我们会得到如下的"运动方程"：

$$\frac{\mathrm{d}^2\theta}{\mathrm{d}t^2} + 2\frac{g}{L}\sin\theta = 0$$

此式与我们严格推导出来的式（3）差别比较大，因此，不能简单地把物体的所有质量等效到质心处。回到式（3）上来，虽然它本身比较复杂，不能简单地求解，但是当摆动角很小时，$\sin\theta \approx \theta$，在此近似下我们有：

$$\frac{\mathrm{d}^2\theta}{\mathrm{d}t^2} + \frac{3}{2}\frac{g}{L}\theta = 0$$

这个方程与谐振子的振动方程类似，我们可以借助谐振子的相关结论得到小幅度物理摆的角频率为：

$$\omega = \sqrt{\frac{3g}{2L}}$$

频率和周期分别为：

$$f = \frac{1}{2\pi}\sqrt{\frac{3g}{2L}}$$

$$T = \frac{1}{f} = 2\pi\sqrt{\frac{2L}{3g}}$$

五、证明开普勒第二定律

还记得我们前面在求解物体在万有引力下的运动轨迹时顺便证明的开普勒第二定律吧？当时我们在极坐标下展开牛顿第二定律，发现角向方程本质上是一个常量的导数，最终得到了开普勒第二定律。在这里，我们将证明开普勒第二定律本质上是角动量守恒定律。

我们在前文推导了单质点的角动量定理，这个定理在中心力场中能起到简化问题的作用，这是因为当我们把坐标原点取为力的中心时，力矩自然为 0。引力场作为典型的中心力场，对其中的物体应用角动量定理是自然而然的选择。

在质量为 M 的星球的引力场中，质量为 m 的质点受到的引力为：

$$\vec{F} = -\frac{GMm}{r^2}\vec{e}_r$$

所以质点受到的力矩为：

$$\vec{r} \times \vec{F} = r\vec{e}_r \times \left(-\frac{GMm}{r^2}\vec{e}_r\right) = 0$$

可见引力矩为 0。根据角动量定理，质点的角动量不随时间变化。接下来，我们在柱坐标下推导质点的角动量。我们先写出质点角动量的一般公式：

$$\vec{L} = \vec{r} \times \vec{p} = rm\vec{e}_r \times \vec{v} \tag{4}$$

其中 $\vec{v}$ 是粒子的速度。以质点的轨迹平面为极坐标面，星球所在位置为原点，建立柱坐标系，那么粒子的速度矢量可以写为：

$$\vec{v} = \dot{r}\vec{e}_r + r\dot{\theta}\vec{e}_\theta$$

其中字母上方加一点表示这个量对时间的一阶导数。将上式代入式（4）后可得：

$$\vec{L} = rm\vec{e}_r \times (\dot{r}\vec{e}_r + r\dot{\theta}\vec{e}_\theta) = mr^2\frac{\mathrm{d}\theta}{\mathrm{d}t}\vec{k}$$

由于角动量守恒，$mr^2\mathrm{d}\theta/\mathrm{d}t$ 不随时间变化。

为了理解这个结果，我们考虑质点和星球的连线，$\mathrm{d}\theta$ 是这根线在 $\mathrm{d}t$ 时间内转过的角度，因此 $r^2\mathrm{d}\theta/2$ 是这根线在 $\mathrm{d}t$ 时间内扫过的面积。换言之，这根连线在单位时间内扫过的面积为常数，这就是开普勒第二定律。可见，开普勒第二定律是角动量守恒定律的简单推论。

[小 结]
Summary

在这一节，我们从基础的牛顿定律出发，推导了质点系的动量定理和角动量定理。质点系的动量定理又被称为质心运动定律，它表明我们可以在忽视内力的情况下把整个系统集中到质心，然后对这个等效质点应用牛顿第二定律。质心运动定律描述了系统整体的运动，而角动量定理则描述了系统怎么"旋转"。我们将角动量定理应用到定轴转动的刚体上之后，得到了一个形式上和牛顿第二定律非常相似的方程，这有助于加深我们对角动量定理的理解。紧接着，我们使用推导出来的结论计算了物理摆的运动方程，得到了它在小角度摆动情况下的频率与周期，同时表明了在摆动问题上，不能简单地把物体所有质量集中于质心来处理。最后，我们证明了开普勒第二定律是角动量守恒定律的一个简单推论，这给了我们从另一个视角理解开普勒第二定律的机会。结合以前我们在没有使用角动量的情况下推导开普勒第二定律的过程，我们可以感受到物理体系的内在和谐。

▲

陀螺仪为什么能定位方向？
—— 讨论飞轮进动的原理[1]

摘要：本节类比计算太阳引力对地月相对运动的影响，计算地球引力对空间站里两位宇航员相对运动的影响，并指出两者的区别与联系。最后回到角动量定理的应用上，介绍飞轮进动的原理，并说明为什么陀螺仪可以用来定位方向。

我们稍微来回顾一下相关的内容，最初的出发点是先证明一个质点的角动量随时间的变化率等于其所受的力矩，随后推导出了多质点的角动量定理，紧接着将其扩充为刚体的角动量定理。有了角动量定理，就能证明角动量守恒定律，利用角动量守恒探讨中子星的自转，进一步利用中心力场角动量守恒与角动量定理，还可以探讨潮汐作用导致的地球形变是如何让月球远离地球的问题，为此我们也进行了关于潮汐的复杂计算。这节课将回归角动量定理与角动量守恒的一些更直接的重要应用。

不过在那之前，我们先讨论有关第七部分《太阳也有潮汐力？》一节的一个问题，为了计算潮汐作用，我们推导了地球与月球的运动，证明了

---

1. 本节内容来源于《张朝阳的物理课》第 50 讲视频。

在地月相对运动中可以忽略太阳的引力，但同时我们也证明了太阳引力的效应并不是 0。若我们考虑空间站中的宇航员之间的相对运动，根据此前的结论，理论上地球的引力会影响宇航员的相对运动，并且由于这时候宇航员之间的引力极弱，我们这时候不能忽略地球引力对宇航员相对运动的影响，所以这节课我们具体把此效应计算出来并讨论，而不仅仅是计算它的量级大小然后忽略掉。

一、地球引力对空间站中两位宇航员的影响

计算地月相对运动方程中太阳引力的影响，会发现太阳引力对相对运动的贡献是地月引力的 1/170，一般可以忽略不计。同样道理，我们也可以用相同的方法，研究地球对空间站中两位宇航员的相对运动的影响。但两位宇航员之间的引力非常小，故地球引力对其相对运动的影响不可忽略，需要利用类似上节的计算方法先将它求出来。

设空间站中的两位宇航员分别用数字标记，称为"1 号"和"2 号"，其质量分别为 m_1 与 m_2，在以地球中心为原点的参考系中，他们的位置矢量分别为矢量 $\vec{r}_1$ 与矢量 $\vec{r}_2$。进一步设 1 号受到的地球引力为矢量 $\vec{f}_1$，1 号受到 2 号的引力及其他相互作用总和为矢量 $\vec{g}_{21}$，那么由牛顿第二定律可以得到 1 号的运动方程：

$$\vec{f}_1 + \vec{g}_{21} = m_1 \frac{\mathrm{d}^2 \vec{r}_1}{\mathrm{d}t^2} \tag{1}$$

先前已经推导得知，两体系统的质心运动只与合外力有关，而两位宇航员组成的系统的质心坐标为 $\vec{r}_{\mathrm{CM}} = \dfrac{m_1 \vec{r}_1 + m_2 \vec{r}_2}{m_1 + m_2}$，设地球对 2 号的引力为矢量 $\vec{f}_2$，则有：

$$\vec{f}_1 + \vec{f}_2 = (m_1 + m_2) \frac{\mathrm{d}^2}{\mathrm{d}t^2} \vec{r}_{\mathrm{CM}} \tag{2}$$

而 1 号相对于系统质心的位置是：

$$\vec{r}_1 - \vec{r}_{\mathrm{CM}} = \frac{m_2}{m_1 + m_2}(\vec{r}_1 - \vec{r}_2) = \frac{m_2}{m_1 + m_2}\vec{r}$$

其中 $\vec{r} = \vec{r}_1 - \vec{r}_2$ 是 1 号宇航员相对于 2 号宇航员的位置。上式对时间求二阶导数，并联合 1 号宇航员的运动方程（1）以及质心的运动方程（2）可得：

$$
\begin{aligned}
\left(\frac{m_2}{m_1 + m_2}\right)\frac{\mathrm{d}^2}{\mathrm{d}t^2}\vec{r} &= \frac{\mathrm{d}^2}{\mathrm{d}t^2}(\vec{r}_1 - \vec{r}_{\mathrm{CM}}) \\
&= \frac{\mathrm{d}^2\vec{r}_1}{\mathrm{d}t^2} - \frac{\mathrm{d}^2\vec{r}_{\mathrm{CM}}}{\mathrm{d}t^2} \\
&= \frac{\vec{f}_1 + \vec{g}_{21}}{m_1} - \frac{\vec{f}_1 + \vec{f}_2}{m_1 + m_2} \\
&= \frac{m_2\vec{f}_1 - m_1\vec{f}_2}{m_1(m_1 + m_2)} + \frac{\vec{g}_{21}}{m_1}
\end{aligned}
\tag{3}
$$

上面公式的第二项为两位宇航员之间的相互作用项，而地球的引力则全部化归到第一项中。

进一步设 $\vec{e}_1$ 为 1 号宇航员指向地球中心方向的单位向量，$\vec{e}_2$ 为 2 号宇航员指向地球中心方向的单位向量，r_1 为 1 号宇航员到地球中心的距离，r_2 为 2 号宇航员到地球中心的距离，那么，根据牛顿万有引力公式，地球对 1 号宇航员的引力 $\vec{f}_1$ 和对 2 号宇航员的引力 $\vec{f}_2$ 分别为：

$$\vec{f}_1 = \frac{m_1 m_{\mathrm{e}}}{r_1^2}\vec{e}_1 \qquad \vec{f}_2 = \frac{m_2 m_{\mathrm{e}}}{r_2^2}\vec{e}_2 \tag{4}$$

其中 m_{e} 为地球质量。

具体将地球对两位宇航员各自的引力的表达式（4）代入式（3）中的地球引力项（第一项）中得到：

$$\frac{m_2\vec{f}_1 - m_1\vec{f}_2}{m_1(m_1 + m_2)} = \frac{Gm_2 m_{\mathrm{e}}}{m_1 + m_2}\left(\frac{\vec{e}_1}{r_1^2} - \frac{\vec{e}_2}{r_2^2}\right) \tag{5}$$

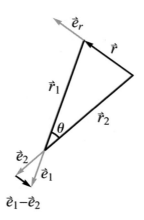

各个参量之间的几何关系图

为了方便计算，我们只考虑 1 号与 2 号宇航员到地球中心的距离相等情况，即 $r_1=r_2$，如上图所示，此时两位宇航员与地球构成的三角形是以地球为顶点的等腰三角形，又因为两位宇航员之间的距离 r（三角形的底边长）远远小于宇航员到地球的距离 r_1（三角形的腰长），所以三角形的顶角 θ 近似等于底边长比上腰长，即 $\theta \approx \dfrac{r}{r_1}$。而由 $\vec{e}_1$ 与 $\vec{e}_2$ 的定义可知，这两个单位矢量之间的夹角正是顶角 θ，所以有：

$$|\vec{e}_1-\vec{e}_2|=\sqrt{(\vec{e}_1-\vec{e}_2)^2}=\sqrt{2-2\vec{e}_1\cdot\vec{e}_2}=\sqrt{2-2\cos\theta}=2\left|\sin\frac{\theta}{2}\right|\approx\theta\approx\frac{r}{r_1}$$

并且由于 $\vec{e}_1$ 与 $\vec{e}_2$ 的大小相等，如图所示，$\vec{e}_1$、$\vec{e}_2$ 与 $\vec{e}_1-\vec{e}_2$ 构成的三角形和 $\vec{r}_1$、$\vec{r}_2$ 与 $\vec{r}$ 构成的三角形相似，所以 $\vec{e}_1-\vec{e}_2$ 的方向与 $\vec{r}$ 的方向相反，若设沿 $\vec{r}$ 方向的单位矢量为 $\vec{e}_r$，则有：

$$\vec{e}_1-\vec{e}_2\approx-\frac{r}{r_1}\vec{e}_r$$

综上所述，在 $r_1=r_2$ 的情况下，式（5）可以简化为：

$$\frac{m_2\vec{f}_1-m_1\vec{f}_2}{m_1(m_1+m_2)}=\frac{Gm_2m_e}{m_1+m_2}\frac{1}{r_1^2}(\vec{e}_1-\vec{e}_2)\approx\frac{Gm_2m_e}{m_1+m_2}\frac{1}{r_1^2}\frac{r}{r_1}(-\vec{e}_r)=-\frac{m_2}{m_1+m_2}\frac{Gm_e}{r_1^3}r\vec{e}_r\ (6)$$

另外，我们还知道宇航员绕地球公转的角速度满足的公式为

$\omega = \sqrt{\dfrac{Gm_{\mathrm{e}}}{r_1^3}}$ ，那么式（6）可进一步化为：

$$\frac{m_2\vec{f_1} - m_1\vec{f_2}}{m_1(m_1 + m_2)} \approx -\frac{m_2}{m_1 + m_2}\omega^2 r\vec{e}_r \tag{7}$$

将上述关于地球引力项的表达式（7）带回相对运动加速度的表达式（3）中可得：

$$\left(\frac{m_2}{m_1 + m_2}\right)\frac{\mathrm{d}^2}{\mathrm{d}t^2}\vec{r} = -\frac{m_2}{m_1 + m_2}\omega^2 r\vec{e}_r + \frac{\vec{g}_{21}}{m_1}$$

若我们进一步定义约化质量为：

$$\mu = \frac{m_1 m_2}{m_1 + m_2}$$

那么上式可以化为：

$$\mu\frac{\mathrm{d}^2}{\mathrm{d}t^2}\vec{r} = -\mu\omega^2 r\vec{e}_r + \vec{g}_{21}$$

上式即为空间站两位宇航员的相对运动方程，右边第一项是地球引力的作用。考虑到空间站一天绕地球约 16 圈，其中角速度值为 $\omega = 2\pi \times \dfrac{16}{24 \times 3600} = 1.16 \times 10^{-3}$ rad/s。若两位宇航员之间除引力之外没有其他相互作用，那么上式等号右边的力 $\vec{g}_{21}$ 特别小，相对于第一项可忽略不计，于是上式成为质量为 μ、弹簧弹性系数 $k = \mu\omega^2$ 的谐振子的运动方程。

这说明两位宇航员在空间站内会因为地球的引力而有相对运动。但我们若在相对于地球中心保持静止的惯性参考系中进行分析，会发现两位宇航员以及空间站都以 ω 的角速度绕着地球旋转，他们之间应该保持相对静止，怎么会遵循谐振子的运动方程呢？这似乎与上面推导的相对运动公式相互矛盾。

实际上，在与地球中心相对静止的惯性参考系里看，两位宇航员的连线始终垂直于质心到地球中心的连线，但其质心是绕着地球转的，所以质心与地球的连线也是以 ω 旋转的。因此，虽然两位宇航员之间连线的长度不变，但也是以 ω 旋转的，即若我们保持空间站是平动的，将明显看出两位宇航员在空间站中以角速度 ω 绕着质心转圈，这正好符合前面推导得到的谐振子相对运动公式，并没有矛盾。

二、飞轮的进动与陀螺仪的稳定性

如下图所示，飞轮的转轴被一个支点水平架起，并且飞轮绕着转轴快速旋转：

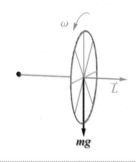

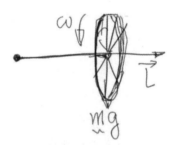

悬挂起来的飞轮

设旋转导致的角动量方向从支点处沿转轴水平指向外，大小为 L。由于飞轮受到重力作用，且一端固定，会将飞轮往下拉并使得转轴与水平方向有个小的夹角 $\Delta\theta$，那么此时飞轮具有指向下的角动量分量 $L\Delta\theta$。根据刚体角动量定理，角动量随时间的变化率等于物体所受的合外力矩，即 $\tau = \dfrac{\mathrm{d}L}{\mathrm{d}t}$，所以对于图中场景，若要产生此竖直向下的角动量变化 $L\Delta\theta$，则需要竖直向下的力矩，力矩等于位置矢量与重力的外积，根据叉乘运算的右手螺旋定则，这对应于需要垂直于纸面指向外的力。

但实际上并没有这个力维持飞轮向下方向角动量的稳定产生，那么这个垂直于纸面指向外的力的缺失，导致飞轮垂直于纸面指向里运动。此时飞轮将绕支点沿着水平方向旋转，那么微小时间内角动量将有一个水平小分量，这与重力矩的方向一致，但飞轮的水平小分量比此微小时间内的重力冲量矩要大，即重力需要更大，才可以完全提供飞轮的水平小分量。

由于重力没在大到让飞轮稳定产生水平小分量，飞轮就反重力方向往上抬高，所以重力不会无限制地把飞轮往下拖。最终形成的运动就是飞轮绕着支点在水平面上逆时针旋转（从上往下看飞轮），此即"进动"，同时在旋转的过程中上下摆动。这是一个比较反直觉的效应。飞轮虽然持续受到重力的影响，但不会如同单摆那样直接往下掉，而是绕着水平方向腾空旋转。

由于各种摩擦力等阻尼的原因，飞轮的上下摆动最终会消失，只剩下绕支点的进动。那么飞轮角动量的变化正是沿着重力矩方向水平变化，利用角动量定理可以马上得出角动量随时间的变化率，进而得出飞轮进动角速度。

关于角动量的应用，陀螺仪是个很好的例子，它可以用来定位方向。陀螺仪中的物体绕轴高速旋转，从而具有非常大的角动量。若陀螺仪在较短时间 Δt 内受到力矩 τ 的外来扰动，导致的角动量变化 $\tau \Delta t$ 相比角动量 L 非常小，那么角动量方向 θ 的改变量 $\Delta \theta = \dfrac{\tau \Delta t}{L}$ 也就非常小，从而陀螺仪的指向几乎不受扰动，稳定性极高。

当周围存在较大的磁场干扰，比如在一些矿洞中，指南针会失效，这时就可以用陀螺仪代替指南针来定向。另外，在广袤的宇宙中要想比较精确地定位方向，也需要用到陀螺仪。中国空间站"天和"核心舱里就装载了六个高速旋转的大铁球（控制力矩陀螺）作为陀螺仪来定向。

[小 结]
Summary

上面在计算地球引力对空间站中两位宇航员的相对运动的影响时，我们只考虑 1 号与 2 号宇航员到地球中心的距离相等的情况，若要进一步考虑更一般的情况，由于我们选择了太阳为参考系的原点，可以将式（5）中的 $\dfrac{\vec{e}_1}{r_1^2} - \dfrac{\vec{e}_2}{r_2^2}$ 写成 $\dfrac{-\vec{r}_1}{r_1^3} - \dfrac{-\vec{r}_2}{r_2^3}$，并将 $\vec{r}_2 = \vec{r}_1 - \vec{r}$ 代入后按照小量 $\dfrac{r}{r_1}$ 展开即可进行计算。实际上，这里计算地球引力对空间站宇航员运动的效应，相当于在计算地球对空间站产生的潮汐力，从计算过程可以看到，宇航员在空间站不同位置受到的地球引力是有微小的不同的，这就导致了潮汐力。第二部分关于飞轮进动的原理，最常见的做法是直接将重力产生的力矩看成推动飞轮水平进动的原因，此时重力矩等于水平进动角动量变化率，但类似我们上文中关于飞轮运动更详细的解释，当飞轮水平转起来时，它会具有新的竖直方向的角动量，但重力是竖直向下的，不可能产生竖直方向的力矩，所以飞轮实际上会向下有个小角度倾斜，使得飞轮自转的角动量有个竖直分量来抵消飞轮整体进动旋转时产生的角动量。这节课补充了之前课程遗留下来的一些问题，并回归到角动量定理与角动量守恒的最直接应用上，至此一系列关于角动量课程的讲解就暂时告一段落了。

▲

振动和波
专题

微波炉为什么能加热食物？
—— 振动方程和共振现象[1]

摘要：这一节主要处理谐振子在没有外力以及受到固定频率外力作用下的振动，并由此解释共振现象，进而介绍共振的危害以及共振在日常生活中的应用：微波炉。同时，文末还会介绍单摆的方程。

微波炉加热食物的原理是什么？桥梁受到一定频率的扰动会怎么样？这些问题都和我们的生活息息相关。本节，我们将从基本的简谐振动开始，了解它的求解方法和一般特性，然后使用类似方法求解受迫振动方程，进而说明共振为什么会发生。相信读者们在此之前已经或多或少地了解过共振现象，在这里我们将会从实际计算出发去理解共振发生的原因，并由我们得到的结果解释微波加热原理。最后，我们考虑单摆运动。我们将会了解到单摆振动和谐振子的不同之处，以及单摆方程在什么情况下可以近似为谐振子方程。

---

1. 本节内容来源于《张朝阳的物理课》第 4 讲视频。

一、谐振子的振动方程

在中学的时候，我们学习过理想弹簧的力为：

$$F = -kx$$

其中 k 是弹簧的劲度系数，x 是弹簧形变长度。如果我们把弹簧不形变时看作平衡状态，那么 x 就是偏离平衡位置的距离。考虑一个质量为 m 的质点，仅在弹簧的作用下运动，这样的模型我们称为谐振子。

谐振子在物理上的应用非常广泛，这是因为很多小幅振动都可以近似为谐振子或者多个谐振子。自然界中的物体处于稳定平衡时一般都对应着势能的极小值点。以一维情况为例，假设势能 $U(x)$ 在 $x=0$ 处取得极小值，那么 $U(x)$ 在 $x=0$ 处的导数为 0，并且二阶导数值大于或等于 0。在这里我们考虑一般情况：$U''(0) = k > 0$，那么在原点附近，势能可以近似为：

$$U(x) \approx U(0) + \frac{1}{2}kx^2$$

上式中的 $U(0)$ 只反映了势能零点的约定，和物理过程无关，因此可以忽略。势能的梯度的负值等于物体受到的力，因此物体在原点附近受到的力为：

$$F(x) = -U'(x) \approx -kx$$

这个力和弹簧的力形式上是一样的。因此，当物体在平衡位置做小幅振动时，可以看成是谐振子。

接下来我们计算谐振子的运动情况，这需要用到牛顿第二定律。谐振子的运动方程为：

$$m\frac{\mathrm{d}^2 x}{\mathrm{d}t^2} = -kx$$

为了简化方程，我们定义 $\omega_0^2 = k/m$，于是上式可以改写为：

$$x'' + \omega_0^2 x = 0 \tag{1}$$

对于这种方程，可以通过"猜测"得到它的解。x 的二阶导数正比于 x 本身，有哪些函数满足这个性质呢？我们想一想，幂函数求导之后次数会降低，因此不可能等于它自身。对数函数求导之后会变成幂函数，因此也可以排除掉。但是这样排除函数效率很低，我们应该从另一个角度入手。从物理直观上来说，质点在弹簧作用下应该不断振动，所以 $x(t)$ 的函数图像也应该不断上下波动，这就自然而然地想到了正弦函数。我们计算一下正弦函数的导数：

$$\frac{\mathrm{d}\sin\theta}{\mathrm{d}\theta} = \cos\theta$$

$$\frac{\mathrm{d}}{\mathrm{d}\theta}\left(\frac{\mathrm{d}\sin\theta}{\mathrm{d}\theta}\right) = \frac{\mathrm{d}}{\mathrm{d}\theta}\cos\theta = -\sin\theta$$

所以谐振子的解可以由正弦函数构造出来。解的形式为：

$$x \propto \sin(\omega_0 t + \varphi)$$

当然，使用余弦函数来构造也是可以的，不过余弦函数本质上是正弦函数沿着坐标轴的平移，而上式中的 φ 已经包含了这样的平移，因此用余弦函数构造不会带来新的解。

实际上，对于谐振子的振动，物理学里经常使用复指数表示法。复指数形式和三角函数形式可以通过著名的欧拉公式联系在一起：

$$\mathrm{e}^{\mathrm{i}\theta} = \cos\theta + \mathrm{i}\sin\theta$$

可以看到，复指数函数的实部和虚部都可以描述物理世界中的振动。更重要的是，指数函数的导数等于自身的常数倍：

$$\frac{\mathrm{d}}{\mathrm{d}x}\mathrm{e}^{\alpha x} = \alpha\mathrm{e}^{\alpha x}$$

后面我们会看到指数函数的这个性质能为我们带来巨大的帮助。于是，我们选择复指数函数来描述谐振子的运动：

$$x = x_0\mathrm{e}^{\mathrm{i}\omega t}$$

其中 ω 为未知常数，x_0 为实数，x 的实部代表物理世界的谐振子振动，是一个余弦函数。余弦函数最大值为 1，所以 x_0 是这个振动的振幅。将上式代入式（1），可得：

$$(\mathrm{i}\omega)^2 + \omega_0^2 = 0$$

可见复指数函数使得求导运算变成了代数运算，这能大大简化方程的求解。解出 ω，有：

$$\omega = \omega_0 = \sqrt{\frac{k}{m}}$$

上式中取 $\omega = -\omega_0$ 也是可以的，不会影响物理结果。于是振动方程的解为：

$$x = x_0 \mathrm{e}^{\mathrm{i}\omega_0 t}$$

其中 x_0 是谐振子的初始位置。这是最简单的振动过程的解，质点只受到恢复力的作用。这样的振动会保持恒定的振幅 x_0，并且振动频率就等于 ω_0。因此，ω_0 被称为它的固有频率。

二、当谐振子受到固定频率的外力影响时

前面考虑的是质点只受弹簧恢复力的情况，如果有一个幅度为 F_0 的周期性的外力作用在质点上面呢？设这个力的振动角频率为 ω，那么质点的运动方程可以写为：

$$m\frac{\mathrm{d}^2 x}{\mathrm{d}t^2} = -kx + F_0 \mathrm{e}^{\mathrm{i}\omega t} \tag{2}$$

这里，我们从物理角度求解这个方程。假如质点一开始是静止的，根据我们的生活经验，在这样的周期力的作用下，质点也会做角频率同为 ω 的振动。于是可以假设方程的解为：

$$x = x_0 \mathrm{e}^{\mathrm{i}\omega t}$$

在这里我们要注意一点，ω 等于周期外力的角频率，是已知量，那么我们要求解的是什么量呢？虽然上式的假设解在形式上与前面没有周期外力的情况时的假设解一样，但是没有周期外力时，振动方程是齐次线性方程，振幅 x_0 是任意的，角频率 ω 是待求的未知数；而在有周期外力的情况下，ω 是已知的，等于周期外力的角频率，振动方程不再是齐次方程。如果 $x(t)$ 是一个解，那么 $C \cdot x(t)$ 一般不再是解，因此 x_0 不能任意取值，它成了待求的未知数。在这个指引下，将假设的解代入振动方程可得：

$$(\mathrm{i}\omega)^2 = -\frac{k}{m} + \frac{F_0}{mx_0}$$

从中解出 x_0，我们得到：

$$x_0 = \frac{F_0}{m}\frac{1}{\omega_0^2 - \omega^2}$$

所以，受周期外力的振动解为：

$$x = \frac{F_0}{m}\frac{\mathrm{e}^{\mathrm{i}\omega t}}{\omega_0^2 - \omega^2}$$

由于原来的方程［见式（2）］是一个非齐次线性方程，上式的解是一个特解，因此通解是上式的解和 $C \cdot \mathrm{e}^{\mathrm{i}\omega_0 t}$ 的叠加。不过，由于实际的谐振子都会带有阻力，$\mathrm{e}^{\mathrm{i}\omega_0 t}$ 的这一部分运动最终会由于阻力而衰减掉，而上式中的运动由于有周期外力所带来的持续能量输入，最终会稳定在一个特定的幅度上而不会衰减掉。这就是我们可以忽略通解中 $\mathrm{e}^{\mathrm{i}\omega_0 t}$ 部分的物理原因。

三、极性分子随电磁波共振：微波炉的加热原理

对于刚刚得到的解，这里我们结合实际的物理过程解释一下。

比如人在荡秋千，假如坐在秋千上的人自己不用力，而是由站在秋千外的人来回推着荡起来，这种情况就可以近似为秋千受到周期性外力的作用。后面会介绍秋千有一个固有频率 ω_0。通过前面的推导结果可以看到，

当推力的频率很接近固有频率时，振动的幅度会变得非常大。这就是共振。

如果 ω 刚好等于 ω_0 呢？粗略地看，似乎振幅会无穷大，然而实际上并非如此。这是因为前面使用的方程都是小振幅下的近似结果。当 $\omega = \omega_0$ 时，振幅确实会变得很大，同时也会带来显著的耗散效应和非线性效应，这些效应会制约振幅的无限增大。同时，在这样的状态下物体的结构一般会受到严重的破坏。比如，当车辆依次经过桥梁时的频率正好等于或者接近桥梁的固有频率时，引起的共振有可能使桥梁坍塌。类似的例子还包括与玻璃杯的固有频率相近的声波能够使玻璃杯破碎。这些都是共振现象的危害，因此在工程设计上，工程师都需要设法避免让建筑产生共振现象。

共振也不是完全有害的，人们可以利用共振去创造出有用的东西，比如微波炉。微波炉利用微波与食物里水分子的共振效应来达到加热食物的目的。水分子由一个氧原子和两个氢原子组成，它的电荷没有完全被中和掉，对外表现为一个电偶极子。所以水分子是一种极性分子，它在电场下会受到一个力矩的作用。当没有电场的时候，水分子处于平衡状态；当加入电场后，水分子就会发生旋转而偏离平衡位置。这就和弹簧的情况非常相似了。从这个角度来看，根据水分子偏离平衡位置时的劲度系数 k 以及水分子的转动惯量，可以得到水分子（由周围物质导致的）固有频率为：

$$\omega_0 \approx 2450 \text{ MHz}$$

这个频率处于电磁波的微波波段内。当使用频率接近的微波照射食物时，食物中的水分子会发生共振，从而吸收电磁能量转换成热能。从这个原理来看，用微波炉加热食物，不能使用金属容器来盛装，因为金属会屏蔽电磁波（实际上还可能产生电火花，带来危险）。我们可以选择陶瓷或者玻璃容器来盛装食物。与传统加热食物的方式不同的是，微波加热的食物是整体变热的。传统加热食物的方式主要使用热传导，食物从外到里依次被加热。

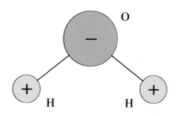

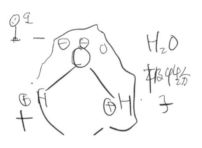

水分子是一种极性分子

四、单摆的运动

接下来我们介绍单摆。假设质量为 m 的质点被质量可忽略的长度为 L 的长绳连接，绳子的另一端被固定在某个点上。初始时刻，质点处于静止平衡状态，拉着绳子垂直向下。假如质点被拉着偏移了一个小角度 θ，这时重力在垂直绳子方向上的分量为 $mg\sin\theta$。如果质点被松开，它将做小幅度的摆动，并且到绳子另一端固定点的距离保持不变，因此这个小幅度振动本质上是一小段圆弧上的圆周运动，切向加速度可以通过角加速度得到，大小为 $Ld^2\theta/dt^2$。根据牛顿第二定律，有：

$$mL\frac{d^2\theta}{dt^2} = -mg\sin\theta$$

这个方程和谐振子的振动方程有着本质上的区别，谐振子的方程是线性方程，上式却是一个非线性方程。对于非线性方程，我们没有通用的求解方法。不过，在小角度摆动的情况下有如下近似：

$$\sin\theta \approx \theta$$

所以在小角度摆动的情况下单摆方程可以近似为：

$$\frac{\mathrm{d}^2\theta}{\mathrm{d}t^2} + \frac{g}{L}\theta = 0$$

这和谐振子的振动方程是一样的，所以我们完全可以套用前面谐振子的结论。在小角度摆动的情况下，单摆固有角频率为 $\sqrt{g/L}$ 。固有频率与质点质量无关，而只与重力加速度和绳子长度有关。

[小 结]
Summary

在物理的很多分支上都能找到谐振子的身影，因此谐振子在物理学中具有举足轻重的地位。这里介绍的方法也是求解线性方程经常用到的方法，特别是使用复指数函数，可以将求导运算转化为代数运算，最终把微分方程转化成代数方程。另一方面，我们介绍了共振现象出现的原因和必要条件，这些理论基础可以帮助我们更好地理解振动现象。在最后，我们还介绍了单摆的运动方程，并在小角度摆动的情况下得到它的频率公式。

琴弦的频率该怎么调？
—— 推导并求解琴弦的波动方程[1]

摘要：本节主要介绍琴弦的振动方程，我们会发现它是一个波动方程。我们将学习怎么求解这种波动方程，以及了解方程中哪个参数对应着波的传播速度，为我们接下来求声音在空气中的速度做准备。

相信读者们对波这个概念并不陌生，比如声波、电磁波，或者平时就能直接看到的水波。波主要可以分成两类：横波和纵波。如果质点振动方向和波传播方向垂直，那这个波就是横波；如果振动方向和波的传播方向平行，那这个波是纵波。电磁波是横波，声波是纵波。水波虽然看起来质点振动方向和波的传播方向垂直，但是实际上水面质点做的是一个复杂的运动，所以水波不属于横波也不属于纵波。

接下来我们介绍绷紧的弦在外力拉离平衡位置后的振动，在合理的近似下我们会得到一个波动方程，并发现弦的振动可以写成两个反向传播的波的叠加。进一步，我们介绍怎么求解弦的波动方程，得到弦的频率公式，从而了解到有哪些因素会影响到弦的频率。

---

1. 本节内容来源于《张朝阳的物理课》第 43 讲和第 44 讲视频。

一、从琴弦开始认识波动方程

我们先来推导琴弦的运动方程。在这里，我们忽略重力的影响，假设弦的两端被固定住，弦在没有外力作用时处于平衡位置，呈绷紧的直线状。假设琴弦上的微元只能沿垂直平衡位置的同一个方向振动，这样就把三维问题简化成了二维问题，只需要建立平面坐标系即可。为此，我们以琴弦的平衡位置建立 x 轴，琴弦的振动方向为 u 轴。弦在某一时刻 t 的位置用 $u(x, t)$ 描述，它表示弦对平衡位置的偏离。

回忆牛顿力学，我们前面处理的大多数情况都是质点的运动，琴弦并不能被简单地看成质点，我们该怎么处理呢？实际上，我们应该把琴弦上各个微元看成质点，然后对这些质点列出它们的运动方程。设琴弦在初始位置的质量线密度为 μ，我们考虑在区间 $(x, x + \Delta x)$ 上的微元的运动。因为我们忽略了重力，所以这部分微元只受到琴弦自身张力的作用。

琴弦的张力是怎么样的呢？首先，琴弦的张力沿着琴弦的切线方向，不过可以将张力分解成 x 方向和 u 方向两部分的叠加。然后，我们需要求出各处张力的大小。根据我们的假设，琴弦的质量微元只沿 u 轴方向偏离平衡位置，所以这些质量微元在 x 方向没有运动，所以张力在 x 方向的分量处处相等，设这个分量大小为 T。琴弦的质量微元只沿 u 方向运动，为了得到它们的运动方程，我们需要知道 u 方向的张力大小。我们知道张力方向和琴弦切线方向相同，那么我们可以根据 T 使用正切函数求出张力的 u 分量，而弦的切线倾角的正切值刚好等于 $\partial u / \partial x$，所以 u 方向的张力为：

$$T\frac{\partial u}{\partial x}$$

于是，在区间 $(x, x + \Delta x)$ 上的质量微元，所受 u 方向的张力为：

$$T_u\big|_{x+\Delta x} - T_u\big|_x = T\frac{\partial u}{\partial x}\bigg|_{x+\Delta x} - T\frac{\partial u}{\partial x}\bigg|_x$$

区间 $(x, x+\Delta x)$ 上的微元的质量为 $\mu\Delta x$ ，加速度等于 $\partial^2 u / \partial t^2$ 。利用牛顿第二定律，我们有：

$$\mu\Delta x\frac{\partial^2 u}{\partial t^2} = T\frac{\partial u}{\partial x}\bigg|_{x+\Delta x} - T\frac{\partial u}{\partial x}\bigg|_{x} \tag{1}$$

根据我们前面的分析，T 为常数，不依赖于 x 。对等式右边的偏导数做关于 x 的泰勒展开：

$$\frac{\partial u}{\partial x}\bigg|_{x+\Delta x} - \frac{\partial u}{\partial x}\bigg|_{x} = \frac{\partial^2 u}{\partial x^2}\bigg|_{x}\Delta x + o(\Delta x)$$

其中 $o(\Delta x)$ 表示关于 Δx 的高阶小量。将上式代入式（1），然后消去一个 Δx ，之后让 Δx 趋向于0。注意当 Δx 趋向于0时，$o(\Delta x)/\Delta x$ 也趋向于0。令 $v^2 = T/\mu$ ，最后我们得到：

$$\frac{\partial^2 u}{\partial t^2} = v^2\frac{\partial^2 u}{\partial x^2}$$

这就是琴弦的波动方程，是一个偏微分方程。我们可以把它改写为：

$$\left(\frac{\partial}{\partial t} - v\frac{\partial}{\partial x}\right)\left(\frac{\partial}{\partial t} + v\frac{\partial}{\partial x}\right)u(x,t) = 0$$

也可以改写为：

$$\left(\frac{\partial}{\partial t} + v\frac{\partial}{\partial x}\right)\left(\frac{\partial}{\partial t} - v\frac{\partial}{\partial x}\right)u(x,t) = 0$$

因此，只要 $u(x,t)$ 满足 $\partial u / \partial t - v\partial u / \partial t = 0$ 或者 $\partial u / \partial t + v\partial u / \partial t = 0$ ，就必定满足原来的波动方程。容易知道，方程 $\partial u / \partial t - v\partial u / \partial t = 0$ 的解的形式为 $f(x+vt)$ ，方程 $\partial u / \partial t + v\partial u / \partial t = 0$ 的解的形式为 $g(x-vt)$ 。考虑到琴弦的波动方程是一个线性方程，因此这两种形式的解的叠加依然是原来波动方程的解。这样我们就得到了波动方程的解的一种形式：

$$u(x,t) = f(x+vt) + g(x-vt)$$

进一步的偏微分方程分析可以表明，琴弦波动方程的任何解都可以写成上述形式。因此，上述形式是琴弦波动方程的通解。

我们需要进一步分析上述通解的物理意义是什么。以其中的 $g(x-vt)$ 为例，假如函数 $g(x)$ 的最大值点在 x_0 处，那么在 t 时刻，$g(x-vt)$ 的最大值点在 $x-vt=x_0$ 处，也就是 $x=x_0+vt$ 处。可见，最大值点以速度 v 向右运动。这个分析不仅对 $g(x)$ 的最大值点成立，对其函数图像上的任意点都成立，这是因为 $g(x-vt)$ 和 $g(x)$ 只相差一个沿 x 轴的平移。换言之，$g(x-vt)$ 表示以速度 v 向 x 正方向传播的波。同理，$f(x+vt)$ 表示以速度 v 向 x 负方向传播的波。$f(x+vt)$ 所代表的波和 $g(x-vt)$ 所代表的波传播方向相反。

经过这一番解释，波动方程的通解的物理意义就清晰明了了。琴弦波动方程的任何解都可以看成是两个传播方向不同的波的叠加。虽然两个波的传播方向不同，但是它们的传播速度相等，都是 v。

二、分离变量"大显神通"，简化琴弦波动方程

在这里，我们借助分离变量法给大家介绍如何得到琴弦波动方程的一些特解。有读者可能会疑惑，前面我们不是已经求出通解了吗，为什么还关心特解？这是因为前面求出的通解含有两个未知函数，在实际应用中还需要进一步求解这两个未知函数，所以不是很便捷。而且，很多时候我们需要分析波的频率，而前面介绍的通解在进行傅里叶变换之前我们是不知道它的频率信息的。更进一步的原因是，前面求解波动方程通解的方法只适用于一维波动方程，而我们接下来介绍的分离变量法不仅适用于一维波动方程，还适用于高维波动方程以及其他形式的偏微分方程。

所谓分离变量法，本质上是找方程的各个变量"可分离"的解，也就是说，可以表示为 $f(x)g(t)$ 的解 $u(x,t)$。将 $u=f(x)g(t)$ 代入波动方程，求导展开之后再除以 $f(x)g(t)$ 可以得到：

$$\frac{1}{g(t)}\frac{\mathrm{d}^2 g(t)}{\mathrm{d}t^2}=v^2\frac{1}{f(x)}\frac{\mathrm{d}^2 f(x)}{\mathrm{d}x^2}$$

我们观察上式，等号左边是关于 t 的函数，等号右边是关于 x 的函数，因此要想两边相等，它们必须等于同一个常数，设此常数为 $-\alpha^2$，其中 α 为非负实数。在这里我们要说明一下，为什么假设是 $-\alpha^2$ 而不是 α^2 呢？原因是多方面的。一方面，如果假设两边常数是正的，那么将会求解得到实指数形式的解；考虑到弦的两端是固定的，所以 u 在端点的值只能是 0，满足这个要求的实指数解只能是常数 0；另一方面，这里的求解过程是先求出一部分特解，然后再检验这部分特解能否组合成满足要求的所有解，因此我们在求特解时暂时不需要考虑得那么全面。

基于这个常数 $-\alpha^2$，可以得到：

$$\frac{\mathrm{d}^2 g(t)}{\mathrm{d}t^2} + \alpha^2 g(t) = 0$$

$$\frac{\mathrm{d}^2 f(x)}{\mathrm{d}x^2} + \frac{\alpha^2}{v^2} f(x) = 0$$

这种形式的方程我们在求解谐振子的时候处理过，它们的通解由正弦函数和余弦函数组合而成。为了突出分离变量法的基本原理，我们选取一种特殊情况来分析：假如将琴弦拉离平衡位置后松手，求解这根弦的振动形式。整个问题严格表述起来就是，求解波动方程满足边值 $u(0,t) = u(a,t) = 0$，且初速度为 0 的解。这里的 a 是琴弦静平衡时的长度。上述两个方程的通解都可以写成余弦和正弦的线性组合：

$$f(x) = A_1 \sin\left(\frac{\alpha x}{v}\right) + A_2 \cos\left(\frac{\alpha x}{v}\right)$$

$$g(t) = B_1 \sin(\alpha t) + B_2 \cos(\alpha t)$$

由于 $u(0,t) = 0$，所以 $f(0) = 0$，也就是 $A_2 = 0$，所以 $f(x)$ 内只能保留正弦部分；弦的初始速度等于 0，所以 $g'(0) = 0$，也就是 $B_1 = 0$，所以 $g(t)$ 内只能保留余弦部分：

$$f(x) \propto \sin\left(\frac{\alpha x}{v}\right)$$

$$g(t) \propto \cos(\alpha t)$$

上式暂时忽略了正弦和余弦前面的系数。注意，这样的解只是满足了初始速度等于 0 和在 $x=0$ 处弦固定在原点的条件，还有一个条件不一定会满足，那就是 $u(a, t)=0$。这个条件对应到分离变量形式下的条件为 $f(a)=0$，考虑到正弦函数的零点分布，可以知道 $\alpha a / v = n\pi$，也就是 $\alpha = n\pi v / a$，其中 n 为正整数。所以，α 不能任意取值。要想满足边界条件的话，α 只能取特定的离散值。把 α 的取值代入，我们有：

$$u_n(x,t) = \alpha_n \cos\left(\frac{n\pi vt}{a}\right) \sin\left(\frac{n\pi x}{a}\right)$$

这里已经给 $u_n(x, t)$ 补上了系数。

第一眼看去，这个解并不能写成反向传播的两个波的叠加。但是，如果用公式：

$$\cos\alpha \sin\beta = \frac{1}{2}[\sin(\alpha + \beta) - \sin(\alpha - \beta)]$$

立即就能将 $u_n(x,t)$ 化成反向传播的两个波的叠加。

由于波动方程是齐次线性的，特解的线性组合依然是方程的解。那么，是否所有满足边界条件和初速度为 0 的解都可以由这一组特解线性组合出来呢？这就需要用到傅里叶级数了。对于满足条件的任何解 $u(x, t)$，在 $t=0$ 时 $u(x, 0)$ 是一个满足 $u(0, 0)=u(a, 0)=0$ 的连续函数，因此可以展开为由 $\sin(n\pi x / a)$ 组成的傅里叶级数，系数是 α_n：

$$u(x,0) = \sum_{n=1}^{\infty} \alpha_n \sin\left(\frac{n\pi x}{a}\right)$$

根据牛顿力学，力学运动的解由初始条件决定，因此初始时刻等于 $u(x, 0)$ 并且初速度为 0（当然，还需要边值等于 0）的解是唯一的，所以必然有：

$$u(x,t) = \sum_{n=1}^{\infty} \alpha_n \cos\left(\frac{n\pi vt}{a}\right) \sin\left(\frac{n\pi x}{a}\right)$$

如果上式两端不相等，那就存在两个满足要求的解了，这是违反牛顿力学的。于是，所有满足边值条件和初速度为 0 的解都可以由这一组特解线性组合出来。

接下来我们考虑特解 u_n 的频率。对于每一个固定的 x，对应质点的位移距离正比于 $\cos(n\pi v t / a)$，所以这个质点的运动为简谐振动，圆频率为：

$$\omega = \frac{n\pi}{a}v$$

对于频率 f，由于 $\omega = 2\pi f$，所以：

$$f = \frac{n}{2a}v = \frac{n}{2a}\sqrt{\frac{T}{\mu}}$$

根据这个公式，当需要将乐器里琴弦的频率调高时，就要拉紧琴弦，增大它的张力 T。而如果琴弦比较重，也就是它的质量线密度 μ 比较大，根据牛顿第二定律，这样的弦很难振动得快，所以频率会比较低，这样的直观理解也与刚刚推导出来的结果相符。

[小 结]
Summary

我们在这里推导并求解了琴弦的波动方程，其中求解波动方程时使用了两种方法：一种方法很像因子分解，可以求出它的通解；另一种是分离变量法。从分离变量法我们容易得到琴弦的频率，并由此知道了哪些因素会影响到它的频率。经过简单的计算，我们就理解了为什么想要调高琴弦频率时需要拉紧琴弦。所以，边计算边学习，有助于我们理解很多身边的现象。

声音的速度和什么有关?
—— 推导空气的声波方程和声速[1]

摘要: 这一节我们推导空气中的声音波动方程。在一些合理的近似下,我们会发现声波方程和前面介绍的琴弦振动方程是一样的,因此我们能利用前面的结论得到声速的公式,并证明室温下的空气声速为 340 m/s。和琴弦的问题不同的是,推导空气声波方程时我们需要使用一些热力学知识。

我们平时说话时对方能立即听到,这给人一种错觉,仿佛声音的传播是瞬时的。实际上声音的传播需要时间,只不过因为声速很大,在说话的距离上我们察觉不到声音的延迟而已。但是相对于物理世界中的很多速度等级,声速是比较小的。平时打雷的时候,我们先看到闪电过几秒后才听到声音,就表明声速比光速慢得多。

在深入了解声音波动方程之前,我们先来提两个问题:空气变稀薄会影响声速吗?在冬天的时候,哈尔滨的声速和海南的声速一样吗?接下来我们将利用基本的微积分及物理知识,介绍如何推导声音的波动方程,并

---

1. 本节内容来源于《张朝阳的物理课》第 5 讲和第 43 讲视频。

从中得到声速的表达式，回答这里提到的两个问题。根据我们得到的声速公式，我们可以计算出和声速测量值非常接近的理论值。

一、空气中声音的波动方程

回忆前面处理琴弦振动时的做法，用 $u(x, t)$ 表示琴弦对静平衡位置的偏离，然后对琴弦上的质量微元进行受力分析，根据牛顿第二定律得到琴弦的波动方程。在这里我们的处理方法也一样，毕竟我们不能将牛顿第二定律应用在整个空气上面，这样做是得不到声音的波动方程的。

当没有声音时，空气会维持在平衡状态上，其中的各个物理量，如密度、温度等，都不随位置和时间而改变。在后续推导中，空气静平衡状态下的量将用下标 0 标注。和琴弦振动不一样的是，声音是一种密度波，它通过空气的振动来传播，空气微元的振动方向和传播方向平行，所以声波是纵波。当声音出现在空气中时，空气微元会偏离原来的位置。为简单起见，我们在这里仅考虑一维的情形。用 $f(x, t)$ 表示初始位置在 x 的空气微元在 t 时刻的偏移。在 x 位置处取一个截面积为 A、厚度为 h 的空气窄片。窄片在声到来时的加速度可以由 $f(x, t)$ 对时间的二阶偏导数得到。窄片偏离平衡位置后会受到压力使它恢复平衡位置，这个压力由截面的压强 P 提供，等于：

$$-A\big(P(x+h,t) - P(x,t)\big) = -A\left(\frac{\partial P}{\partial x}h + O(h^2)\right)$$

记空气密度为 $\rho(x, t)$，根据牛顿第二定律，我们有：

$$Ah\rho_0 \frac{\partial^2 f}{\partial t^2} = -A\left(\frac{\partial P}{\partial x}h + O(h^2)\right)$$

如前面说的那样，下标 0 表示静平衡时的值。消去 A 和一个 h 之后让 h 趋于 0，我们得到：

$$\rho_0 \frac{\partial^2 f}{\partial t^2} = -\frac{\partial P}{\partial x} \tag{1}$$

声音传播过来时，空气会被压缩或者拉伸，于是空气的局部密度改变了，从而导致压强的改变。我们可以借助密度的变化量 $\Delta\rho$ 得到压强：

$$P \approx P_0 + \frac{\partial P}{\partial \rho}\bigg|_{\rho_0} \Delta\rho$$

看到这里大家可能会疑问，这里压强 P 对密度的偏导数的准确定义是什么？根据理想气体状态方程，描述理想气体的状态需要两个物理量，而这两个量的选取具有任意性，因此必须明确这里 P 对 ρ 的偏导数是在保持哪个物理量不变的情况下的偏导数。对于这个问题，我们留到后面再进行详细的解答。

定义

$$\alpha = \frac{\partial P}{\partial \rho}\bigg|_{\rho_0}$$

于是

$$P = P_0 + \alpha\Delta\rho \tag{2}$$

接下来我们需要在 $\Delta\rho$ 和 $f(x, t)$ 之间建立关系。再次取平衡位置 x 处，截面积为 A、厚度为 Δx 的空气窄片，它的密度是 ρ_0。当声音传过来时，窄片的密度变成了 $\rho_0 + \Delta\rho$，并且窄片两端都分别做出了偏移，偏移量由函数 f 描述。根据质量守恒，有：

$$A\rho_0\Delta x = A(\rho_0 + \Delta\rho)(\Delta x + f(x+\Delta x,t) - f(x,t))$$
$$= A(\rho_0 + \Delta\rho)\left(\Delta x + \frac{\partial f}{\partial x}\Delta x + o(\Delta x)\right)$$

等式两边消去 A 和一个 Δx，并让 Δx 趋于 0。由于 $o(\Delta x)/\Delta x$ 趋向于 0，我们得到：

$$\rho_0 = (\rho_0 + \Delta\rho)\left(1 + \frac{\partial f}{\partial x}\right)$$

将上式的乘积展开，有：

$$\rho_0 = \rho_0 + \Delta\rho + \rho_0 \frac{\partial f}{\partial x} + \Delta\rho \frac{\partial f}{\partial x}$$

上式等号左边的项和等号右边第一项互相抵消。对于空间中的声波，我们一般会假设它的振幅很小，而且声波的频率相对较小，以至于 $\partial f / \partial x$ 远小于 1。在这些假设不成立的情况下，声音的传播过程会出现复杂的非线性现象。在此假设基础上，上式最后一项相比于其他项要小得多，因此可以忽略。于是：

$$\Delta\rho = -\rho_0 \frac{\partial f}{\partial x}$$

将式（2）和上述结果依次代入式（1），可以得到：

$$\rho_0 \frac{\partial^2 f}{\partial t^2} = -\frac{\partial}{\partial x}\left(P_0 + \alpha\Delta\rho\right)$$
$$= -\frac{\partial}{\partial x}\left(-\alpha\rho_0 \frac{\partial f}{\partial x}\right)$$
$$= \alpha\rho_0 \frac{\partial^2 f}{\partial x^2}$$

消去 ρ_0 立即得到：

$$\frac{\partial^2 f}{\partial t^2} = \alpha \frac{\partial^2 f}{\partial x^2}$$

这就是声音在空气中的波动方程。根据我们在处理琴弦波动方程时得到的结论，α 等于声速的平方。

二、声速计算要考虑绝热近似，牛顿曾经在这里栽过跟头

得到声音的波动方程之后，为了求出声速，我们必须先得到 α 的表达式，为此，我们需要弄明白 $\partial P / \partial\rho$ 的具体意义。

在牛顿当年推导声音的表达式之时，他也面临了同样的问题。牛顿认

为声音在传播过程中空气的温度是不变的，这和我们的直观感受一致，因为我们确实没有在听到声音的同时感受到温度在变化。考虑到理想气体状态方程 $PV = NkT$ ，N 是空气分子数，k 为玻尔兹曼常数。设空气分子平均质量为 $\bar{m}$ ，我们有：

$$P = \frac{NkT}{V} = \frac{(N\bar{m})kT}{V\bar{m}} = \frac{\rho kT}{\bar{m}}$$

所以，当温度不变时，有：

$$\frac{\partial P}{\partial \rho} = \frac{kT}{\bar{m}} = \frac{kN_A T}{\bar{m}N_A}$$

我们已经在上式的分子分母上分别乘以了阿伏伽德罗常数 N_A 。根据热力学知识，$kN_A = R$ 为理想气体常数，约等于 8.314 J/(mol·K) ，$\bar{m}N_A$ 等于空气的摩尔质量 m_m 。所以，我们有：

$$\frac{\partial P}{\partial \rho} = \frac{RT}{m_m}$$

如果牛顿的假设是正确的话，那么声速应该等于 $\sqrt{RT/m_m}$ 。以 g/mol 为单位时，摩尔质量的数值刚好约等于分子的核子数。对于空气分子，平均核子数为 29，所以它的摩尔质量约等于 29 g/mol 。温度 T 代表绝对温度，以开尔文为单位，T 比摄氏温标的值高 273.15。于是，在室温 20 摄氏度时 T 等于 293.15 开尔文。代入室温下的数值，我们发现这个"声速"为 290 m/s，和实际值 340 m/s 相差很大。

实际上，由于声音会造成空气的压缩和拉伸，空气温度不可能是不变的，因此牛顿的假设存在相当大的误差。另外，相对于声波导致的快速压缩和膨胀，空气的热传导过程非常缓慢。在空气的一个振动周期里，热的传导几乎可以忽略，因此应该把声音传播导致的空气压缩和膨胀看成是绝热过程而非等温过程。我们称之为绝热近似。

接下来我们在绝热近似下计算声速。因为这里考虑的声音振幅很小，相对于空气的振动来说,空气微元内恢复平衡的速度非常快,因此可以假设在空间的每一处空气都满足理想气体状态方程。这个近似我们称为准静态近似。对于特别稀薄的空气准静态近似是不成立的,因此这里对声速的推导不适用于特别稀薄的空气。

根据我们在介绍理想气体的热力学性质时得到的结果,理想气体的绝热准静态过程满足:

$$PV^\gamma = C$$

其中 γ 是绝热常数,对于单原子分子 $\gamma = 5/3$,对于温度不是特别高的双原子分子 $\gamma = 7/5 = 1.4$。空气中大部分是氮气和氧气,都是双原子分子,因此这里取 1.4。因为密度和体积成反比,所以存在常数 b 使得绝热过程下有:

$$P = b\rho^\gamma$$

于是:

$$\left(\frac{\partial P}{\partial \rho}\right)_s = \gamma b \rho^{\gamma-1} = \gamma \frac{b\rho^\gamma}{\rho} = \frac{\gamma P}{\rho}$$

其中下标 s 表示绝热过程。所以声速满足:

$$v^2 = \alpha = \left(\frac{\partial P}{\partial \rho}\right)_s = \frac{\gamma P}{\rho}$$

直观来看,声速似乎和压强以及密度有关,但是这种相关性是表面的,因为压强改变时体积也有可能变化,从而导致密度变化,这样的情况下压强与密度同时改变有可能正好使得声速不变。为了看出这一点,我们将 $P = \rho kT/\bar{m}$ 代入,有:

$$v^2 = \frac{\gamma kT}{\bar{m}} = \frac{\gamma N_A kT}{\bar{m}_A N_A} = \frac{\gamma RT}{m_m}$$

所以空气中的声速为:

$$v = \sqrt{\frac{\gamma RT}{m_m}}$$

可见空气中的声速值只和温度有关，和压强与密度并没有关系，除非压强改变时导致了温度的变化。根据这个结果，在室温 20 摄氏度时的声速约为：

$$v \approx \sqrt{\frac{1.4 \times 8.31 \times (273.15 + 20)}{29 \times 10^{-3}}} \ \text{m/s} \approx 343 \ \text{m/s}$$

这个值与大家熟知的 340 m/s 非常接近。可见，绝热近似是一个合理的近似。

观察声速公式，我们可以知道声速只和温度有关，和空气的稀薄程度无关。如果忽略温度随着海拔改变的变化，不同高度的声音速度是一样的，不会因为空气在山上变稀薄了声速就变小或者变大了。这就回答了前面一开始提的第一个问题。当然，这个论断只适用于足够稠密的空气。当空气变得异常稀薄时，前面所做的准静态假设会失效，因此这里的推导结果不足为信，声速公式也需要进行修正。

因为声速和温度有关，所以我们也能回答第二个问题了。忽略声速公式中的常数，并将绝对温度换成摄氏温度，我们有

$$v \propto \sqrt{T}, \ \text{其中} T(\text{K})\text{对应} t(^{\circ}\text{C}) + 273.15$$

上式中的 t 表示摄氏温度。假设冬天的某一时刻，寒冷的哈尔滨气温为零下 30 摄氏度，而温暖的海南气温为零上 20 摄氏度，由于

$$\sqrt{\frac{273.15 - 30}{273.15 + 20}} \approx 0.91$$

我们可以知道，哈尔滨的声速比海南的声速要低约 10%，可见温度对声速的影响非常显著。这就回答了我们一开始提的第二个问题。不过，由于声速值本身就非常大，对于人们平时交谈时所处的距离来说，10% 的声速差异并不会带来什么可以察觉到的变化。

[小 结]
Summary

在这一节里边，我们学习了如何推导空气中的声波方程，并了解了得到声波方程和声速值所需要的近似：绝热近似、准静态近似和 $\partial f / \partial x$ 远小于 1 的近似。这些近似限制了本节结论的适用范围，比如不能用于特别稀薄的空气，不能用在声音频率特别高、声波振幅特别大的情况。我们也介绍了牛顿所犯的错误，并"完成"了牛顿所没能完成的事，不管你是不是物理专业的，都值得为这一件事骄傲。

▲

第二部分

光电问题

电磁波与光的散射[1]

~~~~~~

摘要：本节探讨电磁波的推导与光的散射。传统推导电磁波的方式是联立麦克斯韦方程组得到波动方程，而这里借鉴费曼的方法，利用运动电荷产生的电场公式推导运动电荷产生的电磁波，并分析电磁波的各种性质，引出"散射"这一重要的光学过程。

一、引力 vs 库仑力

我们在中学阶段就学习过引力，所以我们这里不妨从我们熟悉的引力开始，我们知道引力大小公式为：

$$F = \frac{GMm}{r^2}$$

（其中 M 为一个物体的质量，m 为另一个物体的质量，r 为它们两者之间的距离，G 为万有引力常数。）

我们可以看到，两个物体之间的引力是和它们之间的距离 r^2 成反比。同样的事情也发生在库仑力中，库仑力的大小为：

$$F = k_e \frac{qq'}{r^2}$$

（其中 q 与 q' 为两个点电荷，k_e 为库仑常数，r 为它们两者之间的距离。）

我们看到，库仑力同样地也是与 r^2 成反比。而它们的不同之处在于描述引力的万有引力常数 G 是非常之小的，仅有 $G = 6.67 \times 10^{-11} \, \mathrm{N \cdot m^2 / kg^2}$，而库仑力中的 k_e 却约为 $8.99 \times 10^9 \, \mathrm{N \cdot m^2 / C^2}$，这就使得引力在库仑力面前显得十分渺小。好在自然界中大多是电中性的，因此净电荷微乎其微。但无论如何，由于它们都是与 r^2 成反比的关系，使得这两种力随着距离的逐渐增大都迅速地衰减。

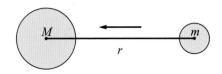

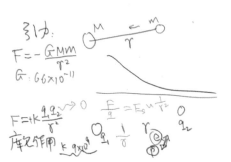

▲ 手稿 Manuscript

我们不妨再深入比较一下上面的两种作用，在引力方面，任何物质的一般运动都会引起"引力波"。这里要特别说明，一般运动应是指不包括球对称的运动。因为球对称的运动是不会产生引力波的（伯克霍夫定理，Birkhoff's theorem）。而带电粒子例如电子的振动，也会产生电磁波。下面我们就着重讨论一下这种电磁波。

二、运动电荷辐射电磁波

电磁波的应用在生活中无处不在，对人类社会发展有着深刻的影响。通过联立麦克斯韦方程组可以推导出电磁波的波动方程。电磁波可以看作是由电流产生，而电流的本质是运动的电荷。本节将使用费曼讲义中的方法，独辟蹊径地推导电磁波，并理解其微观机理。

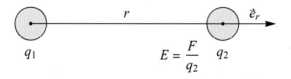

$$q_1 \quad\quad\quad r \quad\quad\quad \vec{e}_r$$
$$E = \frac{F}{q_2} \quad q_2$$

▶ 手稿 Manuscript

一个带电量为 q 的运动电荷在距其 r 处的某一点（可记作 A 点）产生的电磁场是：

$$\vec{E} = \frac{q}{4\pi\varepsilon_0}\left[\frac{\vec{e}_{r'}}{r'^2} + \frac{r'}{c}\frac{\mathrm{d}}{\mathrm{d}t}\left(\frac{\vec{e}_{r'}}{r'^2}\right) + \frac{1}{c^2}\frac{\mathrm{d}^2}{\mathrm{d}t^2}\vec{e}_{r'}\right]$$

（其中 r' 是电荷在时间为 $t-\dfrac{r'}{c}$ 时刻与点 A 的距离，$\vec{e}_{r'}$ 为在 $t-\dfrac{r'}{c}$ 时刻电荷指向 A 点的单位向量。）

注：此公式由奥利弗·亥维赛（Oliver Heaviside）在 1902 年首先得出，随后在 1950 年费曼也独立得到该公式。

由相对论可知，光速是已知最高速度，力的传递也不能超过光速。所以点 A 在 t 时刻感受到的电场其实是 $t-\dfrac{r'}{c}$ 时刻相距 r' 处的电荷传递过来的，于是仿照静止情况写下库仑力对应的电场就是第一项；但实际上带电粒子并不是静止的，所以类似泰勒展开一样，将推迟了的时间 $\dfrac{r'}{c}$ 乘以库仑场的变化率，即把 $t-\dfrac{r'}{c}$ 时刻的库仑场线性外推到 t 时刻，这样就写出了第二项，作为对第一项的修正。进一步分析第二项可得：

$$\frac{r'}{c}\frac{\mathrm{d}}{\mathrm{d}t}\left(\frac{\vec{e}_{r'}}{r'^2}\right)=\frac{r'}{c}\frac{1}{r'^2}\frac{\mathrm{d}\vec{e}_{r'}}{\mathrm{d}t}+\frac{r'}{c}\vec{e}_{r'}\frac{\mathrm{d}}{\mathrm{d}t}\left(\frac{1}{r'^2}\right)\approx\frac{1}{r'c}\frac{\mathrm{d}\vec{e}_{r'}}{\mathrm{d}t}\approx\frac{1}{r'^2c}\frac{\mathrm{d}x}{\mathrm{d}t}\vec{e}_{\perp}$$

（其中 $\vec{e}_{\perp}$ 是下页图中竖直的另一个单位向量，最后一步利用了几何关系 $\dfrac{|\mathrm{d}\vec{e}_{r'}|}{|\vec{e}_{r'}|}=\dfrac{\mathrm{d}x}{r'}$。）

可以发现第二项与第一项库仑场一样，都与 r' 的平方成反比，衰减得很快。但第三项则不然，它随 r' 而衰减：

$$\frac{1}{c^2}\frac{\mathrm{d}^2}{\mathrm{d}t^2}\vec{e}_{r'}=\frac{1}{c^2r'}\frac{\mathrm{d}^2x_{\perp}}{\mathrm{d}t^2}\vec{e}_{\perp}$$

这项只与 r' 的一次方成反比，因此在远处这一项是最主要的，从而保留下来。之后会进一步证明，若对所有方向进行积分，这项所代表的能流可以从电荷位置辐射到无穷远，也就是我们所寻找的电磁波。最后完整地把它写下来就是：

$$E=-\frac{q}{4\pi\varepsilon_0}\cdot\frac{1}{c^2r'}\frac{\mathrm{d}^2x_{\perp}}{\mathrm{d}t^2}\vec{e}_{\perp}$$

进一步分析，辐射电场与距离成反比，且其大小还与电荷在 $t-\dfrac{r'}{c}$ 时刻的加速度有关。电场方向垂直于电荷在 $t-\dfrac{r'}{c}$ 时刻的位置与场点位置的连线（注意电磁波是横波而不是纵波）。另外，若 r' 较大，例如在地球观察从太阳发出的光，推迟效应可能会非常明显。

三、束缚电荷散射电磁波，辐射强度依赖频率

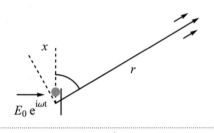

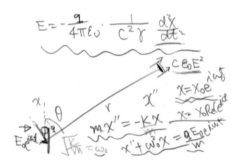

考虑一束入射电场强度为 E_0、角频率为 ω 的电磁波，被带电量为 q、质量为 m 的电荷散射的情况。假设电荷受到的束缚力近似与偏离平衡位置的距离 x 成正比，即 $-kx$。现分析入射电磁波施加在电荷上的电磁力，即 $qE_0\mathrm{e}^{\mathrm{i}\omega t}$，由牛顿第二定律可得：

$$F = -kx + qE_0\mathrm{e}^{\mathrm{i}\omega t} = m\frac{\mathrm{d}^2 x}{\mathrm{d}t^2}$$

根据指数函数的性质，猜测方程的解具有如下形式：

$$x = x_0\mathrm{e}^{\mathrm{i}\omega t}$$

将其代入原方程中发现确实它是方程的解，且具体地有：

$$x_0 = \frac{qE_0}{m\left(\omega_0^2 - \omega^2\right)}$$

（其中我们已令 $\omega_0^2 = \dfrac{k}{m}$，$\omega_0$ 表征固有频率。）

由此可知，电荷在做加速运动，那么它会辐射电磁波。

将入射电磁波的电场方向设为 z 方向，那么电荷也只在 z 轴上进行周期振动，以电荷振动中心为原点建立球坐标系，在球坐标 $(r,\ \theta,\ \varphi)$ 处的电磁波电场为：

$$\vec{E} = \frac{q}{4\pi\varepsilon_0 c^2 r'} \frac{\mathrm{d}^2}{\mathrm{d}t^2}\left(x_0 \mathrm{e}^{\mathrm{i}\omega\left(t-\frac{r'}{c}\right)}\right)\sin\theta\left(-\vec{e}_\theta\right)$$

由于电荷在原点附近做周期运动，偏离原点的最大距离就是振动的振幅。若距离 r 远大于振幅，那么可近似认为电荷就处在原点处即 $r' \approx r$。这样便可将辐射场表达式中所有的 r' 近似替换成 r：

$$\vec{E} = \frac{q}{4\pi\varepsilon_0 c^2 r} \frac{\mathrm{d}^2}{\mathrm{d}t^2}\left(x_0 \mathrm{e}^{\mathrm{i}\omega\left(t-\frac{r}{c}\right)}\right)\sin\theta\left(-\vec{e}_\theta\right)$$
$$= \frac{q}{4\pi\varepsilon_0 c^2 r} x_0 \omega^2 \mathrm{e}^{\mathrm{i}\omega\left(t-\frac{r}{c}\right)}\sin\theta\vec{e}_\theta$$

另外，由平均能流公式可求得此辐射场的能流方向沿 r 从原点指向外，平均能流大小为：

$$S = \frac{1}{2}c\varepsilon_0 E_{\max}{}^2 = \frac{1}{2}c\varepsilon_0\left(\frac{q}{4\pi\varepsilon_0 c^2 r}x_0\omega^2\sin\theta\right)^2$$

（ $\dfrac{1}{2}$ 因子来源于能流对时间的平均。）

为了求得单位时间内总的辐射能，需要将所有方向的能流加起来。由于能流的方向沿 r 朝向外，对 S 做球面积分并代入 x_0 的具体表达式后得：

$$I = \oint Sr^2\mathrm{d}\Omega = \frac{q^2\omega^4 x_0^2}{32\pi^2\varepsilon_0 c^3}\oint\sin^2\theta\mathrm{d}\Omega = \frac{q^2\omega^4 x_0^2}{12\pi\varepsilon_0 c^3} = \frac{q^4 E_0^2}{12m^2\pi\varepsilon_0 c^3}\frac{\omega^4}{\left(\omega_0^2-\omega^2\right)^2}$$

从 I 的表达式可以明显看出，在不同半径 r 处，总能流是一样的，即能量可向外流动到无穷远处，它确实是电荷向无穷远处辐射能量的电磁场。由能量守恒还可以知道，辐射出的电磁波的能量来自入射电磁波，辐射频率也与入射频率相当。也就是说，入射的电磁波被电荷系统散射了。

　　另外，还可以清楚地看出，当入射电磁波的角频率 ω 接近电荷系统的固有角频率 ω_0 时，电荷系统辐射的电磁波强度急剧上升，也意味着入射电磁波被严重散射，这就是共振效应。

[小 结]
Summary

　　本节从对比引力与库仑力的相同与不同出发，详细讲解了运动电荷所辐射电磁波这一过程的物理图像及数学推导，且分析了其产生的场强的性质，并通过场强求得了辐射电磁波单位时间内总的辐射能，还提出了"散射"这一重要概念。在下一节中我们将会看到，我们生活中的很多自然现象都可以用"散射"来解释。

▲

蓝天红日白云朵，光的散射现象多

摘要：天空为什么是蓝色的？云朵为什么是白色的？太阳为何早晚泛红，而中午却发白？本节从上一节所得到的光强公式出发，进一步讲解光的本质、可见光光谱，以及光的一个重要现象——瑞利散射，从而揭开上述自然现象背后的神秘面纱。

一、光的本质与可见光谱

要解释这背后的原因我们就要从"阳光"的"光"开始说起。光的本质是一种电磁波。麦克斯韦在统一电磁理论并预言电磁波的存在时首次提出光是一种电磁波，这个看法被后人的实验所证实。目前已经探测到的电磁波的频谱非常之广。其中可见光处在光谱中约为 4.3×10^{14} Hz 至 7.5×10^{14} Hz 的区间内，对应的波长范围约为 400 nm 至 700 nm，其中红光处于可见光的低频段，相应的波长较长，紫光处于可见光的高频段，相应的波长较短。而红外线的频率比红光的还要低，属于不可见光。频率再往下的就属于微波之类的电磁波了。频率比紫光高的有紫外线、X 射线和 γ 射线等。

物理上描述光波时常用角频率 ω，它和频率 f 的关系是 $\omega = 2\pi f$，两者本质上都是反映了频率，因此这里我们不妨选用 ω。太阳光传到地球时，首先会进入大气层，而大气层中有很多空气分子，太阳光中的可见光撞到空气分子（比如氧气和氮气等分子）时，会有一部分被散射到各个方向，散射的结果除了与入射光的参数有关，还与散射体有关。当物体的尺度远小于可见光的波长时，会发生瑞利散射。

二、大气中不同频率可见光的散射强度

我们再来回顾一下上节课中最为重要的一个公式：

$$I = \oint Sr^2 \mathrm{d}\Omega = \frac{q^2\omega^4 x_0^2}{32\pi^2\varepsilon_0 c^3}\oint \sin^2\theta \mathrm{d}\Omega = \frac{q^2\omega^4 x_0^2}{12\pi\varepsilon_0 c^3} = \frac{q^4 E_0^2}{12m^2\pi\varepsilon_0 c^3}\frac{\omega^4}{\left(\omega_0^2-\omega^2\right)^2}$$

从这里我们可以看出：

$$I \propto \frac{\omega^4}{\left(\omega_0^2-\omega^2\right)^2}$$

注：$\omega_0^2 = \dfrac{k}{m}$，表征固有频率。

对于氧气和氮气而言，它们的固有频率 ω_0 远大于可见光的角频率 ω。因此上式可以进一步写为：

$$I \propto \frac{\omega^4}{\omega_0^4}$$

也就是说对于氧气和氮气而言，不同频率的可见光的散射强度 I 与其角频率 ω 的 4 次方成正比。代入数据可知，紫光的散射强度约为红光的 10 倍。

三、天空为什么是蓝色的

因此，当太阳光射进大气层时，偏蓝紫色的光会被大量散射到天空。

当然红光也会被散射，只不过远没有蓝光和紫光受到的散射强。因此，从太阳射出来的蓝光被散射之后方向会明显改变，飞向四面八方。人们看向天空时，虽然没有直接对着太阳看，但受到散射的蓝光可以偏离原来的光束方向到达人们的眼睛，这样天空看起来就是蓝色的。但这里还有一个问题，紫光的频率比蓝光还高，为什么看到的天空不是紫色的呢？这里存在两个原因：一方面，紫光就和紫外线一样，容易被大气层吸收；另一方面，相比于其他颜色的光，人的眼睛对紫光相对不敏感。

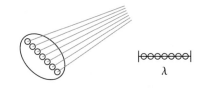

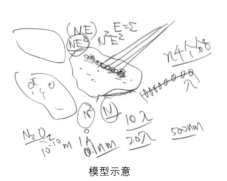

模型示意

四、云为什么是白色的

云为什么是白色的？是因为地球上的水蒸发形成水蒸气，一旦水蒸气体过饱和，就会以空气中的微尘为凝结核液化成小水滴或凝华成小冰晶，这些小颗粒飘浮在空中形成了云。在空气中，分子之间的距离非常大，它们之间也没有固定的位置，所以它们的散射光强只是所有分子的单独叠加，即总散射光强只是单个分子的 N 倍。

然而在云朵中，由于水分子以液体形态存在，小颗粒分子之间的距离远远小于光的波长，当光打到这些分子时，相邻分子的电子将一起运动，辐射出的光的电场强度就是它们的叠加，例如 N 个分子同相位振动，那么电场强度就是单个分子的 N 倍，对应的散射光强度为 N^2 倍。可见云朵中颗粒的散射强度要比空气中分子的散射强得多，且由于红光的波长较长，那么它相对于蓝光能让更多的分子做同相位的振动，所以在云朵中红光受到的散射相比于蓝光明显增强了。这样虽然单个分子对蓝光的散射更强，但总体看来，云对蓝光和红光的散射强度是差不多的，这就给出了云呈现白色的解释。

从以上分析可见，实际最终的散射效果，是与散射粒子的尺寸密切相关的。对于空气而言，分子小而稀疏，主要为瑞利散射；对于云朵而言，小水滴的直径已与光的波长接近，适合用米氏散射。对于实际中各种形态的复杂的体系，还需要考虑几何光学、衍射与干涉、非线性效应等更多的因素。

五、为何太阳早晨和傍晚是红色，而中午时分却是白色？

"几百黄昏声称海，此刻红阳可人心。东方红阳再度起，何时落入青山后。"这是唐代诗人李商隐的《黄昏色词》。诗人描述日出和黄昏的太阳为"红日"，的确太阳早晨和傍晚泛红，而中午却泛白。但这是为什么呢？其背后的道理又是什么呢？

在早上或者傍晚时，太阳在接近地平线的位置将光射进大气层。因为地球近似可看成是球体，外面裹着一层大气，这种切向射入的光线和正午入射的光线相比，在大气中走过的路途更长（约 1000 千米），从而受到更多的散射。此时高频蓝光也被散射得更加彻底，因而只留下了低频红光穿过厚厚的大气到达人所在的位置。于是，相对于正午的阳光，早晨和傍晚的阳光中红色成分占比更大，从而太阳看起来是红色的。而中午太阳光在大气中只走了约100千米，因此散射相对不明显，所以各种频率的光都有，叠加在一起，就显现白色。

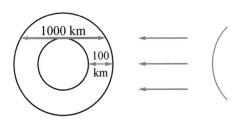

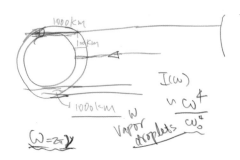

▲手稿
▲ Manuscript

[小 结]
Summary

　　本小节应用之前所得到的散射强度公式，得到了"散射强度 I 与其角频率 ω 的 4 次方成正比"这一重要性质，并利用其解释了日常生活中的常见现象。我们可以发现生活中的大部分常见现象都可以通过已有的物理学知识解释。同时，这些物理学知识离不开硬核推导。公式总是冷冰冰且枯燥的，擅于将书本中的知识应用于实践，或推进工业生产，或解释已有的自然现象，做到"既知其然，也知其所以然"，才是物理的最大魅力。

瑞利散射于 19 世纪末 20 世纪初由约翰·斯特拉特（John Strutt，1842—1919）发现，由于约翰·斯特拉特是第三代瑞利男爵（3rd Baron Rayleigh），因此它被称为瑞利散射。他因在研究气体密度中发现了氩（Argon），在 1904 年荣获诺贝尔物理学奖。

第三部分

热力学与统计物理问题

热力学定律
专题

▼

绝热过程中压强与体积有何关系？
—— 讲解热力学基本定律[1]

摘要：本节将从热力学第零定律出发，引出温度的概念，推导内能与温度的关系。接着根据热力学第一定律，结合理想气体状态方程，推导绝热过程中压强与体积的关系。还会介绍理想气体卡诺循环过程，在压强–体积相图上绘制各段曲线并详细讲解。

之后的课程会讲解玻尔兹曼分布，并讨论理想气体内分子运动速度的分布，推导麦克斯韦速度分布律，我们会发现温度在微观上确实是物体分子热运动的程度。但面对大量粒子组成的系统，除了上述利用统计的方法来分析之外，我们也可将所有粒子看成一个整体来研究，而不去关心单个粒子的状态，只关心这个整体作为物质的性质，这其实更加贴近我们的现实生活，毕竟在日常生活中，我们看不到微观的粒子，感受的作用也是大量粒子共同产生的效果。这种从宏观角度研究物质的热运动性质及其规律的学科就是热力学。

热力学其实是具有非常大实用价值的学科。古埃及的时候，是用人力

---

1. 本节内容来源于《张朝阳的物理课》第 37 讲视频。

或其他生物力做功将砖瓦建成金字塔的，当时的人最多再利用风力水力等最原始的自然力做功，但这种自然力不能储存并随心所欲地控制，后来热机的出现改变了这点。热机可以将燃料产生的热转化成有用功供人类使用，为人类提供了极大的便利，并开启了人类的第一次工业革命。但最初大多数工匠制造机器的方法都是靠"试错"，这在制造热机时成本太高了，于是人们迫切需要关于热机工作的规律来指导热机的制造，热力学就是由此发展而来的。

一、热力学第零定律：热平衡的传递性

我们首先从热力学第零定律说起。两个物体接触，它们可以有能量的交换，原来各自的状态可能发生变化。经过足够长的时间，不再有净的能量交换，达到新的稳定状态，也就是说，这两个物体处于热平衡了。现在考虑三个物体A、B、C，若物体A与B处于热平衡，且物体A与C也处于热平衡，实验表明，物体B与C也必然处于热平衡。这种"热平衡的传递性"就是热力学第零定律。

互为热平衡的物体必有一个共同的物理性质，这个性质保证它们在热接触时达到热平衡，可以把表征物体这一性质的量称作温度。这样处于同一热平衡状态下的物体具有相同的温度，不同的温度代表处于不同的热平衡态。

实验发现，物体处在不同温度时，其体积会发生变化，这样就可以利用体积这一可直观测量的状态参量来表征温度，这就是水银温度计的原理。人们把水的冰点定义为0度，水的沸点定义为100度，再利用物体热胀冷缩的性质，将0度与100度的体积变化分为100等份，定义体积每增加一等分就增加1度，从而完成了摄氏温度的数值定义。当然，这只是一种基于经验的近似的处理方法。

　　有了温度的值，就可以定量地研究和描述物体各个参量与温度的关系。实验发现，在固定的压强下，理想气体的体积与温度呈线性关系。虽然气体不同时，对应的线性系数也不同，但若将不同气体的体积-温度关系画在一张图上，这些直线都会与温度轴交于同一点，此时的温度值为 –273.15 摄氏度，称为绝对零度。

　　若以绝对零度代替水的冰点作为温度的起始零点，而温标间距保持不变，则相应的温度称为开尔文温度，用 T 来表示，单位缩写为 K。理想气体的体积仍然与开尔文温度 T 呈线性关系，但与摄氏温度不同的是，当开尔文温度 $T = 0$ K 时，不同理想气体的体积也都取为 0 了。实验还测定了固定体积时，气体压强 p 与温度 T 之间的线性关系，最终得到理想气体的状态方程是 $pV = NkT$，其中 N 为理想气体粒子数，k 为玻尔兹曼常数。另外，若设处在速度区间 $v_x \sim v_x + \mathrm{d}v_x$ 内的粒子数密度为 $\mathrm{d}n_x$，理想气体的压强 p 还可以由气体粒子撞击容器壁的微观图像描写：

$$p = \int_0^\infty 2mv_x v_x \mathrm{d}n_x = \int_{-\infty}^\infty mv_x^2 \mathrm{d}n_x = \frac{N}{V}\langle mv_x^2 \rangle = \frac{2N}{3V}\langle \frac{1}{2}mv^2 \rangle$$

　　其中，符号 $\langle\ \rangle$ 代表取平均值，最后一个等号用到了理想气体的各向同性。将理想气体的压强表达式与微观图像的压强表达式结合起来，可以得到气体粒子平均动能与温度之间的关系。

$$\langle \frac{1}{2}mv^2 \rangle = \frac{3}{2}kT$$

　　从微观上讲，温度表征了气体粒子运动的剧烈程度。温度越高，微观粒子运动越剧烈，气体越热。根据能量均分定理，以上公式表明每个自由度上平均分配的能量是 $\frac{1}{2}kT$，假设在某温度下理想气体粒子可以激发的自由度总共为 i，那么理想气体的总内能为 $U = \frac{i}{2}NkT = \frac{1}{\gamma - 1}NkT$，其中 γ 是新引入的参量，其意义会在后面的绝热膨胀中体现出来。

二、热力学第一定律：能量守恒与转换

接下来介绍热力学第一定律。系统内能的变化，包含两个方面。一方面，我们可以直观地看到，系统体积变化导致功的变化；另一方面，高温物体与低温物体接触时温度会下降，系统内能也会减少，我们把这种非功方式传递的能量叫作热量，用 Q 表示。系统内能的增加量，等于其吸收的热量 $\mathrm{d}Q$ 与外界对其做的功 $\mathrm{d}W$ 的总和，这就是热力学第一定律。

$$\mathrm{d}U = \mathrm{d}Q + \mathrm{d}W$$

d 这个符号表示热传递或做功是与具体过程有关的，并不是只与系统的状态有关。而内能 U 只与系统的状态有关，是状态函数，与系统的具体变化过程无关，仍然用 $\mathrm{d}U$ 表示。

利用热力学第一定律和理想气体状态方程，研究绝热过程中状态参量的关系。绝热过程是指系统变化时与外界无热量交换，也就是 $\mathrm{d}Q = 0$ ，那么内能的增加就是外界对系统做的功，也等于负的系统对外界做的功。压强为 p ，系统表面积为 A ，相应压力为 pA ，此面积向外移动 $\mathrm{d}l$ 的距离，那么由热力学第一定律可知，绝热过程的内能变化为 $\mathrm{d}U = \mathrm{d}W = -pA\mathrm{d}l = -p\mathrm{d}V$ ，其中 V 是系统的体积， $\mathrm{d}V = A\mathrm{d}l$ 是系统体积的变化。

而由上一小节可知，理想气体内能与温度的关系 $U = \dfrac{1}{\gamma-1}NkT$ ，结合理想气体状态方程 $pV = NkT$ ，就可以得到内能与体积和压强的关系 $U = \dfrac{1}{\gamma-1}pV$ 。将它带回绝热过程的热力学第一定律公式，可得 $\dfrac{1}{\gamma-1}\mathrm{d}(pV) = -p\mathrm{d}V$ ，解此微分方程，即可得到理想气体绝热方程：

$$pV^{\gamma} = C$$

其中 C 为常数，可由该过程中任意状态下的压强与体积确定。以上绝热方程显示了绝热过程中压强 p 与体积 V 的关系，其中 γ 大于 1，所以当体积 V 增大时，压强减小。

三、卡诺循环与相图：高温低温两热源，等温绝热围成圈

用来描述系统状态的参量一般是压强 p、体积 V 和温度 T，确定了其中 2 个参量便可以由系统状态方程得到余下的参量，也就是说，实际只需 2 个参量就可以确定系统的状态。任选其中 2 个参量，分别作为横、纵坐标组成相图，则相图上的一个点代表系统的一个状态，而一条曲线可以描述系统的变化过程。相图可以清晰地展现卡诺循环过程。

我们举个有趣的例子来描述卡诺循环。先取温度为 T_1 的理想气体，放到带有活塞的气缸里，将气缸放入温度同样为 T_1 的大湖里，把理想气体从深水区缓慢上浮到浅水区，理想气体压强减小，体积膨胀，但因为一直泡在大湖里，其温度恒定为 T_1，这就是一个等温膨胀过程。由理想气体状态方程 $pV = NkT$，可以在相图中画出对应的变化曲线，标记为 T_1。

接着把理想气体拿出大湖，并且不跟外界任何其他物体接触，而只用一个很尖的东西去抵住活塞提供压力，这样导热就非常差，然后缓慢减小压强使气体继续膨胀，直到温度下降至 T_2 为止。这个过程因为气体与外界没有热交换，所以是绝热膨胀过程。根据刚刚推导出来的绝热公式，γ 大于 1，压强会随体积的增大而下降，且比 T_1 恒温膨胀时下降得更快。

反映到相图上，绝热膨胀过程就是右边那条连接等温线 T_1 与 T_2 的曲线。接着把温度为 T_2 的理想气体放到另一个温度为 T_2 的湖里，并往深处走，使压强缓慢增大，对气体进行温度为 T_2 的等温压缩，对应图中 T_2 的等温曲线。

最后一步，把气体从湖里取出进行绝热压缩，回到最初状态，这就实现了一个完整的循环，该过程被称为卡诺循环，对应于相图里加粗的闭合曲线。由外界对理想气体的做功公式 $dW = -pdV$，可知闭合圈中的面积就是这个过程中理想气体对外做的总的正功。由热力学第一定律，还可以知道理想气体总体吸收了外界的热量。

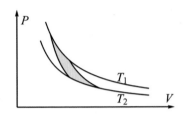

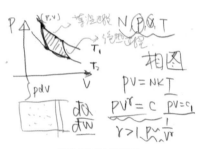

卡诺循环及其相图

[小 结]
Summary

  作为热力学的一个应用实例，基于上面推导出的绝热公式，可以推导出正确的声速。这里需要强调，用等温过程是错误的且不能与实验符合，因为声波在空气中传播时，空气振动得很快，气体来不及进行充分的热交换，所以须按绝热过程处理，才更接近实际的物理过程，从而计算得到正确的声速。本节课开始了热力学的讲解，已经完成了第零定律和第一定律的介绍，并从最基本的温度的概念讲到了略显复杂的卡诺循环。随着后面课程对热力学更加深入的研究，会发现卡诺循环是热力学中非常重要的热力学过程，并且其与温度还有更加深刻的关系。

熵是什么？
—— 探讨热力学第二定律[1]

摘要：本节先了解准静态过程与可逆过程的概念，利用物体从粗糙曲面滑落的例子，来说明宏观能量耗散到微观粒子无规则运动能的不可逆性。接着介绍热力学第二定律的两种典型且等价的表述，并利用它证明卡诺定理，即工作于相同的高低温热源间的一切不可逆热机的效率，都不能大于可逆热机。将理想气体作为卡诺热机的工作介质，可以计算热机效率与温度的关系，进而引入熵的概念。讨论理想气体自由膨胀前后熵的变化，则可以将熵的热力学定义与熵的玻尔兹曼定义联系起来。

上节课我们根据热力学第零定律，即热平衡的传递性，导出了温度的概念，由此开启了热力学之旅。除了热力学第零定律，我们还讲解了热力学第一定律，并强调能量守恒在热力学中仍然成立。这节课我们将进一步讲解热力学第二定律，它是关于系统演化方向性的定律，并且符合我们现实生活中的主观感受。热力学第二定律还能导出熵的概念，它是除了温度之外热力学中另一特有的概念，并且熵在热力学与统计力学中还占据核心

1.　本节内容来源于《张朝阳的物理课》第 32 讲视频。

地位，值得我们好好研究一番。

一、热力学第二定律及其典型等价表述

对于孤立系统或外界条件不变的系统，经过足够长的时间，系统的各种宏观性质不再随时间变化，这样的状态被称为热力学平衡态。一般来说，只要外界条件变化得比较缓慢，系统重新达到平衡的过程，相对于外界条件的变化是非常快的，每一个瞬间近似就是平衡态，这个缓慢的过程，可称为准静态过程。

平衡态可以用状态参量描述，所以，准静态过程的每一瞬间都可以用状态参量描述，其过程可对应于相图上的一条曲线。至于非准静态过程，举气体自由膨胀的例子，用隔板将某容器一分为二，一边充满气体，另一边是真空。将隔板抽掉，气体迅速膨胀，充满整个容器。显然，在这个过程中，气体密度、压强等参量分布不均匀，不是平衡态，并且气体充满整个容器，达到新的平衡后，其宏观参量将不再改变，也就是气体不会自发地回到隔板抽离之前的状态，这说明非平衡过程是不可逆的。

一个系统由某个状态出发，经过某一过程，达到另一状态，如果存在另一过程，能使系统回到原来的状态，同时消除原来的过程对外界所引起的一切影响，则原来的过程就称为可逆过程。前述气体自由膨胀的非准静态过程，是不可逆过程。在无耗散的情况下，准静态过程是可逆过程。

我们再以一个物体从不光滑的曲面上滑下为例，来说明耗散的概念。如果曲面光滑，物体滑到底部时的动能，就是初始时刻的重力势能。如果曲面不光滑，由于物体与曲面的摩擦，物体到达底部时，其动能会小于初始时刻的重力势能。摩擦力是由于物体表面与曲面的分子作用力产生的，损失的宏观有序能量，通过这种作用力转化为分子的不规则热运动，这种有序能量向不规则能量的耗散，显然是不可逆的。

热力学第二定律总结了对各种不可逆过程的不可逆性提出的各种说法。我们介绍两种典型但等价的表述。克劳修斯表述是指，不可能把热量从低温物体转移到高温物体而不引起其他变化。而开尔文表述则称，不可能从单一热源吸热，使之完全变成有用功而不引起其他变化。

二、卡诺定理：高温低温热源确定，可逆热机效率最高

我们继续研究以卡诺循环工作的热机的效率。卡诺循环的每个过程都是准静态过程，是个可逆过程，利用卡诺循环从高温热源吸热来对外做功的热机是可逆热机。卡诺定理指出，相同的高温热源和相同的低温热源之间，工作的一切不可逆热机的效率，都不能大于可逆热机。其中，热机的效率是指热机对外做的有用功 W 与它从高温热源吸收的热量 Q 的比值：

$$\eta = \frac{W}{Q}$$

利用热力学第二定律可以证明卡诺定理。首先考虑热机 A 与热机 B，假设它们从高温热源吸收的热量都为 Q_1，但对外做的功分别为 W 和 W'，则它们的效率分别为：

$$\eta_A = \frac{W}{Q_1} \qquad \eta_B = \frac{W'}{Q_1}$$

假设热机 A 是可逆热机，若要利用反证法证明卡诺定理，就需要先假设其不成立，即 $\eta_A < \eta_B$，那么有 $W' > W$。为了说明此假设违反热力学第二定律，让热机 A 与热机 B 共用相同的高温热源 T_1 与低温热源 T_2。由于 A 是可逆热机，而 W' 又比 W 大，于是可以用 B 所做的功 W' 的一部分推动 A 反向进行，这时候 A 向高温热源放出热量 Q_1，而因为 B 也从高温热源吸收热量 Q_1，于是这个过程中高温热源不变。

再根据热力学第一定律，B 给低温热源放出的热量是 $Q_1 - W'$，A 吸收

低温热源的热量是 $Q_1 - W$ ，于是整个过程相当于所有热机向低温热源吸收了 $Q_1 - W - (Q_1 - W') = W' - W > 0$ 的能量。而联合循环终了时，两个热机的工作物质都恢复了原状，并且高温热源也没有变化，相当于热机从单一热源吸收 $W' - W > 0$ 的热量，使之完全变成有用功而不引起其他变化，这违背了热力学第二定律的开尔文表述。所以最开始的假设 $\eta_A < \eta_B$ 是错误的，实际上应该是 $\eta_A \geqslant \eta_B$ ，说明卡诺定理是正确的。

三、状态函数熵：从热机效率看宏观表达，从统计数目看微观意义

假设前述的热机 B 同热机 A 一样也是可逆热机，那么根据卡诺定理可以得到 $\eta_A \leqslant \eta_B$ ，结合已经证明的 $\eta_A \geqslant \eta_B$ ，就可以得到 $\eta_A = \eta_B$ 。这说明，工作于两个一定温度的热源之间的可逆热机，其效率相等。同时，也表明可逆热机的效率与具体的工作物质无关，那么效率只能由热源决定，而热源最基本的特征是温度，因此效率只是温度的函数。假设热机从高温热源 T_1 吸热 Q_1 ，给低温热源 T_2 放热 Q_2 ，由热力学第一定律可知有用功为 $Q_1 - Q_2$ ，那么热机效率可以写成：

$$\eta = \frac{Q_1 - Q_2}{Q_1} = 1 - \frac{Q_2}{Q_1}$$

而由于效率只是温度的函数，又可以得到：

$$\frac{Q_2}{Q_1} = f(T_1,\ T_2)$$

接下来，以理想气体作为热机工作物质为例，推导 f 的形式。推导可见，从高温热源 T_1 吸热的过程为 a 到 b ，体积从 V_a 膨胀到 V_b ，由热力学第二定律可知，一个微小的过程吸收的热量为 $\mathrm{d}Q = \mathrm{d}U + p\mathrm{d}V$ ，而通过上节也知内能只是温度 T_1 的函数，在这个等温过程中 $\mathrm{d}U = 0$ ，那么理想气体从高温热源吸收的热量 Q_1 为：

$$Q_1 = \int_a^b \dJ Q = \int_a^b p\,\mathrm{d}V = NkT_1 \int_a^b \frac{1}{V}\,\mathrm{d}V = NkT_1 \ln\frac{V_b}{V_a}$$

其中第三个等号用到了理想气体状态方程 $pV = NkT$。

设理想气体与低温热源 T_2 接触放出热量的过程为 c 到 d，体积从 V_c 减小到 V_d，同理可以计算得到向低温热源放出的热量 Q_2 为：

$$Q_2 = NkT_2 \ln\frac{V_c}{V_d}$$

另外，由于 b 到 c 以及 d 到 a 都是绝热膨胀，根据上节课推导的绝热方程可以得到：

$$p_b V_b^\gamma = p_c V_c^\gamma \qquad p_d V_d^\gamma = p_a V_a^\gamma$$

将上述左边的等式除以右边的等式：

$$\frac{p_b V_b^\gamma}{p_a V_a^\gamma} = \frac{p_c V_c^\gamma}{p_d V_d^\gamma}$$

再由 a、b、c、d 各点的理想气体状态方程可以得到：

$$p_a V_a = NkT_1 = p_b V_b \qquad p_c V_c = NkT_2 = p_d V_d$$

那么联立上面的理想气体状态方程与绝热方程可以得到：

$$\frac{V_b}{V_a} = \frac{V_c}{V_d}$$

利用此结论，最终可以确定 Q_2 与 Q_1 的比值与温度的关系为：

$$\frac{Q_2}{Q_1} = \frac{NkT_2 \ln\dfrac{V_c}{V_d}}{NkT_1 \ln\dfrac{V_b}{V_a}} = \frac{T_2}{T_1}$$

由此可见，热机的效率，确实只与两个热源的温度有关，并且利用开尔文温度表示出来，具有非常简单的比值形式。

$$\frac{Q_2}{T_2} = \frac{Q_1}{T_1}$$

根据此公式，引入熵的概念。对于系统的任意一个准静态过程，选取其中某一微小过程，在这一微小过程中温度近似不变，设其为 T，在这个过程中它吸收了 $\mathrm{d}Q$ 的热量。我们可以引入一个辅助热源 $T'=1\,\mathrm{K}$ 与一个卡诺热机，此卡诺热机将系统看成热源，工作于系统与 $T'=1\,\mathrm{K}$ 的辅助热源之间，并且要求卡诺热机给温度为 T 的系统放出 $\mathrm{d}Q$ 的热量。

设满足此条件的卡诺热机从辅助热源吸收了 Q' 的热量，根据可逆热机效率与温度的关系可以得到 $\dfrac{\mathrm{d}Q}{T}=\dfrac{\mathrm{d}Q'}{T'}=\dfrac{\mathrm{d}Q'}{1\,\mathrm{K}}$。对于其他微小过程，同样也可以引入一个卡诺热机工作于系统与辅助热源之间。注意，这里不同的卡诺热机工作于同一个 $T'=1\,\mathrm{K}$ 的辅助热源，这样积累成一个有限大过程之后，假设所有卡诺热机从辅助热源一共吸收了 $\Delta Q'$ 的热量，对应的系统的熵的变化可以定义为 $\Delta S=\dfrac{\Delta Q'}{T'}=\dfrac{\Delta Q'}{1\,\mathrm{K}}$，由于辅助热源的温度为 $1\,\mathrm{K}$，其熵的变化数值上就等于这个辅助热源提供的总热量。若系统从状态 a 经过准静态过程到达状态 b，用系统的温度与其吸收的热量来表示熵，熵还可以写为：

$$S_b - S_a = \Delta S = \frac{1}{T'}\int_a^b \mathrm{d}Q' = \int_a^b \frac{\mathrm{d}Q}{T}$$

熵是一个状态函数，不与热过程有关，只与系统的状态有关。先看一个简单的例子，直观感受一下熵的概念。考虑一个粒子数为 N 的理想气体从体积 V_i 自由膨胀到体积 V_f 的过程，这个过程不是准静态过程，所以不能直接套用上面关于熵的公式，但因为熵是个状态函数，它的变化只由气体的初始状态和末态决定，我们可以寻找一个准静态过程连接系统的初态与末态，就可以利用上述熵的计算公式计算出熵的变化。

自由膨胀过程中理想气体不做功，气体内能不变，而理想气体内能只与温度有关，所以初态与末态的理想气体温度 T 不变，这样我们可以利用等温膨胀过程连接这个自由膨胀的初态与末态。前面已计算出等温膨胀时理想气体吸收的热量的表达式，代入上述熵的计算公式中即可得到熵的变化为：

$$S_f - S_i = \Delta S = \frac{1}{T}\int_i^f \dQ = Nk\ln\frac{V_f}{V_i}$$

从推导中发现，容器体积从 V_i 膨胀为 V_f 时，理想气体里每个粒子可取的位置空间，变大为原来的 $\frac{V_f}{V_i}$ 倍，直观地，相当于每个粒子可取的状态数 Ω，也变大为原来的 $\frac{V_f}{V_i}$ 倍。由于理想气体是近独立粒子系统，那么具有 N 个粒子的整个理想气体状态数，将变大为原来的 $\left(\frac{V_f}{V_i}\right)^N$ 倍。若设初态与末态的气体状态数分别为 Ω_i 与 Ω_f，则有：

$$S_f - S_i = k\ln\left[\left(\frac{V_f}{V_i}\right)^N\right] = k\ln\frac{\Omega_f}{\Omega_i} = k\ln\Omega_f - k\ln\Omega_i$$

这与玻尔兹曼对熵的定义式 $S = k\ln\Omega$ 不谋而合。

[**小 结**]
Summary

这节课我们多次使用了思想实验来进行逻辑推理，这在热力学中是非常常见的，相比于直接的数学公式推导，这种方法对逻辑思维能力要求更高。我们利用热力学第二定律与思想实验导出熵的定义，并推导了理想气体的熵的表达式，发现与玻尔兹曼从统计力学角度定义的熵一致，这说明我们这里定义的熵也同样是用来衡量系统混乱程度的量。不过这节课在给熵下定义的时候，我们并未对"熵是状态的函数"这一论断进行证明，下节课，我们将解决这个遗留的问题，并对熵这一重要的概念进行更多的讨论。

▲

熵为何不能减小?
—— 再探热力学第二定律[1]

~~~~~~

摘要: 本节将先对热力学第二定律的两种表述,补充证明其等价性。再利用可逆热机效率只与热源温度有关的事实,定义热力学温标。对一个系统的可逆循环,引入辅助热源和多个工作于辅助热源与系统之间的卡诺热机,结合热力学第二定律,证明熵是状态函数。建立准静态过程连接理想气体的两个状态,并计算相应的熵差,得到理想气体熵与状态的关系。最后利用两个不同温度系统的接触导热,简单说明熵增原理。

上节课,我们遗留下了一个重要的问题:"为什么熵是状态的函数?"在对这个问题进行解答之前,我们需要对温度进行更详尽的定义。通过之前的内容,我们知道由热力学第零定律可以导出温度的概念,但温度的数值却不能通过第零定律确定下来。本节将利用由热力学第二定律导出的卡诺定理,来给出温度数值的标定方法,这种温标不涉及任何具体物质的属性,是一种非常抽象而普适的概念,之后对熵的定义以及各种推理过程都默认使用这种温标。

---

1. 本节内容来源于《张朝阳的物理课》第 37 讲视频。

对温度的概念进行更加准确的描述与定义之后，我们利用热力学第二定律，结合一些思想实验证明了熵确实是状态的函数，完善了熵的定义。除此之外，我们还利用熵的定义式进一步求出了理想气体的熵与温度的关系，探讨了熵最重要的特性，即熵增原理。

一、热力学温标的引入

关于热力学第二定律有两种表述。克劳修斯表述是指，不可能把热量从低温物体转移到高温物体而不引起其他变化。而开尔文表述则称，不可能从单一热源吸收热量，使之完全变成有用功而不引起其他变化。

接下来，补充证明二者的等价性。假设克劳修斯表述不成立，即低温热源把热量传递给高温热源而不引起其他变化。那么引入一台卡诺热机，工作于这两个热源之间，高温热源把从低温热源吸收来的热量，全部传递给卡诺热机，并让其对外做功。经过一个循环，高温热源没有变化，热机的工作物质也回到初始状态，相当于低温热源放出的热量全部转化成了功，这违反了开尔文表述。因此，若要开尔文表述成立，那么克劳修斯表述也必须成立。用类似方法，由克劳修斯表述也能推出开尔文表述，从而证明其等价性。

基于热力学第二定律，可以证明可逆热机的效率只与两个热源的温度有关。若热机从高温热源 T_1 吸收热量 Q_1，向低温热源 T_2 放出热量 Q_2，则：

$$\frac{Q_2}{Q_1} = f(T_1, T_2)$$

为了更具体地讨论函数 f 的形式，引入一个低温辅助热源 T_0 以及两个可逆热机。其中一个可逆热机从热源 T_2 吸热 Q_2，给辅助热源 T_0 放热 Q_0；而另一个可逆热机则工作于热源 T_1 与 T_0 之间，这里要求它给辅助热源 T_0 放热也为 Q_0，设对应的从热源 T_1 吸热为 Q_1'，那么根据可逆热机效率只与温度有关的事实：

$$\frac{Q_0}{Q_2} = f(T_2, T_0) \qquad \frac{Q_0}{Q_1'} = f(T_1, T_0)$$

若让工作于热源 T_1 与辅助热源 T_0 的热机反向运行，即从辅助热源 T_0 吸热 Q_0，并给热源 T_1 放出 Q_1' 的热量，那么这个反向运行的热机联合其他两个热机一起工作，经过一个循环后，热源 T_2 与辅助热源 T_0 由于吸放热平衡，它们都不变，而工作物质也都回到原来的状态，所以最终的结果只有热源 T_1 放出了 $Q_1 - Q_1'$ 的热量，并全部用来对外做功。

若 $Q_1 - Q_1' > 0$，那么说明联合热机从单一热源 T_1 吸热，使之完全变成有用功，而不引起其他变化，这违反了热力学第二定律的开尔文表述，所以必须有 $Q_1 - Q_1' \leqslant 0$。由于每个热机都是可逆热机，可以将上述联合热机反向进行。同理可得 $Q_1 - Q_1' \geqslant 0$。结合联合热机正向与逆向运行的结果，可以得到 $Q_1 - Q_1' = 0$，即 $Q_1 = Q_1'$。于是，函数 f 应满足如下关系：

$$f(T_1, T_2) = \frac{Q_2}{Q_1} = \frac{\dfrac{Q_0}{Q_1}}{\dfrac{Q_0}{Q_2}} = \frac{f(T_1, T_0)}{f(T_2, T_0)}$$

注意，T_0 是一个任意的温度，既然它不出现在等号左方，说明等号最右边的比值与 T_0 无关，T_0 在比值的分子与分母上相互消去。于是函数 f 可以表示为下述形式：

$$\frac{Q_2}{Q_1} = f(T_1, T_2) = \frac{\varphi(T_2)}{\varphi(T_1)}$$

函数 $\varphi(T)$ 的具体形式与温标的选择有关。不同的温标，$\varphi(T)$ 的形式不同，但都满足上述等式。显然，最简单的选择是令 $\varphi(T) = T$，上式可化简为：

$$\frac{Q_2}{Q_1} = \frac{T_2}{T_1}$$

这种温标的选择与任何具体物质的特性无关，是一种绝对温标，叫作热力学温标。它由开尔文首先提出，因此也叫开尔文温标。

推导理想气体作为工作物质时的热机效率，也可以得到上述比值等式，只不过那里将等式右边的热力学温标 T 换成了理想气体温标 T'。由此可知，热力学温标与理想气体温标成正比关系，$T = \alpha T'$。若在热力学温标中也同理想气体温标那样，定义水的三相点温度数值为 273.16，那么理想气体温标就与热力学温标完全一致了，即 $T = T'$。

二、熵是状态函数，与路径无关

对于系统的任意一个准静态过程，选取其中某一微小过程，在这一微小过程中温度近似不变，设其为 T，在这个过程中它吸收了 dQ 的热量。

我们可以引入一个辅助热源 T_0 和一个卡诺热机。此卡诺热机将系统看成热源，工作于系统与辅助热源 T_0 之间，并且要求卡诺热机给温度为 T 的系统放出 dQ 的热量。设满足此条件的卡诺热机从辅助热源吸收了 dQ_0 的热量，根据可逆热机效率与温度的关系，可以得到 $\dfrac{dQ}{T} = \dfrac{dQ_0}{T_0}$。对于其他微小过程，同样也可以引入一个卡诺热机工作于系统与辅助热源之间，但注意这里不同的卡诺热机工作于同一个 T_0 的辅助热源。假设系统经过一个循环回到最初的状态，那么有：

$$\oint \frac{dQ}{T} = \frac{1}{T_0} \oint dQ_0$$

经过这个循环过程，所有的卡诺热机以及系统自身都回到最初的状态，留下的后果是从热源 T_0 吸收了热量 $\oint dQ_0$，并通过多个卡诺热机对外做了功 $W_0 = \oint dQ_0$。如果 $\oint dQ_0 > 0$，则是从单一热源 T_0 吸热完全转化为有用功，这违反了热力学第二定律的开尔文表述，因此必然有 $\oint dQ_0 \leqslant 0$。

由于前述循环过程是可逆的，故可令它反向进行，于是所有的 dQ_0（与 dQ）都变为 $-dQ_0$（与 $-dQ$），同理，由热力学第二定律可以得到

$\oint(-\mathrm{d}Q_0)\leqslant 0$，即 $\oint \mathrm{d}Q_0 \geqslant 0$。结合正循环与逆循环的结果，可以得到 $\oint \mathrm{d}Q_0 = 0$，那么系统经过一个循环过程满足下述等式：

$$\oint \frac{\mathrm{d}Q}{T} = 0$$

进一步选择系统的两个状态 a 与 b。系统从 a 到达 b 的准静态过程有很多，任意选取其中两个热力学过程，分别记为过程 1 与过程 2。现在考虑这样一个循环，系统先从状态 a 经过过程 1 到达状态 b，由于过程 2 是准静态过程，是可逆的，所以可以将系统从状态 b 经过过程 2 的逆又回到状态 a，那么根据上述公式，可以得到：

$$\oint \frac{\mathrm{d}Q}{T} = \int_{1}^{b} \frac{\mathrm{d}Q}{T} + \int_{2}^{a} \frac{\mathrm{d}Q}{T} = \int_{1}^{b} \frac{\mathrm{d}Q}{T} - \int_{2}^{b} \frac{\mathrm{d}Q}{T} = 0$$

化简后：

$$\int_{1}^{b} \frac{\mathrm{d}Q}{T} = \int_{2}^{b} \frac{\mathrm{d}Q}{T}$$

这表明，对 $\frac{\mathrm{d}Q}{T}$ 的积分与选取的积分路径无关。不管从状态 a 是经过什么准静态过程到达 b 的，这个积分值已经由状态 a 与状态 b 完全确定下来了，于是，可以定义一个被称为熵的状态函数，记为 S。它在不同状态间的差值满足如下关系：

$$S_b - S_a = \int_{a}^{b} \frac{\mathrm{d}Q}{T}$$

其中的积分路径可以随便选取。

三、理想气体熵的公式及熵增原理

理想气体在任意两个状态的熵的差值是多少？理想气体处于状态 1 时的体积为 V_1，温度为 T_1，设此状态下的熵为 S_1；状态 2 时的体积为 V_2，温度为 T_2，设此状态下的熵为 S_2。根据熵的定义可知，需要寻找一个准静态过程，它连接状态 1 与状态 2 以提供积分路径。最简单的一个过程可以如下选取：状态 1 先经过 T_1 的等温过程变成中间状态 i，这时体积从 V_1 变成了 V_i，接下来进行绝热过程将状态 i 变成状态 2，使得其温度从 T_1 变到 T_2，同时体积从 V_i 变到 V_2。

由之前章节推导可知，对于等温过程中熵的变化，有如下公式：

$$S_i - S_1 = Nk\ln\frac{V_i}{V_1}$$

而绝热过程气体吸热 $đQ = 0$，所以对应的熵的变化 $S_i - S_2 = 0$，即 $S_i = S_2$。于是，只需计算 V_i 与 V_1 的比值即可。另外，将绝热方程与理想气体状态方程联立，可得：

$$\left(\frac{V_i}{V_2}\right)^{\gamma-1} = \frac{T_2}{T_1}$$

那么状态 2 的熵与状态 1 的熵的差值为：

$$S_2 - S_1 = S_i - S_1 = Nk\ln\left(\frac{V_2}{V_1}\frac{V_i}{V_2}\right) = Nk\ln\left[\frac{V_2}{V_1}\left(\frac{T_2}{T_1}\right)^{\frac{1}{\gamma-1}}\right] = Nk\left[\ln\frac{V_2}{V_1} + \frac{1}{\gamma-1}\ln\frac{T_2}{T_1}\right]$$

将上述的 ln 函数拆成相减的形式，可以进一步把理想气体的熵表达为：

$$S = Nk\left(\ln V + \frac{1}{\gamma-1}\ln T\right) + C$$

其中 C 是与 V 和 T 无关的常数。从这里可以明显看出，理想气体的熵与积分路径无关，只是状态的函数，这也再次验证了之前推导的结论。

以下举例说明熵增原理。例如，温度为 T_1 的高温系统 1 与温度为 T_2 的低温系统 2 相互接触，假设系统 1 与系统 2 之间的热传导非常缓慢，从而使两个系统各自近似处于热平衡态，这样对它们仍然可以使用前述形式的熵的定义式。

根据热力学第二定律的克劳修斯表述，低温系统不能把热量自发地转移给高温系统，高温系统 1 损失热量且熵减少量为 $\Delta S_1 = \int\frac{đQ_1}{T_1}$。由于能量守恒，低温系统 2 得到热量 $\text{d}Q_2 = \text{d}Q_1$ ，它的熵增量为 $\Delta S_2 = \int \dfrac{\text{d}Q_2}{T_2} = \int \dfrac{\text{d}Q_1}{T_2}$ 。但由于达到平衡之前，高温系统 T_1 总是比低温系统 T_2 温度高，即 $T_1 > T_2$ ，故而 $\int \dfrac{\text{d}Q_1}{T_1} < \int \dfrac{\text{d}Q_1}{T_2}$ ，也就是说，高温系统减少的熵，与低温系统增加的熵相比，数值上要少一些，即 $\Delta S_1 < \Delta S_2$ 。两系统总体的熵的变化为 $\Delta S = \Delta S_2 - \Delta S_1 > 0$ ，说明总体的熵是增加的。

不仅限于高温物体向低温物体的导热过程，实际上，对于孤立体系，自然界所有的宏观过程总是往熵增加的方向进行的。有的时候虽然系统的某一部分看起来熵减小了，但若把所有部分加起来看，熵总是增加的。或许时间的单向性正是熵增原理的一种体现。

[**小 结**]
Summary

这节课也同样充满了烧脑的思想实验与逻辑推理，对我们的逻辑思维能力要求非常高，但经过更详细、更严格的推导，我们进一步熟悉了热力学第二定律的几种表述，并论证了它们的等效性，我们还找到了熵这一状态函数，并以理想气体的熵作为实例进行分析。尤其是气体的自由膨胀过程，非常好地说明了熵是什么，熵在统计学上如何计算、具有怎样的意义。这个世界不可逆地朝着熵增加的方向演化着，逐渐走向混乱与混沌，但局部的熵还是有可能减小的，我们要做一个熵减少的人，这样可以变得越来越有序、越来越有规则，成为一个上进的、努力的、不断创造价值的人。

▲

温度与温标
专题

氧气含量为什么随着高度降低？
—— 分析分子数密度随高度的变化[1]

摘要：本节主要介绍理想气体状态方程在建立之初所依赖的几个经验定律，然后在分子动理论的框架内推导出理想气体分子的平均动能。最后，我们介绍为什么氧气含量会随着高度而不断降低。

相信读者们对理想气体都不陌生，理想气体是一个忽略了气体分子间相互作用的气体模型。室温下的空气可以近似为理想气体，这个近似能够为我们的很多计算带来方便而不损失精度。为了解决和气体热力学有关的问题，我们需要知道理想气体的热力学性质，为此，我们不得不面对理想气体状态方程。

我们将从理想气体有关的经验定律出发，引出理想气体状态方程，并由此初步探讨理想气体分子的平均动能与能量均分定理，最后使用所得结果推导氧气分子数密度随高度的变化公式，证明氧气含量确实会随着高度降低，这也就回答了本节题目所表达的问题。

---

1. 本节内容来源于《张朝阳的物理课》第 6 讲视频。

一、理想气体相关的经验定律

当物质处于平衡状态时，一般都可以通过几个量来描述，理想气体也不例外。当理想气体处于静平衡时，可以使用压强 P、体积 V、分子数 N 和温度 T 这四个量进行描述。这几个量不是相互独立的，这可以根据我们的生活经验来理解。比如，当我们压缩一定量的空气时，此时空气的体积改变了，压强和温度也随之改变。如果我们对空气的压缩过程足够缓慢，使得热量能够及时传导，那么空气的温度可以认为是恒定的，等于室温，但是空气的压强必然会随着气体压缩而不断增大，所以压强和体积之间必然存在某种关系。理想气体状态方程就是描述理想气体各个量之间关系的方程。这个状态方程一开始是由理想气体的各个经验定律组合而成的。我们接下来逐一介绍这些经验定律。

首先介绍的是查尔斯定律。当理想气体的压强和分子数恒定时，有：

$$\Delta V \propto \Delta t$$

即体积的改变量正比于温度的改变量，其中 t 是摄氏温度。所以，在气体压强和分子数恒定时，理想气体的体积和温度呈线性关系。将不同温度对应的体积画在 V - t 平面上，我们会得到一系列呈直线排布的点。更深入地分析发现，对于不同的压强和粒子数，虽然 V - t 直线的斜率不同，但是往温度 t 的负方向延长后都经过 t 轴上固定的点。于是 V 和 t 的关系可以写为：

$$V = a(t + C) = aT$$

这里将温度重新定义为 $T = t + C$，它被称为绝对温度。实验结果表明 C 为 273.15 摄氏度。

第二个经验定律是盖吕萨克定律。这个定律的内容是，当理想气体的体积和粒子数不变时，压强与绝对温度成正比。这个定律对一些读者来说可能并不是很直观，毕竟普通人很少会有同时感受压强和温度的情况。从分子动理论的角度来看，这是很容易理解的，当气体温度升高时，空气分子动能增大，从而碰到墙壁上会施加给墙壁更大的力，也就是压强变大了。

第三个经验定律为玻意耳定律：当温度和粒子数不变时，理想气体的压强和它的体积成反比。在这一小节的开始，我们就讨论了温度固定的情况下压缩空气所带来的压强增大，不过这样的描述是定性的。玻意耳定律对等温压缩时压强怎么变化做了定量的描述。

最后一个经验定律是阿伏伽德罗定律。这个定律说的是，当压强和温度不变时，理想气体的体积和它的粒子数成正比。这也是容易理解的，我们忽略气体分子间的相互作用，因此分子的增多并不会使得气体聚在一起或者排斥开来。分子数的增多，就相当于加入了一部分空气而已，为了保持压强而温度不变，体积的增加量必然等于加进去的空气在同样温度和压强下的体积，这就是阿伏伽德罗定律。

将这些定律综合起来，可以得到理想气体状态方程：

$$PV = NkT$$

其中 k 为比例常数，物理上称其为玻尔兹曼常数，约等于 1.38×10^{-23} J/K。这个形式的理想气体状态方程可以改用物质的量来描述。注意到 $N = nN_A$，这里的 n 表示物质的量，N_A 为阿伏伽德罗常数。定义 $R = kN_A$。R 约等于 8.31 J/(mol·K)，被称为气体常数。于是，理想气体状态方程可以改写为：

$$PV = nRT$$

二、理想气体分子的平均动能

介绍完理想气体的经验定律，我们接下来通过分子动理论为理想气体的宏观物理量（体积、压强）与分子平均动能建立起联系。对于理想气体中的分子，其速度存在三个分量，可以表示为：

$$\vec{v} = (v_x, \ v_y, \ v_z)$$

根据动量定理，气体分子对容器壁的作用力等于这些气体分子因为碰撞到容器壁上导致的单位时间内的动量改变量。所以，理想气体对面积为 A 的容器壁的压强为：

$$P = \frac{F}{A} = \frac{\Delta p}{A\Delta t}$$

其中 Δp 是 Δt 时间内分子撞击这个面导致的总的动量改变量。假设这个容器壁垂直于 x 轴，质量为 m 的分子从 x 轴负方向以速度分量 v_x 运动过来，经反弹后以 $-v_x$ 的速度分量运动回去，于是这个分子的动量改变量为 $m \cdot (2v_x) = 2mv_x$。在 Δt 时间内，以速度 v_x "撞向" 容器壁的体积为 $Av_x\Delta t$，所以，在 Δt 时间内拥有 v_x 速度分量并且撞向这个容器壁的分子数约为 $n(v_x) \cdot Av_x\Delta t$，这里的 $n(v_x)$ 表示拥有 v_x 速度分量的分子数密度，于是：

$$\Delta p(v_x) = n(v_x) \cdot v_x\Delta tA \cdot 2mv_x = 2mv_x^2 n(v_x) A\Delta t$$

通过对 v_x 积分可以得到总的动量改变量。由于只有 $v_x > 0$ 的分子才能撞向这个容器壁，所以只需要从 0 积到正无穷：

$$P = \frac{\int_0^{+\infty} \Delta p(v_x)\mathrm{d}v_x}{A\Delta t}$$
$$= m\int_0^{+\infty} 2v_x^2 n(v_x)\mathrm{d}v_x$$
$$= m\int_{-\infty}^{+\infty} v_x^2 n(v_x)\mathrm{d}v_x$$

在上式中我们已经做了合理的假设：$n(v_x) = n(-v_x)$。因为 $n(v_x)$ 可以改写为 $N(v_x)/V$，这样可以得到：

$$P = m\int_{-\infty}^{+\infty} v_x^2 \frac{N(v_x)}{V}\mathrm{d}v_x$$
$$= m \cdot \frac{N}{V} \frac{\sum_i v_{i,x}^2}{N}$$
$$\equiv m \cdot \frac{N}{V}\langle v_x^2 \rangle$$

其中的尖括号表示平均值。在上式的推导中我们把积分写成了对全部分子的求和，这么做是合理的，因为一定量的空气分子总数有限。

根据勾股定理，分子的速度满足：

$$v^2 = v_x^2 + v_y^2 + v_z^2$$

考虑到方向的对称性，v_x^2、v_y^2 和 v_z^2 的均值必然相等，于是：

$$\langle v^2 \rangle = \langle v_x^2 \rangle + \langle v_y^2 \rangle + \langle v_z^2 \rangle = 3\langle v_x^2 \rangle$$

所以：

$$P = \frac{N}{V} \cdot m \frac{1}{3}\langle v^2 \rangle = \frac{2}{3}\frac{N}{V}\langle \frac{1}{2}mv^2 \rangle$$

其中 $mv^2/2$ 正是分子的动能 E_k，于是上式可以改写为：

$$PV = \frac{2}{3}N\langle E_k \rangle$$

根据前面介绍的理想气体状态方程 $PV = NkT$，可以得到：

$$\langle E_k \rangle = \frac{3}{2}kT$$

这个结果可以和经典统计物理互相印证。根据经典统计物理中的能量均分定理，分子各部分能量的均值为 $kT/2$。气体分子的平动运动由三个互相垂直的方向叠加而成，因此动能均值为 $3kT/2$。

三、氧气数密度对高度的依赖

为什么随着高度增加，空气会变得稀薄、氧气量会降低呢？比如人们爬山，上到几千米高的山顶后，即使休息后恢复平静，也需要比平时更快的呼吸速率才能满足体内的氧气消耗。接下来，我们对这个问题进行解答。

定性地说，由于重力作用，空气分子有向下掉落的趋势，因此高度低的地方将聚集更多的空气分子。忽略温度的变化，根据理想气体状态方程，分子数密度较大的地方压强也较大，因此高度低的空气压强更大，从而阻止更多的分子往下掉，最终形成越高空气越稀薄的静平衡状态。

我们通过定量计算来验证我们的分析。假如只考虑大气中的氧气，它处于静平衡状态。截取一个底面积为 A，高度为 dh 的水平空气柱。它在

竖直方向受到上底面和下底面的大气压力以及自身的重力，处于静止状态
时满足：

$$A[P(h) - P(h+\mathrm{d}h)] = mg \cdot n \cdot A\mathrm{d}h$$

其中 m 是氧气分子质量，n 是分子数密度。对等式左边做泰勒展开，
两端消去一个 $\mathrm{d}h$，然后让 $\mathrm{d}h$ 趋向于 0，可以得到：

$$\frac{\mathrm{d}P}{\mathrm{d}h} = -nmg \qquad\qquad (1)$$

考虑到温度随高度的变化不敏感，这里假设温度随高度不变。由于分
子数密度 $n = N/V$，所以可以将理想气体状态方程改写为：

$$P = nkT$$

将其代入式（1）可以得到：

$$kT\frac{\mathrm{d}n}{\mathrm{d}h} = -nmg$$

从而有：

$$\frac{\mathrm{d}n}{n} = -\frac{mg}{kT}\mathrm{d}h$$

假设地面的氧气数密度为 n_0，对上式进行积分可得：

$$\ln\frac{n}{n_0} = -\frac{mgh}{kT}$$

解出分子数密度 n 可以得到：

$$n = n_0 \mathrm{e}^{-\frac{mgh}{kT}}$$

这就是氧气分子数密度随高度的变化情况，它和我们的预期是一样的：
随着高度增大，分子数密度不断变小。代入数据可以知道，当高度上升 100
米，氧气数密度降为原来的 98.7%；当高度上升 1000 米，氧气数密度降为
原来的 87.5%；当高度上升 2000 米，氧气量降为原来的 76.6%。对于飞机
的飞行高度，氧气含量下降得更明显，因此当飞机有可能出现意外状况时，

会要求乘客戴上氧气罩，以免舱内空气泄露导致乘客在高空中缺氧。

在这里的结果之上，我们介绍一下大气中氢气含量低的原因。原因之一是氢气容易和氧气发生反应生成水，因此当大气中含有大量的氧气时，氢气不容易稳定存在。但是这个原因还不够充分，既然氧气和氢气会燃烧生成水，那为什么不是氧气被消耗尽而留下氢气呢？这就需要第二个原因了：氢气会由于热运动而逃逸出地球。根据刚刚推导出来的密度随高度变化的公式，氢气分子质量低，因此随高度增加而含量降低会慢得多。如果氢气存在在大气中，那么在大气层边缘，氢气比例会特别高。根据麦克斯韦速度分布公式：

$$f(v)\mathrm{d}v = \left(\frac{m}{2\pi kT}\right)^{\frac{3}{2}} 4\pi v^2 \mathrm{e}^{-\frac{mv^2}{2kT}} \mathrm{d}v$$

相同的温度下，空气分子质量低的气体，其高速率分子含量更多，因此氢气在大气中的分子速率普遍更高，有的甚至超过地球的逃逸速度。氢气会不断逃逸出地球，从而导致大气中氢气含量越来越低。

[小 结]
Summary

本节介绍了理想气体的四个经验定律，并由此总结出了理想气体状态方程。然后，我们通过分子动理论的方法推导了理想气体分子的平均平动动能，并与经典统计物理中的能量均分定理互相印证。最后，我们在理想气体状态方程的基础上推导了气体数密度随高度的变化，解释了为什么氧气含量随着高度上升而不断降低。

热力学温标与理想气体温标为何一致？
——推导理想气体状态方程[1]

摘要：通过热力学温标的定义与一个微小的卡诺循环，推导出能量关于体积的偏导与压强关于温度的偏导的关系，进一步在气体的内能只与温度有关的前提下，导出压强与热力学温标的关系，从而验证热力学温标与理想气体温标的一致性。

在前几节关于热力学内容的课程中，由热力学第零定律导出了温度的概念，而由热力学第二定律导出的卡诺定理则可对温度数值进行标定，得到热力学温标，这种温标不涉及任何具体物质的属性，是一种非常抽象而普适的概念，所以我们不能直接认为它与传统经验的理想气体温标是一致的。

关于热力学温标还有一个令人困扰的点，一般对温度数值的标定经常使用的是可直接观测到的量，例如理想气体的体积压强，温度计水银的高度等等，但热力学温标用的是热机的吸热与放热对温度进行标定，吸热与放热并不是非常直观的量，并且热力学温标的定义还涉及一个热力学过

---

1. 本节内容来源于《张朝阳的物理课》第 34 讲视频。

程，即卡诺循环，这使得热力学温标并没有那么直观，似乎很难在具体的计算中有应用价值，所以在讨论热力学温标与理想气体温标一致性问题之前，我们先来看一个运用热力学温标进行推导的例子。

一、热力学温标的应用：内能与物态方程

根据卡诺定理，可以发现，两个温度的比值，是通过工作在这两个温度之间的可逆热机与热源交换的热量的比值来定义的，但这种定义并不直观，可以举例演示。

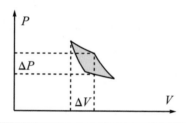

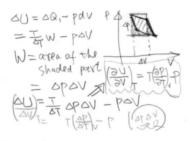

利用热力学温标的定义计算内能 $U(V, T)$ 关于体积 V 的偏导

系统的状态选用系统的体积 V 与温度 T 来表示，系统的内能 U 是状态函数 $U(V, T)$，现在希望利用热力学温标计算 $U(V, T)$ 关于 V 的偏导数。考虑一个温度为 T 的微小的等温膨胀过程，在这个过程中，系统体积变大 ΔV，并吸收热量 ΔQ，该过程非常微小，系统的压强 P 近乎保持不变，那么系统内能增加为 $\Delta U = \Delta Q - P\Delta V$。由于这个过程是等温过程，可以把

它看成某卡诺循环中与高温热源接触的等温膨胀部分，设此卡诺循环对应的低温热源是 $T-\Delta T$，在低温热源放出的热量是 $\Delta Q'$，由上节课推导的卡诺循环吸热放热与热源温度的关系式可得 $\dfrac{\Delta Q}{T}=\dfrac{\Delta Q'}{T-\Delta T}$。

压强-体积图上卡诺循环围成的圈的面积就是循环过程中系统对外做的功 W，因为这个卡诺循环非常小，相图上的圈可以近似看成平行四边形，设系统在与低温热源接触时的压强为 $P-\Delta P$，那么由简单的几何关系可以得到卡诺循环围成的平行四边形面积为 $\Delta P\Delta V$，也就是对外做的功 $W=\Delta P\Delta V$。由能量守恒还可以知道整个卡诺循环满足 $W=\Delta Q-\Delta Q'=\Delta Q-\Delta Q\dfrac{T-\Delta T}{T}=\Delta Q\dfrac{\Delta T}{T}$，联立上面各种关系可以将系统内能变化 ΔU 的表达式改写为：

$$\Delta U=\Delta Q-P\Delta V=\frac{T}{\Delta T}W-P\Delta V=\frac{T}{\Delta T}\Delta P\Delta V-P\Delta V$$

将最右边的 ΔV 除到最左边去，并将微元符号 Δ 换成偏导符号 ∂，就能得到：

$$\left(\frac{\partial U}{\partial V}\right)_T=T\left(\frac{\partial P}{\partial T}\right)_V-P$$

气体内能是不能直接测量的量，但压强与温度可以直接测量，它们与 V 的关系构成物态方程。所以这个方程将不可直接测量的量，表示成了可测量的量。我们还知道，体积固定时，内能对温度的偏导是定容热容，也是容易测量的量，这样内能 $U(V,T)$ 对两个自变量的偏导都用可测量表示出来，内能表达式也容易通过实验测量反推出来，此公式在热力学中有重要的意义。

二、热力学温标与理想气体温标的一致性

利用可逆热机定义的温度独立于理想气体经验温度，实际上需要说明它们是一致的，才可以在计算熵的过程中将它们统一起来，看成同一种温度。

现在假设某一种气体的内能 $U(V, T)$ 只与温度有关，那么根据上面推出的公式有：

$$0 = \left(\frac{\partial U}{\partial V}\right)_T = T\left(\frac{\partial P}{\partial T}\right)_V - P$$

解这个简单的微分方程可以得到这种气体的状态方程：

$$P = \alpha T \tag{1}$$

其中，α 是与 T 无关的常数。

另外，若我们进一步假定该气体粒子间无相互作用，并且粒子体积为 0，先前也推导过，利用粒子碰撞容器壁的微观图像，可以计算得到理想气体的压强 P 与粒子数密度 $n = \dfrac{N}{V}$ 和单个粒子的平动动能平均值 $\langle E_k \rangle = \langle \frac{1}{2}mv^2 \rangle$ 的关系式：

$$P = \frac{2}{3}\frac{N}{V}\langle E_k \rangle \tag{2}$$

其中 N 为气体中的粒子数。由于理想气体粒子之间无相互作用，所有粒子的动能即构成理想气体的内能 $U = N\langle E_k \rangle$，又因为内能 U 只与温度有关而与体积无关，所以式（2）中的 $\langle E_k \rangle$ 与体积无关，于是压强 $P \propto \dfrac{1}{V}$，结合公式（1），可以得到：

$$P = \frac{\beta}{V}T \tag{3}$$

其中，β 是与 T、V 无关的常数，即 β 只与 N 有关。

除此之外，用隔板将理想气体随意分成两部分，即可得到两份压强、温度与粒子数密度都相等的气体，而粒子数 N 为粒子数密度乘以体积，所以用隔板划出来的气体的粒子数 N 正比于气体体积，这说明压强与温度保持不变的情况下，理想气体的体积与粒子数正比，即 $V \propto N$。于是公式（3）可进一步写成：

$$P = \frac{cN}{V}T \tag{4}$$

其中 c 是与 P、V、T 和 N 都无关的常数。

将这个结果与实验得出的经验性理想气体状态方程 $P = \dfrac{Nk}{V}T'$ 对比（T' 是理想气体温标的温度），可以发现热力学温标 T 与理想气体温标成正比，只要把比例系数选为 1，这两种温标下的温度就一致了。一般要求两种温标在水的三相点处的数值均为 273.16，即可让比例系数为 1。

[**小 结**]
Summary

热力学温标与理想气体温标一致性的传统证明方法是，将理想气体作为卡诺热机的工作物质，并利用理想气体的物态方程推导其在高温热源吸热量与低温热源放热量之比，发现这个比值正是简单的温度之比，与热力学温标一致，若进一步规定热力学温标在水的三相点数值是 273.16，那么它们的数值将完全一样，其实这在之前的课程中有提到过。而本节课则是从热力学温标的定义出发，通过微小的卡诺循环，推导出气体内能关于体积偏导的表达式，并结合理想气体内能与体积无关的这一性质，得到理想气体的压强与温度成比的结论，进一步利用压强的微观解释，推导出用热力学温标表达的理想气体状态方程。我们发现热力学温标下的理想气体状态方程，与传统理想气体温标的状态方程一致，从而证明了热力学温标与理想气体温标的一致性。

统计物理
专题

▼

经典力学的绝热指数为何与实验不符？
—— 推导理想气体的绝热方程[1]

摘要：本节内容先解释了理想气体状态方程对多原子分子的适用性，并阐述了能量均分定理。然后推导描述理想气体绝热过程的方程，并使用经典物理的能量均分定理求出与实验不符的绝热指数值，对量子力学的必要性做了初步的讨论。

先前的课程我们已经推导出单原子理想气体的状态方程 $PV = NkT$，但实际上生活中大部分的气体都是双原子分子气体，例如氧气、氮气等。实验上表明，这些双原子分子气体的状态方程与单原子理想气体的状态方程一致，那我们能否类似单原子理想气体那样从理论上导出这一结果呢？答案是可以的。除此之外，我们还能计算出双原子分子气体的绝热指数，遗憾的是，计算结果与实验不符合，但这个矛盾却能带领我们探索更加深刻的物理规律。

---

1. 本节内容来源于《张朝阳的物理课》第 7 讲视频。

一、理想气体状态方程对多原子分子的适用性，能量均分定理

先来复习一下理想气体状态方程：

$$PV = NkT$$

之前推导这个结果时假设了气体分子的平动动能只有 3 个自由度，从而应用能量均分定理得到它的动能均值为 $\frac{3}{2}kT$。对于单原子分子来说，3 个平动自由度显然是成立的，但是对于多原子分子呢？这个问题的答案目前还不明朗，需要进一步分析。

对于多原子分子，其实涉及两个问题。第一是，计算压强时仅考虑 x 方向的平动运动是否已经足够？会不会由于气体分子的转动，导致对墙壁的压力增加呢？比如分子撞向墙壁的同时，这个分子可能刚好旋转撞向墙壁，这样不就增加了对墙壁的作用力吗？第二是，如果计算压强时确实只需要考虑 x 方向的平动运动，那么最终还是会归结为动能均值的计算，而对于多原子分子，平动动能均值是不是 $\frac{3}{2}kT$？

对于第一个问题，转动自由度会影响单个气体分子压强的计算，但不会影响所有分子对容器壁压强的计算。当一个分子质心以速度分量为 v_x 的速度撞向容器时，虽然它不一定会以速度分量为 $-v_x$ 的速度反弹，但由于理想气体是各向同性的，所以在速度区间 $v_x \sim v_x + \mathrm{d}v_x$ 内的分子数等于在速度区间 $-v_x \sim -v_x - \mathrm{d}v_x$ 内的分子数，那么以速度分量为 v_x 的速度撞向容器的分子，可以选择以速度分量为 $-v_x$ 反弹的分子与之对应，这样联合起来看，它们对容器壁压强的贡献等效于单个分子以 v_x 撞向容器壁并以 $-v_x$ 反弹所贡献的压强，注意上述所指的速度是分子质心运动速度，而质心运动定理则告诉我们，系统质心的运动可以等效为质量为系统总质量的质点在系统所受和外力下的运动。因此根据质心运动定理，我们可以用单原子分子同样的计算方法计算压强，最终得到双原子分子的压强关于质心平动动能的公式，与单原子分子压强关于平动动能的公式是一样的。

对于第二个问题，可直接通过计算来说明。假设这是双原子分子，两个原子的质量分别是 m_1 和 m_2，速度分别是 $\vec{v}_1$ 和 $\vec{v}_2$，那么质心速度为：

$$\vec{v}_{CM} = \frac{m_1\vec{v}_1 + m_2\vec{v}_2}{m_1 + m_2}$$

计算质心平动动能均值：

$$\langle E_{tr} \rangle = \left\langle \frac{1}{2}(m_1 + m_2)v_{CM}^2 \right\rangle = \left\langle \frac{1}{2}\frac{1}{m_1 + m_2}(m_1^2 v_1^2 + m_2^2 v_2^2 + 2m_1 m_2 \vec{v}_1 \cdot \vec{v}_2) \right\rangle$$

由于 v_1 和 v_2 的方向是互相独立的，于是：

$$\langle \vec{v}_1 \cdot \vec{v}_2 \rangle = 0$$

从而其平动动能均值：

$$\begin{aligned}
\langle E_{tr} \rangle &= \frac{1}{m_1 + m_2}\left(\frac{1}{2}m_1^2 \langle v_1^2 \rangle + \frac{1}{2}m_2^2 \langle v_2^2 \rangle \right) \\
&= \frac{1}{m_1 + m_2}\left(m_1 \left\langle \frac{1}{2}m_1 v_1^2 \right\rangle + m_2 \left\langle \frac{1}{2}m_2 v_2^2 \right\rangle \right) \\
&= \frac{1}{m_1 + m_2}\left(m_1 \frac{3}{2}kT + m_2 \frac{3}{2}kT \right) \\
&= \frac{3}{2}kT
\end{aligned}$$

其中第三个等号使用了能量均分定理，每个原子各自的平动动能均值为 $\frac{3}{2}kT$。这个结果可以推广到多原子分子，所以理想气体状态方程同样适用于多原子分子气体。

能量均分定理指的不单单是各个原子的各部分能量均值为 $\frac{1}{2}kT$，它还具有更广泛的意义，实际上不同自由度上所分配的能量都为 $\frac{1}{2}kT$，不管这个自由度是何种类型能量的自由度。把多原子分子看成一个整体，它的能量 U 可以看成总体的平动动能 E_{tr}、转动能 E_{ro}、原子间的振动能 E_{vib} 和原子间的势能 E_p 这四部分之和：

$$U = E_{tr} + E_{ro} + E_{vib} + E_p$$

由于每部分能量都正比于 $NkT = PV$，因此 PV 正比于内能 U：

$$PV = (\gamma - 1)U \tag{1}$$

对于单原子分子，它没有转动能量和分子之间的振动能、势能，因此 $U=\frac{3}{2}kT$，故：

$$NkT = PV = (\gamma-1)U = (\gamma-1)\frac{3}{2}NkT$$

从而解得：

$$\gamma = \frac{5}{3}$$

二、绝热过程与绝热指数

之前推导声速时使用了空气的绝热和准静态过程的有关结论，在这里给出证明。根据式（1），空气内能为：

$$U = \frac{1}{\gamma-1}PV \tag{2}$$

在绝热过程中，空气与外界没有热传导，于是内能的改变量只能等于空气做的功：

$$\begin{aligned} PdV &= -dU \\ &= -\frac{1}{\gamma-1}d(PV) \\ &= -\frac{1}{\gamma-1}(PdV+VdP) \end{aligned} \tag{3}$$

其中第二个等号用到了内能 U 的表达式（2）。

将式（3）进一步化简得到：

$$\gamma PdV + VdP = 0$$

这个式子还可以写为：

$$\frac{dP/P}{dV/V} = -\gamma$$

所以 $-\gamma$ 可用于衡量绝热过程中，空气体积的相对改变量与所对应的压强相对改变量的比值，因此 γ 又被称为绝热压缩比。

将上述结果改写为：

$$\frac{\mathrm{d}P}{P} + \gamma \frac{\mathrm{d}V}{V} = 0$$

积分可以得到：

$$PV^{\gamma} = C$$

其中 C 表示不随绝热过程而改变的常数。γ 出现在了指数位置，因此又被称为绝热指数。相比之下，在等温过程中，$PV = NkT$ 为常数。当体积改变时，绝热过程的压强变化与等温过程的压强变化，两者所遵循的规律是不一样的。

进一步地，因为密度与体积成反比，所以在绝热过程中，有：

$$P \propto \rho^{\gamma}$$

根据声速公式：声速的平方等于绝热过程下压强对密度的导数，所以，声速为：

$$\sqrt{\left(\frac{\partial P}{\partial \rho}\right)_s} = \sqrt{\frac{\gamma P}{\rho}} = \sqrt{\frac{\gamma kT}{m}}$$

其中，下标 s 代表绝热过程。这正是当初得到的结果。

三、双原子分子气体绝热指数，自由度的冻结与量子力学的引出

空气中大部分是双原子分子，因此不能使用单原子分子气体的 $\gamma = \frac{5}{3}$ 代入声速公式。声速计算中用到的双原子分子气体的 γ 应该为 1.4。双原子分子一般具有平动动能、转动动能、振动动能和弹性势能。由于空间是三维的，分子的质心可以朝三个垂直的方向运动，因此平动动能有 3 部分，根据能量均分定理，其均值为 $\frac{3}{2}kT$；因为原子已经被看成质点，因此以双原子连线为轴的转动是不存在的，剩余只能绕垂直于双原子连线的 2 个方向转动，从而转动动能为 $2 \times \frac{1}{2}kT$；振动动能和弹性势能分别为 $\frac{1}{2}kT$，所以：

$$PV = (\gamma - 1)U$$
$$= (\gamma - 1)N\left(\frac{3}{2}kT + 2\times\frac{1}{2}kT + \frac{1}{2}kT + \frac{1}{2}kT\right)$$
$$= (\gamma - 1)\frac{7}{2}NkT$$

结合理想气体状态方程 $PV = NkT$，有：

$$\frac{7}{2}(\gamma - 1) = 1 \quad\Rightarrow\quad \gamma = \frac{9}{7} \neq 1.4$$

这个结果与声速计算要求的值不一致，难道能量均分定理失效了？问题究竟出在了哪里呢？经过尝试和研究最后发现，如果忽略内能中的振动动能和弹性势能，则有：

$$PV = (\gamma - 1)U$$
$$= (\gamma - 1)N\left(\frac{3}{2}kT + 2\times\frac{1}{2}kT\right)$$
$$= (\gamma - 1)\frac{5}{2}NkT$$

从而：

$$\frac{5}{2}(\gamma - 1) = 1 \quad\Rightarrow\quad \gamma = \frac{7}{5} = 1.4$$

这就与声速的测量值所对应的绝热指数值相一致了。可见，计算空气的内能时不应该计入双原子分子的振动动能和弹性势能。或者说，似乎这两个自由度被"冻结"了，不再参与能量均分的过程。这是为什么呢？这就是经典力学遇到的一个问题。虽然没有黑体辐射和迈克尔逊-莫雷实验那么出名，但是它确实需要等到量子力学提出后才能被完美解释。

根据量子力学，约束在一定体积内的空气，不论是它的平动动能、转动动能，还是振动动能、弹性势能，都取分立值，只不过平动动能与转动动能的分立值间隔非常小，以至于在室温能量下两者都可以看成连续取值，从而经典的能量均分定理对此依然适用。但是双原子分子的振动频率很高，导致它们的能量间隔很大，在室温下大部分振动动能和弹性势能都没有被激发，这些双原子分子绝大部分还处在基态。它们的第一激发态与

基态的能量差为:

$$\hbar\omega$$

其中 ω 是振动的固有角频率, $\hbar$ 是约化普朗克常数, 其值为 $\hbar = 1.05457 \times 10^{-34}$ J·s。分子处在第一激发态的概率与处在基态的概率的比值为:

$$e^{-\frac{\hbar\omega}{kT}}$$

当能量间隔大于 kT 时, 绝大部分双原子分子都处在基态, 于是能量均分定理不适用, 相应的这部分振动动能和弹性势能在计算内能时可以忽略不计。

[小 结]
Summary

这节课的内容, 展现出了物理学家第一次触摸到量子力学的过程。我们在经典力学框架之下进行的推导, 往往会用到连续性的假设, 但大自然告诉我们, 实际上世界是量子的, 我们之所以能用连续性假设计算出正确的结果, 是因为量子的分立性非常小, 大多时候不易观察到, 而绝热指数的问题把不易观察到的量子特性展现到我们面前了。我们之后会用量子力学处理双原子分子并研究它的比热, 到时候更能具体看到量子力学的推导与经典力学推导的不同, 展现出神奇的量子特性。

定容比热为何会随温度成阶梯状？
—— 探究双原子分子的比热问题[1]

摘要：本节将探究双原子分子的比热问题。介绍比热的概念，先推导单原子理想气体的比热，再利用能量均分定理推导双原子分子的比热，但与实验在室温下测得的数据不符。为了解释实验上观察到的定容比热随温度的阶梯变化，我们引入量子力学中分立能量的概念，以氢气与一氧化碳为例解释阶梯曲线。最后利用玻尔兹曼分布与谐振子能级，计算包含零点能的振动能平均能量，导出振动能对应的比热，与比热阶梯图在温度较高时的曲线变化一致。

在第五部分中我们将研究双原子分子原子核的运动，由于电子质量远远小于原子核的质量，分子中电子速度远远大于原子核速度，所以当研究氢分子的振动和转动时，可以把电子对原子核的作用以简单的有效势代替，与原子核之间的库仑力一起，组成总的有效势能，由于原子核振动幅度相对平衡距离很小，所以可将总有效势能在平衡位置附近做近似展开，解得包含振动与转动自由度的能级。

---

1. 本节内容来源于《张朝阳的物理课》第 28 讲视频。

　　除了前面提到的振动与转动这些关于相对运动部分的能级外，还有一个关于质心运动的整体的平动动能，这三种能级具有不同的量级，非常适合展示比热的量子效应。之前我们也讨论过使用经典力学方法导出的双原子分子气体绝热指数与实验不符合，因为分析气体内能与温度的关系时需要考虑量子力学，实际上，在热力学与统计力学中更能体现内能与温度关系的是物体的比热容，所以这节课将分别用经典力学与量子力学的方法计算比热容，并与实验进行对比，以突出量子力学在其中扮演的角色以及它的必要性。

一、经典力学的比热：比热依赖自由度，能量均分是基础

　　先来研究摩尔比热容问题。摩尔比热容是 1 mol 物质温度升高 1 K 所需的热量，分为定容比热容和定压比热容。在温度升高的前提下，前者要求物体体积不变，后者要求压强不变。一般升高温度时，为了保持压强不变，需要膨胀体积，物体对外做功会消耗内能，所以升高同样温度时，定压情况会比定容情况吸收更多的热量，即定压比热容一般会比定容比热容大。我们这里只考虑定容摩尔比热容，为了方便，统称为定容比热。

　　先来看单原子理想气体的比热情况。在温度为 T 时，根据能量均分定理，每个原子在每个自由度上具有 $\frac{1}{2}kT$ 的能量，其中 k 是玻尔兹曼常数。那么一个方向上的动能具有 $\frac{1}{2}kT$ 的能量，由于这里的理想气体是三维的，有三个方向，一共有 $\frac{3}{2}kT$ 的能量，那么 N 个原子组成的气体的总内能是：

$$U = \frac{3}{2}NkT$$

　　将粒子数 N 用摩尔数 n 与阿伏伽德罗常数 N_A 表示为 $N = nN_A$，则内能用摩尔数表示为：

$$U = \frac{3}{2}nN_AkT = \frac{3}{2}nRT$$

其中，$R = kN_A$ 为普适气体常数。那么摩尔数为 n 的气体升高 $\mathrm{d}T$ 温度时，内能升高 $\mathrm{d}U = \dfrac{3}{2}nR\mathrm{d}T$，所以 1 mol 物质温度升高 1 K 所需的热量，即单原子理想气体的定容比热，为：

$$C_V = \frac{\mathrm{d}U}{n\mathrm{d}T} = \frac{3}{2}R$$

讨论完单原子理想气体的比热后，继续研究双原子分子理想气体的比热问题。同样根据能量均分定理，双原子分子每个自由度上分配 $\dfrac{1}{2}kT$ 的能量，双原子分子有 3 个质心平动自由度，有 2 个转动自由度和 1 个振动自由度，除了动能自由度外，其振动对应的势能也可以储存能量，从而也贡献 1 个自由度，这样一共有 7 个自由度，那么单个分子的能量是 $\dfrac{7}{2}kT$，类似单原子分子的计算，也可以求得双原子分子理想气体的定容比热是：

$$C_V = \frac{\mathrm{d}U}{n\mathrm{d}T} = \frac{7}{2}R$$

遗憾的是，实验上测得的室温下双原子分子气体的定容比热并不是 $\dfrac{7}{2}R$，而是 $\dfrac{5}{2}R$。为什么会这样？悬念将在后面揭晓。

二、被"冻结"的自由度：转动振动逐级解冻 定容比热阶梯上升

双原子分子气体的定容比热是随温度变化的，变化曲线像阶梯一样，如下图所示。

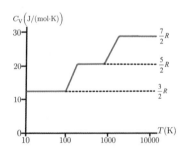

注：这个双原子分子阶梯图只是示意图，因为多数气体低温下凝结、高温下分解，此图的前提不成立。

　　要解释定容比热随温度的阶梯变化，就需要用到量子力学中能量分立的事实，以及玻尔兹曼分布的概念。设 N_0 为粒子出现在能级 0 上的概率，N_1 是粒子出现在能级 1 上的概率，g_0 是能级 0 的简并度（占据同一能级的量子态数目），g_1 是能级 1 的简并度，ΔE 是能级 1 与能级 0 的能量差，那么玻尔兹曼分布是指粒子在不同能级上分布的概率满足：

$$\frac{N_1}{N_0} = \frac{g_1}{g_0} e^{-\frac{\Delta E}{kT}}$$

　　若能级 0 为基态，由于能级能量在 e 指数上而且为负，粒子出现在某激发能级上的概率，随该能级能量的升高而快速下降。为了分析在室温下粒子处在激发态上的概率大小，我们将 kT 用波数表示出来大约为 200 cm^{-1}，如果要激发的自由度的能量 ΔE 对应的波数比这个大得多，那么出现在这个自由度对应的激发能级上的概率将会非常小，分配到这部分自由度的能量将明显减少，不再像能量均分定理所说的那样平均分配。

　　以一氧化碳为例，根据双原子分子转动能级角动量公式，激发其转动能对应的特征波数 B 大约为 1.8 cm^{-1}，比室温下的 kT 对应的波数要小得多，于是其转动能可以被比较完整地激发，满足能量均分定理。但激发一氧化碳振动能所对应的波数则远远大于室温下 kT 对应的波数，按照玻尔兹曼分布公式，粒子处在振动能激发态的概率会非常小，几乎都处于基态，其振动自由度被冻结，所以计算比热时可以忽略振动部分的 2 个自由度，从而室温下的比热的实验测定值就是 $\frac{5}{2}R$。

　　经过推导分析，不难理解比热随温度的阶梯性质。当温度较低时，kT 较小，只有三个自由度的质心平动能可以被完整激发，对应的比热是 $\frac{3}{2}R$。温度升高时，kT 逐渐变大，粒子出现在转动能激发态上的概率增加，越来越多的能量可以分配到转动能上，2 个转动自由度冻结解除，得到的比热就是 $\frac{5}{2}R$。当温度继续升高，以至于 kT 可以与振动能相比拟时，出现在振动激发态上的概率增大，最终振动能自由度也可以贡献比热，最

终得到的比热为 $\dfrac{7}{2}R$。这就解释了比热随温度呈现阶梯状，以及各平台对应的比热值。

三、统计方法计算振动热容：粒子指数布居，能级简并度相同

除了能量均分定理可以计算比热，我们还可以通过玻尔兹曼分布与量子力学能级计算比热，由于振动能级非常简单，以双原子分子理想气体为例，计算其振动自由度对应的比热。由于双原子分子能级的简并度只与角动量能级有关，故可证明角动量能级贡献的比热可以与振动能级贡献的比热分开计算，并且此时振动能级简并度为 1。根据振动能级的形式，气体分子能量服从玻尔兹曼分布，分子处在不同能级的粒子数为：

$$N_n \sim \mathrm{e}^{-\frac{n\hbar\omega}{kT}}$$

那么，双原子分子理想气体中，单个分子的能量期望值为：

$$\langle E \rangle = \frac{N_0 E_0 + N_1 E_1 + N_2 E_2 + \cdots}{N_0 + N_1 + N_2 + \cdots} = \frac{1}{2}\hbar\omega + \frac{\hbar\omega}{\mathrm{e}^{\frac{\hbar\omega}{kT}} - 1}$$

在温度较高，即 $kT \gg \hbar\omega$ 时，上述能量可以按照 $\dfrac{\hbar\omega}{kT}$ 展开为：

$$\langle E \rangle \approx \frac{1}{2}\hbar\omega + kT$$

可以求得振动自由度贡献的比热为：

$$C_V = \frac{\mathrm{d}(N\langle E \rangle)}{n\mathrm{d}T} = R$$

这与能量均分定理求得的 2 个振动自由度贡献的比热结果 $2 \times \dfrac{1}{2}R$ 一致，也与定容比热随温度升高的阶梯图平台值一致。

[**小 结**]
Summary

　　对比比热的经典力学计算方法和量子力学计算方法，可以发现在温度低时量子效应所导致的能量均分定理失效，正是经典力学计算结果不符合实际实验结果的原因。温度足够高的时候，某一自由度的能级间距相对于分布在该自由度的能量是非常小的，所以可以近似当成连续来处理，这时候能均分原理是有效的，此时经典力学计算出来的结果与量子力学的结果一致，且都符合实验结果。上述结论还告诉我们一个非常普遍的道理，即一般来讲，温度越低系统的量子效应越显著，经典力学的分析越容易失效。

▲

大气中氢气含量为何低？
—— 推导麦克斯韦速度分布律[1]

摘要：本节将探究玻尔兹曼分布，并以重力场和速度场为例进行讲解。通过建立空气密度、重力、温度、压差之间的关系，推导得到空气粒子数密度随重力势能的分布；利用速度各分量的独立性、各向同性、理想气体状态方程等，推导得到麦克斯韦速度分布律，体现粒子数密度随动能的分布。两者均符合玻尔兹曼分布。这些也为解释大气中氢气含量之低提供了一个物理的视角。

上一节课，我们利用玻尔兹曼分布，解释温度很低时自由度会被冻结，导致能量均分定理失效，最终得出比热容随温度的阶梯图。同时，在之后的章节中，计算粒子平均振动能以及普朗克黑体辐射时，也都用到了玻尔兹曼分布，足见其重要性与普遍性。本节将通过两个关于理想气体分布的具体计算实例，来直观呈现玻尔兹曼分布。

第一个例子是推导空气粒子数密度随重力势能的分布，推导结果表明它符合玻尔兹曼分布，其中玻尔兹曼分布的 e 指数上的能量是粒子的势能。

---

1. 本节内容来源于《张朝阳的物理课》第 29 讲视频。

第二个例子是推导理想气体粒子数密度随速度的分布，最终得到的麦克斯韦速度分布也符合玻尔兹曼分布，其中玻尔兹曼分布的 e 指数上的能量是粒子的动能。这表明玻尔兹曼分布的 e 指数上的能量可以是各种形式的能量，这个分布具有普适性。麦克斯韦速度分布律的推导是我们这节课的重点，我们将看到统计方法在推导过程中展现的强大威力。

一、玻尔兹曼分布：高处空气更稀薄？微分方程来建模

我们先来简单地回顾一下玻尔兹曼分布的内容，当温度为 T 时，粒子处在 i 能级上的概率为：

$$P_i \propto g_i e^{-\frac{E_i}{kT}}$$

其中 E_i 是 i 能级的能量，g_i 是 i 能级的简并度，k 是玻尔兹曼常数，另外符号"$\propto$"代表"正比于"的意思。上式中的概率乘以总粒子密度，就得到粒子密度随能级的分布，反之亦然，所以我们下文只讨论粒子密度的分布即可。

若空气粒子数密度随重力势能的分布符合玻尔兹曼分布，那么 e 指数上的能量 E_i 就应该是粒子的重力势能，接下来的具体计算表明正是如此。

我们将空气看成理想气体，设理想气体粒子质量为 m，温度为 T。现在需要求出，在重力加速度为 g 的重力场下，其粒子数密度 n 随高度 h 的变化。

在高度为 h 的地方，取一个底面积为 A，高度为 dh 的小层，则这层的体积为 Adh，一共有 $nAdh$ 个粒子，每个粒子受向下的重力 mg，则这层气体受到的向下的重力为 $mgnAdh$。另外，这层气体还受到上下两部分气体的压力，设上部分气体的压强为 $p+dp$，下部分气体的压强为 p，那么气体受到向上的推力为 $Ap-A(p+dp)=-Adp$，它必须与向下的重力 $mgnAdh$

相等才可以让这层气体受力平衡：

$$-A\mathrm{d}p = mgnA\mathrm{d}h$$

另外，将理想气体状态方程 $p = nkT$ 代入上式，然后消掉两边的 A，并将右边的 n 移到左边后两边进行积分，最终得到空气粒子数密度关于高度的分布：

$$n \sim \mathrm{e}^{-\frac{mgh}{kT}}$$

其中 mgh 正是气体在重力场下的势能，可见大气中的粒子数密度符合玻尔兹曼分布，并且高度越高，空气越稀薄。

二、麦克斯韦速度分布：各向同性定形式，总数和压强做归一

我们再举另外一个例子，同样也是理想气体，但此气体没有重力场等外场势能，只研究其中粒子在温度为 T 时的速度分布，该分布正是麦克斯韦速度分布。设一个微小的速度区间 $v_x \sim v_x + \mathrm{d}v_x$、$v_y \sim v_y + \mathrm{d}v_y$、$v_z \sim v_z + \mathrm{d}v_z$ 内的粒子数密度为：

$$f(v_x, v_y, v_z)\mathrm{d}v_x\mathrm{d}v_y\mathrm{d}v_z$$

由于理想气体中的粒子是各向同性的，所以粒子数密度的分布函数 $f(v_x, v_y, v_z)$ 与粒子速度的方向无关，只与速度的大小 $v = \sqrt{v_x^2 + v_y^2 + v_z^2}$ 有关，那么分布函数可以写为：

$$f(v_x, v_y, v_z) = f(v^2) \tag{1}$$

我们知道，理想气体中粒子之间无势能，而关于它们的碰撞也可以分解为相互独立的三个分量，那么我们可以合理假设粒子在三个方向上的速度分布是相互独立的，于是又可以将式（1）写成如下形式：

$$f(v^2) = g_x(v_x)g_y(v_y)g_z(v_z) \tag{2}$$

将上式等号两边取对数，可以将右边乘法变成加法：

$$\ln f(v^2) = \ln g_x(v_x) + \ln g_y(v_y) + \ln g_z(v_z) \tag{3}$$

然后求式（3）关于速度 x 分量、y 分量以及 z 分量的偏导，分别得到如下方程：

$$\frac{2v_x}{f}\frac{\mathrm{d}f}{\mathrm{d}(v^2)} = \frac{1}{g_x}\frac{\mathrm{d}g_x}{\mathrm{d}v_x}, \quad \frac{2v_y}{f}\frac{\mathrm{d}f}{\mathrm{d}(v^2)} = \frac{1}{g_y}\frac{\mathrm{d}g_y}{\mathrm{d}v_y}, \quad \frac{2v_z}{f}\frac{\mathrm{d}f}{\mathrm{d}(v^2)} = \frac{1}{g_z}\frac{\mathrm{d}g_z}{\mathrm{d}v_z}$$

联立上面三式可以得到：

$$\frac{1}{f}\frac{\mathrm{d}f}{\mathrm{d}(v^2)} = \frac{1}{2v_x g_x}\frac{\mathrm{d}g_x}{\mathrm{d}v_x} = \frac{1}{2v_y g_y}\frac{\mathrm{d}g_y}{\mathrm{d}v_y} = \frac{1}{2v_z g_z}\frac{\mathrm{d}g_z}{\mathrm{d}v_z}$$

由于其中的 g_x、g_y 与 g_z 函数只与对应的速度分量有关，而速度分量之间又是彼此独立的，那么上式只能等于一个与速度分量都无关的常数：

$$\frac{1}{2v_x g_x}\frac{\mathrm{d}g_x}{\mathrm{d}v_x} = \frac{1}{2v_y g_y}\frac{\mathrm{d}g_y}{\mathrm{d}v_y} = \frac{1}{2v_z g_z}\frac{\mathrm{d}g_z}{\mathrm{d}v_z} = -\alpha$$

容易解得 g_x、g_y 与 g_z 函数为：

$$g_x(v_x) = A_x \mathrm{e}^{-\alpha v_x^2}, \quad g_y(v_y) = A_y \mathrm{e}^{-\alpha v_y^2}, \quad g_z(v_z) = A_z \mathrm{e}^{-\alpha v_z^2}$$

另外，由于理想气体的各向同性，可以直接令各个速度分量的 g 函数都相同，即 $A_x = A_y = A_z \equiv A$。

将 g 函数带回 $f(v^2)$ 的表达式（2）中，最终可以得到粒子数密度关于速度的分布：

$$f(v_x, v_y, v_z) = f(v^2) = A^3 \mathrm{e}^{-\alpha(v_x^2 + v_y^2 + v_z^2)} \tag{4}$$

接下来，我们还需要计算积分常数 A 以及参数 α。将所有速度区间的粒子数密度加起来，可以得到理想气体的总粒子数密度 n：

$$\int_{-\infty}^{\infty}\int_{-\infty}^{\infty}\int_{-\infty}^{\infty} f(v_x, v_y, v_z)\mathrm{d}v_x \mathrm{d}v_y \mathrm{d}v_z = n$$

结合速度分布的表达式（4），可以计算得到 A 与 α 的关系：

$$A^3 = n\left(\frac{\alpha}{\pi}\right)^{\frac{3}{2}}$$

至于参数 α，则需要使用理想气体状态方程 $p = nkT$ 来处理，我们利

用粒子对 zy 平面的容器壁的碰撞来计算压强 p。将速度的 y 分量与 z 分量积分，可以得到速度 x 分量的分布，处在速度区间 $v_x \sim v_x + \mathrm{d}v_x$ 内的粒子数密度为：

$$\mathrm{d}n_x = \mathrm{d}v_x \int_{-\infty}^{\infty} \int_{-\infty}^{\infty} f(v_x, v_y, v_z) \mathrm{d}v_y \mathrm{d}v_z = g_x(v_x) \mathrm{d}v_x C \tag{5}$$

其中常数 $C = \int_{-\infty}^{\infty} \int_{-\infty}^{\infty} g_y(v_y) g_z(v_z) \mathrm{d}v_y \mathrm{d}v_z$。每个粒子碰撞容器壁后，$x$ 方向上的动量大小相等方向反向，改变量为原动量 x 分量的 2 倍大小。利用式（5）可以计算所有向 x 正方向碰撞容器壁产生的压强：

$$p = nkT = \int_0^{\infty} 2mv_x v_x \mathrm{d}n_x = \frac{1}{2} mAC \sqrt{\pi} \frac{1}{\alpha^{3/2}} \tag{6}$$

为了继续化简，将总粒子数密度 n 表达为 x 方向上的积分，继续利用式（5）以及 g 函数的表达式可计算得到：

$$n = \int_{-\infty}^{\infty} \mathrm{d}n_x = AC \sqrt{\frac{\pi}{\alpha}}$$

接着将上述 n 的表达式代入式（6）中，化简便可得到 α 的表达式：

$$\alpha = \frac{m}{2kT}$$

最后将 A 与 α 的表达式代回式（4），得到麦克斯韦速度分布公式：

$$f(v_x, v_y, v_z) = n(\frac{m}{2\pi kT})^{\frac{3}{2}} \mathrm{e}^{-\frac{m(v_x^2 + v_y^2 + v_z^2)}{2kT}}$$

若想进一步将麦克斯韦速度分布化为关于速度大小的表达式，可参见球坐标系体积元与直角坐标系体积元关系的详细推导那一节，这节课直接写出速率分布的表达式为：

$$g(v) = 4\pi f(v_x, v_y, v_z) v^2 = 4\pi n(\frac{m}{2\pi kT})^{\frac{3}{2}} v^2 \mathrm{e}^{-\frac{mv^2}{2kT}}$$

观察麦克斯韦速度分布公式，注意到 e 指数上除 kT 之外就是粒子的动能，这说明此分布也符合玻尔兹曼分布，在速度较大的区域，粒子数密度按指数规律随粒子动量的增加而减少。另外，根据麦克斯韦速度或速率分布公式，当温度 T 高的时候，可以明显看出速度较高的粒子数密度增大，表明粒子运动得越剧烈，这正符合我们传统对温度的认识，即它在微观上来讲描述的是物体分子热运动的剧烈程度。

三、氢气在大气中为何少？ 利用麦克斯韦速度分布律推导解释

接下来我们从物理学的角度，利用麦克斯韦速度分布解释氢气为何在大气中那么少。

根据前面计算的粒子数密度关于高度的分布，由于氢气分子质量相比空气中其他分子的质量要小得多，所以其粒子数密度随高度衰减得没那么快，从而氢气可以爬得更高，再根据麦克斯韦速度分布律公式，氢气分子质量小还会导致它在速度较大的情况下仍有可观的分布，部分粒子的速度，可以超过第一宇宙速度甚至第二宇宙速度，从而逐渐逃逸，离开地球。这样氢气在大气中的含量就非常少了。

当然，这只是看待该问题的一个角度。实际上，从化学上讲，氢较为活泼，容易形成水等许多化合物，从而以其他形式相对固定地存在于地球上，也减少了它以单质形式存在于大气中的量。实际上，用原子质量较小但化学上更具惰性的氦气作为例子，可以更好地体现这一物理规律的影响。

[**小 结**]
Summary

本节中的两个例子都符合玻尔兹曼分布，其中一个例子的e指数上的能量是粒子的势能，而另一个则是粒子的动能，

可见玻尔兹曼具有普适性。这节课最大的工作量在于麦克斯韦速度分布律的推导，实际上理想气体是通过其微观粒子的大量碰撞而达到平衡状态，从而形成稳定的速度分布，但我们的推导过程并没有从复杂的微观的粒子碰撞入手，而是仅仅通过统计方法以及体系的对称性直接推导出了描述微观粒子运动的麦克斯韦速度分布律。这令人惊叹的推导也告诉我们，看待事物可以多角度去观察思考，有时会有意想不到的效果。

▲

第四部分

黑体辐射问题

黑体辐射、瑞利–金斯公式的推导
第一部分[1]

摘要：辐射阻尼怎么计算？本节我们介绍牛顿定律在经典力学里的广泛应用，并介绍经典力学史的"两朵乌云"。

为了更清楚地认识经典力学的困境，需要先了解黑体辐射。将黑体看成许多谐振子的集合，由于加速运动的电荷会辐射电磁波，带电粒子除了受到偏离平衡位置时的束缚力外，还会受到辐射反冲力的作用，最终做阻尼振动。我们可以先写出阻力与速度成正比的阻尼运动方程，通过计算黑体中谐振子单位时间辐射的能量，推导出系统的能量衰减方程，说明辐射阻尼作用可等效地看成阻力与速度成正比的阻尼作用，并求出等效的阻尼系数的表达式。

阻尼振动

我们之前已求解了自由谐振子的运动方程，得到了简谐振动。但实际

---

1. 本节内容来源于《张朝阳的物理课》第 8 讲视频。

上更普遍的是，谐振子除了受到与距离 x 成正比的回复力 $-kx$ 之外，还会受到与其速度方向相反的阻力，这时其运动不再是简谐振动而是阻尼振动。例如钟摆振荡时会受到空气阻力，振动的琴弦最终也会因为空气阻力而停下。假设阻尼大小与速度大小成正比，比例系数为 γm（m 是物体的质量），那么由牛顿定律描述的阻尼运动方程是：

$$m\frac{\mathrm{d}^2x}{\mathrm{d}t^2} = -kx - \gamma m\frac{\mathrm{d}x}{\mathrm{d}t}$$

类比谐振子的解法，假设其解具有如下形式：

$$x = x_0\mathrm{e}^{\mathrm{i}\omega t}$$

代入阻尼方程可得到简单的代数方程：

$$\omega^2 - \mathrm{i}\gamma\omega - \omega_0^2 = 0$$

（其中 $\omega_0 = \sqrt{\dfrac{k}{m}}$ ，为谐振子的固有频率）

解上述代数方程便可得到 ω 的值：

$$\omega = \frac{1}{2}\gamma\mathrm{i} \pm \sqrt{\omega_0^2 - \frac{\gamma^2}{4}}$$

最后将 ω 的表达式带回形式解 $x = x_0\mathrm{e}^{\mathrm{i}\omega t}$ 中，得到阻尼方程的解：

$$x = x_0\mathrm{e}^{-\frac{1}{2}\gamma t}\mathrm{e}^{\pm\mathrm{i}\sqrt{\omega_0^2 - \frac{\gamma^2}{4}}t}$$

可以看出，该模型以一种比 ω_0 稍小一点的频率振动。

我们以空气中振动的钟摆来展示此解的特性。钟摆受到的空气阻力非常小，相比于固有频率 ω_0 其阻尼系数 γ 可忽略不计，也就是钟摆按照其固有频率 ω_0 振荡，但由于振幅中包含因子 $\mathrm{e}^{-\frac{1}{2}\gamma t}$，所以钟摆的振动幅度随时间指数衰减。阻尼振动振幅越来越小，说明振动过程中有能量损失。根据谐振子能量与振幅 A 的关系：

$$E = \frac{1}{2}m\omega_0^2 A^2$$

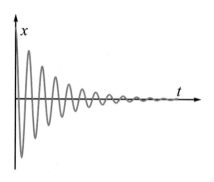

▲ 手稿
Manuscript

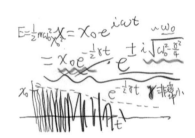

可以求得阻尼过程中能量随时间的变化：

$$E = \frac{1}{2} m\omega_0^2 x_0^2 \mathrm{e}^{-\gamma t}$$
$$= E_0 \mathrm{e}^{-\gamma t}$$

（其中 $E_0 = \frac{1}{2} m\omega_0^2 x_0^2$ ，可理解为初始时刻的能量。）

可以看出，能量也随时间指数衰减，并且满足方程：

$$\frac{\mathrm{d}E}{\mathrm{d}t} = -\gamma E$$

这说明阻力与速度成正比的阻尼振动，单位时间能量的衰减与能量的大小成正比。

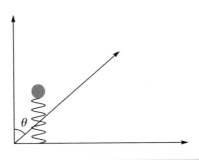

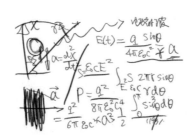

求解阻尼方程并进行讨论

19 世纪末 20 世纪初，物理学上空出现了"两朵乌云"。第一朵乌云，是迈克尔逊-莫雷实验的结果和以太漂移说相矛盾；第二朵乌云，则与今天要研究的黑体辐射有关，它主要是指：经典物理学导出的瑞利-金斯公式表明随着波长变短，黑体辐射强度可以不停地增加到无穷大，这显然与实验不符。

为了更清晰地阐述第二朵乌云，我们先尝试在经典力学框架下研究黑体辐射。黑体是一个理想化的物体，它能吸收外来的全部电磁波，并且不会有反射和透射，但这不代表它不能放出电磁波。

我们可以用谐振子模型来简单地描述黑体的辐射：假设黑体里的带电粒子偏离平衡位置时受到的约束力与偏离平衡位置的距离成正比，且方向指向平衡位置。由于振动的带电粒子做的是加速运动，所以会向外辐射电磁波，而电磁波是携带走能量的，那么带电粒子的谐振子系统的能量自然就会减少，因此带电粒子并不像自由谐振子那样运动。

下面我们详细讨论这个模型。我们考虑一个电子，它在振动的同时辐射电磁波。电子的加速为 $a=\dfrac{\mathrm{d}^2x}{\mathrm{d}t^2}=\omega^2x_0\mathrm{e}^{i\omega t}$，则它的电场为：

$$E(t)=\frac{q}{4\pi\varepsilon_0c^2}\frac{\sin\theta}{r}a$$

再利用之前我们所得到的平均能流公式 $S=\dfrac{1}{2}c\varepsilon_0E_{\max}^2$ （注意，此公式我们已经考虑了平均，如果不考虑平均，也可将此式写成 $S=c\varepsilon_0E^2$，再做平均后，仍会得到相同结果），并对全空间积分得：

$$
\begin{aligned}
\langle P\rangle &=\int\frac{1}{2}E^2\varepsilon_0c\cdot 2\pi r^2\sin\theta\mathrm{d}\theta\\
&=\frac{q^2\omega^4x_0^2}{16\pi\varepsilon_0c^3}\int\sin^3\theta\mathrm{d}\theta\\
&=\frac{q^2\omega^4x_0^2}{12\pi\varepsilon_0c^3}
\end{aligned}
$$

此处 $\langle P\rangle$ 表征了体系中能量的流失，数值上等于能量随时间变化的大小，即 $\dfrac{\mathrm{d}E}{\mathrm{d}t}$。对比刚才我们在阻尼振动模型中得到的 $\dfrac{\mathrm{d}E}{\mathrm{d}t}=-\gamma E=\dfrac{1}{2}\gamma m\omega_0^2x_0^2$。可以看出，能量的衰减都是与 x_0^2 成正比。这证明我们利用阻尼振动模型描述电磁波的辐射是合理的。进一步，我们可得出 $\gamma=\dfrac{q^2\omega^2}{6\pi\varepsilon_0c^3m}$。

可以看出，能有如此好的结果离不开振幅 A 的表达式中含有指数函数，而指数函数有一个非常好的性质就是它的导数还等于自身，这保证了我们可以得出 $E=E_0\mathrm{e}^{-\gamma t}$ 与 $\dfrac{\mathrm{d}E}{\mathrm{d}t}=-\gamma E$ 这两个重要关系。

[小 结]
Summary

本节首先在简谐振子的基础上，介绍了稍复杂的阻尼振动及其系统能量随时间的变化。并进一步讲解了辐射阻尼。

通过对比能量随时间的改变量印证了利用阻尼振动模型描述辐射阻尼模型的合理性。同时本节内容也为后续讲解黑体辐射与瑞利–金斯公式打下理论基础。

相比于瑞利这样的大物理学家，金斯稍显暗淡，但每一位对科学做出贡献的人，都不应被忘记。詹姆斯·金斯（James Jeans，1877—1946）英国物理学家，天文学家，数学家。曾在剑桥大学与普林斯顿大学任教。除了瑞利–金斯公式以外，他还发现了金斯长度（Jeans Length）与金斯逃逸（Jeans Escape）。

瑞利–金斯公式推导第二部分，及普朗克修正、黑体辐射公式[1]

摘要：在上一节求解阻尼运动的基础上，本节将进一步求解周期外电场下阻尼运动的方程，并求出单位时间内谐振子辐射的平均能量，结合能量均分定理求得瑞利–金斯公式，但此公式在高频区与实验不符合。最后按照普朗克提出的量子化假设条件，得到了与实验相符的黑体辐射公式（Planck's law）。

一、求解外周期电场驱动下的谐振子辐射能量

上一节探讨了无外力驱动情况下的阻尼振动方程。由于阻尼力导致系统能量衰减，振幅也随之衰减。经证明，辐射阻尼可以等效成与速度成正比的阻尼，在此基础上考虑系统受到周期外驱动力的情况。黑体仍然与上节一样被视为固有频率为 ω_0 的谐振子的集合，但与上一节有所不同的是，现在将黑体处在频率为 ω、振幅为 E_0 的周期电场 E 的环境中，电场随时间变化的具体表达式为：

$$E = E_0 e^{i\omega t}$$

---

1. 本节内容来源于《张朝阳的物理课》第 9、11 讲视频。

黑体中的带电谐振子会受到电场力 qE 的驱动进行受迫振动，由牛顿第二定律可得其运动方程为：

$$m\frac{\mathrm{d}^2 x}{\mathrm{d}t^2} = -m\omega_0^2 x - \gamma m\frac{\mathrm{d}x}{\mathrm{d}t} + qE$$

我们知道在没有外力的情况下，它会按照其固有频率振动。当考虑阻尼振动时，它是以类似"衰减"的方式继续振荡。我们猜测当这里再加上第三项电场的贡献之后，会不会还是以某种方式振荡呢？我们不妨先大胆猜测一下，然后再小心求证。

先假设方程的解具有如下形式：

$$x = \hat{x}_0 e^{\mathrm{i}\omega t}$$

代入运动方程，得到简单的代数方程：

$$\hat{x}_0\left(\omega_0^2 - \omega^2 + \mathrm{i}\gamma\omega\right) = \frac{qE_0}{m}$$

最终解得复振幅为：

$$\hat{x}_0 = \frac{qE_0}{m}\frac{1}{\omega_0^2 - \omega^2 + \mathrm{i}\gamma\omega}$$

可以发现与之前无阻尼的受迫振动不同，现在的振幅是个复数。为了看清复振幅的含义，将复数振幅用其模 x_0 与辐角 α 表示为：

$$\hat{x}_0 = x_0 e^{\mathrm{i}\alpha}$$

代回原来谐振子的解中，可以清楚地看到谐振子仍然是个简谐运动，振幅为 x_0；而辐角 α 的存在只是使谐振子的振动与外电场的振动之间有个相位差。另外，根据上述表达式，也可以轻松求得实振幅 x_0 的平方：

$$x_0^2 = \hat{x}_0\hat{x}_0^* = \left(\frac{qE_0}{m}\right)^2\frac{1}{\left(\omega_0^2 - \omega^2\right)^2 + \gamma^2\omega^2}$$

其中 * 号表示复共轭。这个谐振子做的是加速运动，会辐射电磁波。谐振子的加速度为：

$$a = \frac{\mathrm{d}^2 x}{\mathrm{d}t^2} = \frac{\mathrm{d}^2}{\mathrm{d}t^2}\mathrm{Re}\left(x_0 e^{\mathrm{i}\alpha}e^{\mathrm{i}\omega t}\right) = -\omega^2 x_0 \cos(\omega t + \alpha)$$

注：Re 代表取实部。

利用上节导出的辐射电磁波能量与加速度的关系式，可以求得在频率为 ω、振幅为 E_0 的周期电场 E 的作用下，谐振子单位时间辐射出的平均能量为：

$$\langle P\rangle = \frac{q^2}{6\pi\varepsilon_0 c^3}\langle a^2\rangle = \frac{q^2\omega^4}{12\pi\varepsilon_0 c^3}\left(\frac{qE_0}{m}\right)^2\frac{1}{\left(\omega_0^2-\omega^2\right)^2+\gamma^2\omega^2}$$

利用光强 I 与电场的关系，以及电子经典半径 r_0 的表达式，可以将单位时间辐射的能量 $\langle P\rangle$ 表达成更简单的形式：

$$\langle P\rangle = I(\omega)\frac{8\pi}{3}r_0^2\frac{\omega^4}{\left(\omega_0^2-\omega^2\right)^2+\gamma^2\omega^2}$$

注：其中 $I(\omega)=\frac{1}{2}\varepsilon_0 cE_0^2$，是频率为 ω 的周期电场的光强，虽然我们的推导是在某一偏振方向得到的，但若将 $I(\omega)$ 看成包含所有偏振的强度，那么 $\langle P\rangle$ 也包含了所有偏振的电磁辐射；而 $r_0=\frac{q^2}{4\pi\varepsilon_0 mc^2}$，若 q 为电荷 e，则 r_0 是经典电子半径，可以用来度量电荷与电磁波的散射截面。

当外加电磁场频率 ω 达到共振频率 ω_0 时，单位时间辐射的能量会趋于无穷大。而现在考虑辐射阻尼后，共振时单位时间辐射的能量就不会趋于无穷大了。但因为 γ 很小，所以若将辐射能量 $\langle P\rangle$ 与外电磁场频率 ω 的函数关系画出来，仍然可以明显看出在频率 $\omega=\omega_0$ 附近有个极高的共振峰。

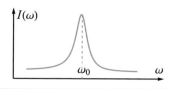

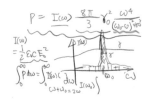

计算谐振子单位时间辐射的能量

上述讨论只考虑了外电场只有单个频率的情况，若光强 $I(\omega)$ 随频率 ω 有一个分布，由于不同频率的光之间的相位差是随机的，所以谐振子辐射的总能量是将所有频率的能量加起来：

$$
\begin{aligned}
P_t &= \int_0^\infty \langle P \rangle \mathrm{d}\omega \\
&= I(\omega_0) \int_0^\infty \frac{8\pi}{3} r_0^2 \frac{\omega^4}{\left(\omega_0^2 - \omega^2\right)^2 + \gamma^2 \omega^2} \mathrm{d}\omega \\
&= I(\omega_0) \int_0^\infty \frac{8\pi}{3} r_0^2 \frac{\omega^4}{\left(\omega_0 - \omega\right)^2 \left(\omega_0 + \omega\right)^2 + \gamma^2 \omega^2} \mathrm{d}\omega \\
&= \frac{2}{3} \pi r_0^2 I(\omega_0) \int_0^\infty \frac{\omega^2}{\left(\omega_0 - \omega\right)^2 + \dfrac{\gamma^2}{4}} \mathrm{d}\omega \\
&= \frac{2}{3} \pi r_0^2 \omega_0^2 I(\omega_0) \int_0^\infty \frac{1}{\left(\omega_0 - \omega\right)^2 + \dfrac{\gamma^2}{4}} \mathrm{d}\omega \\
&= \frac{2}{3} \pi r_0^2 \omega_0^2 I(\omega_0) \int_{-\infty}^\infty \frac{1}{\left(\omega_0 - \omega\right)^2 + \dfrac{\gamma^2}{4}} \mathrm{d}\omega \\
&= \frac{4}{3} \pi^2 r_0^2 \omega_0^2 \frac{I(\omega_0)}{\gamma}
\end{aligned}
$$

注：由于辐射阻尼系数 γ 非常小，被积函数基本上集中在共振峰 $\omega = \omega_0$ 附近，整个积分可近似用 $\omega = \omega_0$ 附近的积分替代，所以第二个等号中光强分布 $I(\omega)$ 可以直接用 $I(\omega_0)$ 替换，第四个等号与第五个等号中的 ω 也可以替换成 ω_0。另外基于同样道理，倒数第二个等号可把积分区间放宽到负无穷而不影响积分的主要结果。

二、能量均分定理与瑞利-金斯公式

仔细探寻辐射电磁波的能量来源，会发现谐振子受到的辐射反冲力对谐振子做负功，相当于谐振子的能量通过辐射阻尼转化为辐射出去的电磁波能量。于是单位时间由于辐射阻尼导致谐振子能量 E_t 的减少量，等于单位时间辐射出去的能量 $\langle P_t \rangle$：

$$
\frac{\mathrm{d}E_t}{\mathrm{d}t} = -\langle P_t \rangle
$$

另外，上一节也证明了，某一频率 ω 简谐振动下的谐振子由于阻尼导致的能量 E_ω 衰减率与能量的关系为：

$$\frac{\mathrm{d}E_\omega}{\mathrm{d}t} = -\gamma E_\omega$$

由于这里不同频率的外电磁波之间的相位是随机的，所以谐振子的能量 E_t 是不同频率能量 E_ω 的直接叠加，因此也满足上述衰减率与能量的关系式，由此可以得到单位时间辐射出去的能量与谐振子能量的关系：

$$\langle P_t \rangle = -\frac{\mathrm{d}E_t}{\mathrm{d}t} = \gamma E_t$$

接下来考虑黑体与周围电磁波环境达到温度为 T 的热平衡的情况。此时黑体与周围电磁波环境都不再发生变化，由于黑体对入射的电磁波不会有反射和透射，那么黑体辐射与黑体对环境电磁波的吸收达到平衡，所以此时环境光强分布 $I(\omega)$ 也正是温度为 T 的黑体辐射。

根据能量均分定理，黑体中一个谐振子的每一自由度都拥有 $\frac{1}{2}kT$ 的能量，由于谐振子是三维的，它可以朝三个相互垂直的方向独立振动，在某一方向上具有一个自由度的振动动能和一个自由度的振动势能，即一个方向上谐振子有 2 个关于振动的自由度，那么三个垂直的方向共有 $2\times3=6$ 个振动自由度，于是单个谐振子在温度 T 时具有的平均能量为 $E_t=6\times\frac{1}{2}kT=3kT$，联立前面导出的辐射能与谐振子能量的关系式 $\langle P_t \rangle = \gamma E_t$ 以及刚刚推导出的 $\langle P_t \rangle$ 的表达式 $\langle P_t \rangle = \frac{4}{3}\pi^2 r_0^2 \omega_0^2 \frac{I(\omega_0)}{\gamma}$ 可以得出：

$$\langle P_t \rangle = \gamma E_t = \frac{4}{3}\pi^2 r_0^2 \omega_0^2 \frac{I(\omega_0)}{\gamma}$$

可以解得 $I(\omega_0)$：

$$I(\omega_0) = \frac{9}{4\pi^2}\frac{\gamma^2}{r_0^2 \omega_0^2}kT$$

为了进一步化简，我们需要用到上一节课求得的辐射阻尼系数的表达式：

$$\gamma = \frac{2}{3}\frac{r_0}{c}\omega_0^2$$

将此表达式代入 $I(\omega_0) = \frac{9}{4\pi^2}\frac{\gamma^2}{r_0^2\omega_0^2}kT$ 的表达式中，最终可以得到描述黑体辐射的公式：

$$I(\omega) = \frac{\omega^2}{\pi^2 c^2}kT$$

注：这里将 ω_0 换成了 ω，因为原则上可以随意选择不同固有频率 ω_0 的谐振子构成的黑体模型进行讨论，并且最终的黑体辐射 $I(\omega)$ 与具体的黑体模型无关。

上式就是著名的瑞利-金斯公式。它在低频区与实验结果符合得非常好，但在高频区与实验符合得很不理想。根据瑞利-金斯公式，单位时间内包含的所有频率的总辐射能是无穷大，这就是所谓的"紫外灾难"，是经典物理学中"两朵乌云"的其中一朵，这也暗示着黑体辐射并不能完全用经典物理学来解释，因而需要新的物理理论对其进行解释。

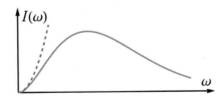

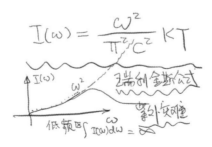

▲ 手稿
Manuscript

三、能量的分立性与普朗克黑体辐射公式

普朗克指出，瑞利-金斯公式的问题在于假设了谐振子的平均能量为 kT。普朗克假设能量不是连续的，而是分立的，其间隔为 $\hbar\omega$，其中 ω 是谐振子的固有频率，$\hbar$ 是普朗克常数 h 除以 2π。普朗克常数 $h = 6.62607 \times 10^{-34} \, \text{J} \cdot \text{s}$ 是普朗克发现的用来表征量子力学分立性的一个量，在量子力学中有着重要地位。

$$E_3 = 3\hbar\omega \quad \text{————————}$$

$$E_2 = 2\hbar\omega \quad \text{————————}$$

$$E_1 = \hbar\omega \quad \text{————————}$$

$$E_0 = 0 \quad \text{————————}$$

▲手稿 Manuscript

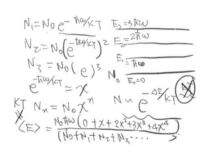

谐振子能量的分立性

根据玻尔兹曼分布我们知道气体分子的数目 N 和能量有关：

$$N_n \propto e^{-\frac{E_n}{kT}}$$

普朗克这里也做了这样一个假定，并结合能量取分立值 $E_n = n\hbar\omega$（n 是非负整数），便可以得到：

$$N_1 = N_0 e^{-\frac{\hbar\omega}{kT}}$$

$$N_2 = N_0(e^{-\frac{\hbar\omega}{kT}})^2$$

$$N_3 = N_0(e^{-\frac{\hbar\omega}{kT}})^3$$

.

.

.

$$N_n = N_0(e^{-\frac{\hbar\omega}{kT}})^n$$

可以看出，随着 E_n 的升高，N_n 是在衰减的。当我们知道了处在能量 E_n 上的谐振子数目为 N_n 后，就可以求得一个谐振子的平均能量：

$$\langle E \rangle = \frac{N_0E_0 + N_1E_1 + N_2E_2 + \cdots}{N_0 + N_1 + N_2 + \cdots}$$

如果我们令 $x \equiv e^{-\frac{\hbar\omega}{kT}}$，那么上式子的分母可以写成：

$$N_0 + N_1 + N_2 + N_3 + \cdots = N_0(1 + x + x^2 + x^3 + \cdots)$$

利用数学关系 $1 + x + x^2 + x^3 + \cdots = \dfrac{1}{1-x}$，分母便等于 $N_0\dfrac{1}{1-x}$。进一步令 $y \equiv 1 + x + x^2 + x^3 + \cdots$ 可以看出分子可以写成如下形式：

$$N_0E_0 + N_1E_1 + N_2E_2 + \cdots = N_0\hbar\omega x\frac{dy}{dx} = N_0\hbar\omega x\frac{d}{dx}(\frac{1}{1-x})$$

最后得到：

$$\langle E \rangle = \frac{N_0\hbar\omega x\dfrac{d}{dx}(\dfrac{1}{1-x})}{N_0\dfrac{1}{1-x}}$$

$$= \frac{\hbar\omega}{e^{\frac{\hbar\omega}{kT}} - 1}$$

如果将经典物理学推导黑体辐射过程中所使用的谐振子平均能量 kT，换成分立能级导出的平均能量 $\langle E \rangle$，那么瑞利-金斯公式将变成著名的普朗克黑体辐射公式：

$$I(\omega) = \frac{\hbar}{\pi^2 c^2} \frac{\omega^3}{e^{\frac{\hbar\omega}{kT}} - 1}$$

与瑞利-金斯公式不同的是，普朗克黑体辐射公式在高频与低频区都与实验符合得非常好。当频率增大时，分母会比分子增大得快很多，最终在高频区辐射强度下降并最终趋于 0，不再有瑞利-金斯公式中的"紫外灾难"。这也说明了微观能量具有分立性的假设是正确的。

进一步我们还可以证明，当 $\omega \ll kT$ 时，瑞利-金斯公式可以回到普朗克黑体辐射公式：

当 $\omega \ll kT$ 时，$e^{\frac{\hbar\omega}{kT}}$ 可以被展开为

$$e^{\frac{\hbar\omega}{kT}} = 1 + \frac{\hbar\omega}{kT} + \cdots$$

忽略高阶项之后将其代入普朗克黑体辐射公式便得到：

$$I(\omega) = \frac{\hbar}{\pi^2 c^2} \frac{\omega^3}{e^{\frac{\hbar\omega}{kT}} - 1} \approx \frac{\hbar\omega^3}{\pi^2 c^2} \frac{kT}{\hbar\omega} = \frac{\omega^2 kT}{\pi^2 c^2}$$

这正是我们刚才得到的瑞利-金斯公式。

[小 结]
Summary

本节通过周期外电场下阻尼运动的方程，介绍了瑞利-金斯公式。而瑞利-金斯公式却给物理带来了"紫外灾难"。为了处理这一问题，普朗克天才般地提出了量子化思想，并利用正确的黑体辐射公式解决了"紫外灾难"这一难题。可以说从连续走向量子化，这是物理学史上一次重要的飞跃，也掀起了长达百年的"量子热"。无论是后来的量子场论，

或者规范场论甚至是今天的弦理论，圈量子理论都与之有着直接或者间接的关联。

马克斯·普朗克（Max Planck，1858—1947），德国物理学家，于 1900 年提出普朗克黑体辐射定律。以发现能量量子化获得 1918 年度的诺贝尔物理学奖。德国久负盛名的科研机构威廉皇帝学会在 1947 年为纪念前一年过世的普朗克而更名为马克斯·普朗克研究所（Max Planck Institutes）。目前该所一共有 86 家下属研究所，主要分布在德国境内，每年都产出大量顶级科研成果，在现代科学发展中扮演着重要角色。

▲

从普朗克黑体辐射公式
看维恩位移定律[1]

摘要：在上一小节，我们得到了历史上著名的普朗克黑体辐射公式。本小节我们将利用这一结果，推导维恩位移定律（Wien's displacement law），并用其估算太阳的表面温度。

一、再探普朗克黑体辐射

上一小节，我们推导了瑞利-金斯公式，并指出该公式在低频区与实验符合得较好，但在高频区却带来了"紫外灾难"。之后我们借助普朗克的量子化假设，介绍了与实验符合度很好的普朗克黑体辐射公式。那么在利用能量的分立性推导普朗克黑体辐射公式的基础上，我们可以看看经典物理学的两朵乌云之一即"紫外灾难"是如何在新理论下消散的，进而画出太阳作为黑体所发射的电磁波强度随圆频率的分布函数 $I(\omega)$，以及可见光的区域。可见光的频率在 380 THz ~ 750 THz 之间，见下图阴影部分：

---

1. 本节内容来源于《张朝阳的物理课》第 10 讲视频。

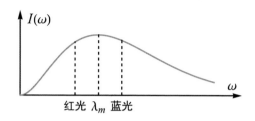

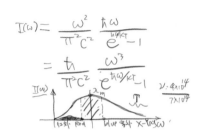

用普朗克黑体辐射公式讨论可见光的波长

　　可以发现，可见光所在的区域处在太阳辐射谱中最大值的附近，越远离可见光的区域，辐射功率越小。这是因为先有太阳才有地球进而才有我们人类以及我们的眼睛，而对可见光更敏感的人更能利用该频段的光来获取周围的环境信息从而趋利避害。久而久之，这部分对可见光更敏感的人会更多地存活下来，并把自己的基因传给后代。而不太擅长利用这部分"光"的那部分"人"便被自然所淘汰。这里进一步问，如果有人对极高频或者极低频的光很敏感，那么他们是否在自然中占有优势？虽然看起来他们像是"特长生"，但无奈极高和极低频的光本身辐射功率很低，正所谓"巧妇难为无米之炊"，他们可用的资源本身就是劣势。这其中颇有一点自然选择的味道。

　　相比高温的太阳，相对低温的人体也会有黑体辐射，只不过大多在红外区，而在可见光区域辐射功率是非常之低的。因此在没有光的地方，我们的眼睛是看不见其他人的（在阳光下我们可以看见实物，是由于实物的反射光），而夜视镜在黑夜中仍能捕捉到人或事物的踪迹，也是因为其特殊的构造刚好能捕捉红外波段的辐射。

二、推导维恩位移定律

前小节导出的黑体辐射强度的自变量是圆频率，现在希望将自变量从圆频率 ω 换成波长 λ，得到辐射强度随辐射波长 λ 的分布 $I'(\lambda)$。利用圆频率与波长的关系 $\omega = \dfrac{2\pi c}{\lambda}$，可以知道波长的一个微小区间 $d\lambda$，对应的圆频率区间 $d\omega$ 具有如下关系：

$$d\omega = d\left(\frac{2\pi c}{\lambda}\right) = -\frac{2\pi c}{\lambda^2}d\lambda$$

那么波长 λ 在 $d\lambda$ 区间内的总光强就等于圆频率 ω 在 $\dfrac{2\pi c}{\lambda^2}d\lambda$ 区间的总光强，由此可以得到波长分布 $I'(\lambda)$ 与圆频率分布 $I(\omega)$ 之间的关系：

$$I'(\lambda)d\lambda = I(\omega)\frac{2\pi c}{\lambda^2}d\lambda = I\left(\frac{2\pi c}{\lambda}\right)\frac{2\pi c}{\lambda^2}d\lambda$$

代入普朗克黑体辐射关于圆频率的表达式：

$$I\left(\omega = \frac{2\pi c}{\lambda}\right) = \frac{\hbar}{\pi^2 c^2}\frac{(\frac{2\pi c}{\lambda})^3}{e^{\frac{\hbar\omega}{kT}}-1}$$

就能求得黑体辐射强度随波长的分布：

$$\begin{aligned}
I'(\lambda) &= \frac{\hbar}{\pi^2 c^2}\frac{\left(\dfrac{2\pi c}{\lambda}\right)^3}{e^{\frac{2\hbar\pi c}{\lambda kT}}-1}\frac{2\pi c}{\lambda^2}\\
&= \frac{8\pi(kT)^5}{h^4 c^3}\frac{x^5}{e^x-1}
\end{aligned}$$

注：为了之后的方便推导，第二个等号中令 $x = \dfrac{2\pi\hbar c}{\lambda kT} = \dfrac{hc}{\lambda kT}$。

不同的温度会有不同的辐射强度分布，但黑体辐射分布只有一个峰，呈现鼓包状，辐射分布取得峰值（最大值）时的波长为 λ_m，相应的能量

也大多集中在 λ_m 附近。λ_m 可以代表某黑体所辐射的电磁波的特征波长。
函数 $I(\lambda)$ 在 $\lambda = \lambda_m$ 时斜率为 0，于是当 $x = \dfrac{hc}{\lambda_m kT}$ 时满足如下方程：

$$\frac{\mathrm{d}}{\mathrm{d}x}\left(\frac{x^5}{\mathrm{e}^x - 1}\right) = 0$$

从而得到：

$$\frac{\mathrm{e}^{-x}}{1 - \mathrm{e}^{-x}} = 5$$

此方程没有解析解，但可以求得其数值解为：

$$x_m = 4.965$$

最后我们得到：

$$\frac{hc}{\lambda_m kT} = x_m = 4.965$$

即

$$\lambda_m T = \frac{hc}{kTx_m}$$

进一步将普朗克常数 h，玻尔兹曼常数 k 和光速 c 的具体数值代入上式，就能得到维恩位移定律：

$$\lambda_m T = 2.898 \times 10^{-3}\ \mathrm{m \cdot K}$$

利用维恩位移定律，我们可以通过测量黑体辐射的最大值对应的波长来估算黑体的温度，例如太阳辐射分布最大值对应的波长约等于 500 nm，代入维恩位移定律中，可以得到太阳表面的温度约为：

$$T_{\mathrm{sun}} = \frac{2.898 \times 10^{-3}\ \mathrm{m \cdot K}}{0.5 \times 10^{-6}\ \mathrm{m}} \approx 5800\ \mathrm{K}$$

除了太阳，宇宙中还有很多能发光的恒星，它们相比于太阳有的偏红、有的偏蓝，由维恩位移定律可知，偏红的恒星表面温度比太阳低，而偏蓝的恒星表面温度比太阳高。此外，除了宇宙中的天体，维恩位移定律也能对生活中的现象给出很好的解释。例如关闭白炽灯时，灯丝会先从白色变成红色，最终才完全暗下来，这就是因为关灯后灯丝温度是逐渐降低的，其辐射分布的波峰逐渐往波长较长的方向移动，我们看到的灯光也就从白色变成红色，最终波峰到达不可见光区域后灯就完全暗下来了。

[**小 结**]
Summary

本小节在上一节的基础上得出了维恩位移定律，该定律描述黑体电磁辐射光谱辐射度的峰值波长反比于自身温度。之后我们利用此定律估算了太阳表面温度，并定性地讨论了宇宙中不同颜色的星体其温度的相对大小。

威廉·维恩，德国物理学家，他提出本定律的时间是在普朗克黑体辐射定律出现之前的 1893 年，且过程完全基于对实验数据的经验总结。1911 年，他因对于热辐射等物理法则的研究的贡献，而获得诺贝尔物理学奖。

计算太阳的光强
与推导斯特藩定律[1]

摘要：本节将利用电磁场的能量密度推导电磁波的能量通量与电场的关系，并研究黑体辐射的能量通量与温度的关系，推导斯特藩定律，即黑体辐射的能量通量与黑体温度的四次方成正比，并以此计算地球上太阳光的强度和人体热量损失的速率，最后用黑体辐射的相关知识解释为什么二氧化碳会导致温室效应。

一、电磁场的能量密度与光强的表达式

本课程中，我们经常只考虑电磁波中的电场部分，但完整的电磁波同时具有电场和磁场，且磁场与电场相互垂直。电场矢量与磁场矢量叉乘后（即 $|\vec{E}| \times |\vec{B}|$ ）的方向即是电磁波的传播方向。电磁波的磁场与电场相位一致，并且它们的大小满足：

$$|\vec{E}| = c|\vec{B}|$$

电磁波的能量由电场能量与磁场能量共同组成，其中电场能量与电场

1.　本节内容来源于《张朝阳的物理课》第 11 讲视频。

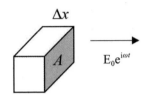

▲ 手稿

的关系是：

$$U_E = \frac{1}{2}\varepsilon_0 E^2$$

其中 E 是电场强度的大小。而磁场能量与磁场的关系是：

$$U_B = \frac{1}{2\mu_0}B^2 = \frac{1}{2\mu_0}(\frac{1}{c}E)^2 = \frac{1}{2\mu_0}\varepsilon_0\mu_0 E^2 = \frac{1}{2}\varepsilon_0 E^2$$

其中 B 是磁感应强度的大小。可以看出电场能量与磁场能量是相等的：

$$U_E = U_B$$

于是，包含了电场能量与磁场能量的电磁波总能量可以完全用电场来写出：

$$U = U_E + U_B = \varepsilon_0 E^2$$

知道了电磁波的能量，就可以计算电磁波的能量通量密度（也称为光强），它是单位时间通过单位面积的电磁波能量。假设经过 Δt 的时间电磁波传播了 Δx 的距离，那么跟随电磁波通过垂直于传播方向的面积 A 的能量为 $UA\Delta x$，那么单位时间通过单位面积的能量为：

$$I = \frac{UA\Delta x}{A\Delta t} = Uc = \varepsilon_0 cE^2$$

上式即能量通量的表达式。需要注意的是，所选的单位面积的法向量平行于电磁波的传播方向。由于电场的大小 E 随时间按简谐振动规律变化：$E = E_0 \cos \omega t$，从而能量通量也是随时间快速变化的量。但较长一段时间（经历了很多个周期）的能量通量平均值是不会随时间快速振荡的，如果电磁波是稳定的辐射，那么这个平均值将不会随时间变化。我们一般对能量通量进行测量时，所经历的时间包含了很多个周期，所以用能量通量的时间平均值来表征电磁场的性质会更好，其表达式为：

$$\langle I \rangle = c\langle U \rangle = \varepsilon_0 cE_0^2 \left\langle \cos^2 \omega t \right\rangle = \frac{1}{2}\varepsilon_0 cE_0^2$$

二、推导斯特藩定律

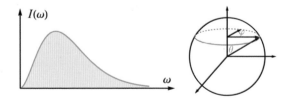

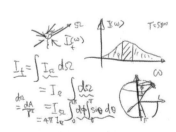

▲ 手稿

先来了解一下黑体辐射的过程。黑体辐射公式中的 I 原本是经过黑体中的谐振子的总光强 I_t，它包含了从各个方向经过谐振子的电磁波，即 I_t 为各个方向的光通量的总和：

$$I_t(\omega) = \oint I_\Omega \mathrm{d}\Omega = I_\Omega \oint \mathrm{d}\Omega = I_\Omega \int_0^{2\pi} \mathrm{d}\varphi \int_0^\pi \sin\theta \mathrm{d}\theta = 4\pi I_\Omega$$

注：其中，$\mathrm{d}\Omega$ 为朝某方向的立体角微元，I_Ω 为单位时间内以之内的方向通过单位面积的辐射能量。第二个等号用到了黑体与周围环境达到平衡态的条件，这样电磁波环境具有各向同性，与方向无关。

由此可以得到某个任意方向的光通量与黑体辐射光强的关系为：

$$I_\Omega = \frac{1}{4\pi} I_t(\omega)$$

若要计算单位时间经过单位面积的电磁波能量，则需要将各个角度的能量通量相加。设电磁波传播方向与单位面法向的夹角为 θ，那么频率为 ω 的单位频率电磁波能量通量为：

$$P(\omega) = \int I_\Omega \cos\theta \mathrm{d}\Omega = \frac{1}{4\pi} I_t(\omega) \int_0^{2\pi} \int_0^{\frac{\pi}{2}} \cos\theta \sin\theta \mathrm{d}\theta \mathrm{d}\varphi = \frac{1}{4} I_t(\omega)$$

若进一步考虑通过单位面积的所有频率电磁波的总能量，还需要对频率进行积分，得到黑体辐射的总能量通量表达式为：

$$\begin{aligned}
P &= \int_0^\infty P(\omega) \mathrm{d}\omega \\
&= \frac{1}{4} \int_0^\infty I_t(\omega) \mathrm{d}\omega \\
&= \frac{1}{4} \int_0^\infty \frac{\hbar}{\pi^2 c^2} \frac{\omega^3}{\mathrm{e}^{\frac{\hbar\omega}{kT}} - 1} \mathrm{d}\omega \\
&= \frac{1}{4} T^4 \frac{k^4}{\pi^2 c^2 \hbar^3} \int_0^\infty \frac{x^3}{\mathrm{e}^x - 1} \mathrm{d}x \qquad x \equiv \frac{\hbar\omega}{kT} \\
&= \frac{1}{4} T^4 \frac{k^4}{\pi^2 c^2 \hbar^3} \frac{\pi^4}{15} \\
&= \frac{2\pi^5 k^4}{15 h^3 c^2} T^4
\end{aligned}$$

（第三个等号利用了上节课得到的黑体辐射公式。）

将前方的常系数记为：

$$\begin{aligned}\sigma &= \frac{2\pi^5 k^4}{15h^3 c^2}\\ &= \frac{2\pi^5 \times (1.38\times 10^{-23})^4}{15\times (6.62\times 10^{-34})^3 \times (3\times 10^8)^2}\ \mathrm{W}/\left(\mathrm{m}^2\cdot \mathrm{K}^4\right)\\ &= 5.67\times 10^{-8}\ \mathrm{W}/\left(\mathrm{m}^2\cdot \mathrm{K}^4\right)\end{aligned}$$

就能得到斯特藩定律，又称斯特藩–玻尔兹曼定律（Stefan-Boltzmann law）：

$$P = \sigma T^4$$

可以发现黑体辐射的总能量通量与温度的四次方成正比。值得一提的是，若用经典物理学导出的黑体辐射公式来计算，会得到无穷大的能量通量，这说明普朗克的量子假说确实解决了经典物理学的"紫外灾难"。

三、计算太阳光强与人体散热率并解释温室效应

斯特藩定律的一个重要应用是计算太阳的光强。假设太阳表面温度为 T ，太阳半径为 R_S ，单位时间通过太阳表面的总辐射能量为：

$$4\pi R_\mathrm{S}^2 \sigma T^4$$

根据能量守恒定律，在太阳光传播过程中，单位时间通过以太阳中心为球心的球面的能量与球面半径无关，都等于单位时间太阳表面辐射出的总能量。为了计算地球上接收到太阳光的通量，我们选取球面半径为地球到太阳的距离 R_SE ，那么有：

$$4\pi R_\mathrm{SE}^2 P = 4\pi R_\mathrm{S}^2 \sigma T^4$$

由此，可以计算出地球上太阳光的光强为：

$$P = \left(\frac{R_\mathrm{S}^2}{R_\mathrm{SE}^2}\right)\sigma T^4 = 1379.5\ \mathrm{W}/\mathrm{m}^2$$

注：其中最后一个等号代入了各种参量的具体数值，太阳的温度 $T = 5800\ \mathrm{K}$ ，太阳半径 $R_\mathrm{S} = 6.95\times 10^8\ \mathrm{m}$ ，地球到太阳的距离 $R_\mathrm{SE} = 1.5\times 10^{11}\ \mathrm{m}$ 。

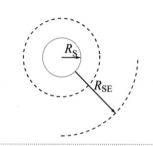

▲ 手稿
Manuscript

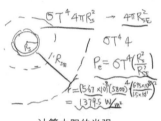

计算太阳的光强

上式太阳光强 P 的数值是已知太阳半径、日地距离等数值计算得到的。反过来，假设我们不知道这些参量，则可以通过直接测量地球上的太阳光强 P，推算出太阳直径与日地距离的比值。并且这一比值还可以通过太阳在人眼所看到的张角得到。结合以上两点，就可以验证斯特藩定律。

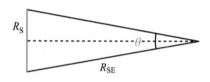

▲ 手稿
Manuscript

$$\Delta\theta = \frac{2R_S}{R_{SE}} = 2\sqrt{\frac{P}{\sigma T^4}}$$

利用斯特藩定律，还可以估算人体的散热效率。考虑在空气里人体一丝不挂的情况，人体温度 $T_1 = 36℃$，环境温度 $T_2 = 20℃$，那么人体辐射的电磁波通量会大于从外界环境吸收的电磁波通量。假设人体的表面积 $A = 2.0\ m^2$，那么人体单位时间损失的能量为：

$$P = 0.97\sigma\left(T_1^4 - T_2^4\right)A = 140\ W$$

其中，加入 0.97 的因子是因为人体并不是完美的黑体，其辐射效率和吸收效率与完美黑体有些许差距。而人由于直接接触空气，热交换效应导致的单位时间的能量损失约为 $10\ W$，由此可见，在空气里一丝不挂的人体的散热其实主要通过黑体辐射进行，并且单位时间损失的热量接近 $150\ W$，相当于 10 分钟的时间会损失约 20 千卡的热量。

最后，我们解释一下二氧化碳导致温室效应的机理。上面已经计算过地球上太阳光的光强，它带来的能量有一部分会被地球反射出去，另一部分会被地球吸收转化为热量。同时，地球还会以黑体辐射的形式将自身的热量辐射出去。

假设现在地球从太阳吸收的热量与地球黑体辐射的热量一样，那么地球的温度将保持恒定。但需要注意的是，太阳光是由 5800 K 的高温黑体辐射的，光强主要集中在可见光与近红外范围，二氧化碳对这个频率段的光的吸收并不太强；然而地球的温度远比太阳低，约为 –30℃ 到 50℃，其黑体辐射光强主要集中在远红外区，二氧化碳会强烈地吸收远红外频段的光。

若大气中二氧化碳含量上升，由于太阳光主要集中在可见光与近红外波段，所以太阳光在大气的透射率基本不会有太多改变。但是，从地表发出的黑体辐射却因为处于远红外波段而被大气中的二氧化碳强烈吸收，不能像原先那样顺利地将地球的热量返回给宇宙空间。于是散热就比吸热要慢，地球温度就会上升，最终形成温室效应。所以若人类不希望承受温室效应带来的灾难性后果，就需要控制大气中二氧化碳的含量。

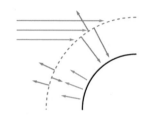

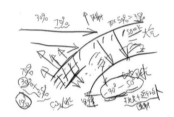

[小 结]
Summary

本小节利用前几个小节学到的知识推导了斯特藩定律，并应用其估算了太阳光强与人体散热率。并解释了为什么二氧化碳会造成温室效应。

斯特藩定律是由奥地利籍斯洛文尼亚裔物理学家约瑟夫·斯特藩（Jožef Stefan）和奥地利物理学家路德维希·玻尔兹曼（Ludwig Eduard Boltzmann）分别于 1879 年和 1884 年各自独立提出的，因此该定律又称斯特藩–玻尔兹曼定律，其给出了黑体表面单位面积在单位时间内辐射出的总能量与黑体本身的热力学温度的四次方成正比这一规律。但需要强调的是，该定律一般只适用于黑体这类理想辐射源。

第五部分

量子力学问题

量子力学
基础专题

▼

量子力学诞生的背景
——进军量子力学

摘要：本节内容主要介绍一些经典物理不能合理解释而量子力学可以合理解释的现象。首先介绍双原子气体比热问题显示经典物理的局限性；然后通过介绍黑体辐射普朗克修正提出能量子的概念；接下来通过光电效应介绍光量子概念；最后引出光的波粒二象性。本节内容将为后续量子力学内容的学习打下基础。

在 20 世纪初，物理学的天空飘着"两朵乌云"。一朵乌云促使爱因斯坦提出了狭义相对论，另一朵乌云催生了我们接下来要讲的量子力学。为什么量子力学如此重要？学习量子力学能为我们带来哪些新的认识？为什么那么多人认为量子力学难以理解？自由度冻结、能量量子化、光量子、波粒二象性这些概念又是什么意思？本节内容将通过四个经典物理无法合理解释的实验现象来初探量子力学的威力。

一、想要理解这个世界，必须要懂量子力学

量子力学非常重要。我们在地球上的生活处在几个电子伏特的能量区间。宇宙大爆炸之后，随着时间推移，物质的能量与温度都在不断降低。

在温度降低的同时，宇宙物质的结构也变得复杂，不仅有质子、中子，而且质子捕获电子形成了原子。原子形成分子，分子形成大分子，大分子形成各种蛋白质然后就形成了我们。

原子之间的相互作用的能量尺度是几个电子伏特，这时电子的运动必须用量子力学描述。所以你要理解自己的存在，就必须要懂得量子力学。

在经典的力学里，世界是连续的，对于连续世界中的人来说，每个人都像一团泥巴，泥巴被捏了以后就完全不一样了。但是如果一束光照射在物体上，使得其中的氢原子进入激发态，当它再回到基态时会辐射出一个或者多个光子。氢原子最后的状态跟被激发前那个基态完全一样。这就是为什么我们整个世界既有多样性也有稳定性，昨天的你跟今天的你同样都是你。

在学习量子力学之前，人们会直观地觉得量子力学不可思议，实际上我们这个世界就是因为量子力学规律才会呈现出现在的结构。在我们的世界里有很多东西是经典力学解释不了的。

显然，量子力学太过于复杂，想一窥量子力学的发展路径，必须面对当年那些经典力学解释不了的现象。

二、被冻结的自由度，比热危机

第一个问题是双原子分子的比热和利用能量均分定理算出的比热不一致，也就是比热危机。根据能量均分定理，每个分子的一个自由度会贡献 $kT/2$ 的能量。双原子分子具有三个平动自由度、两个旋转自由度和两个振动自由度，一共七个自由度，室温下的双原子分子理想气体（考虑分子振动）的内能应该是 $U = 7NkT/2$。

将理想气体方程和内能公式结合，有：

$$PV = NkT = (\gamma - 1)U$$

其中 P 是压强，V 是气体体积，N 是粒子数，k 是玻尔兹曼常数，$\gamma = 9/7 \approx 1.286$。但实验测得的双原子分子气体（比如氢气和氧气）的 γ 约等于 1.4 而非 1.286。如何才能得到 1.4 呢？如果在室温下振动自由度根本没法被激发，那么这时候这个双原子分子的自由度是 5 而不是 7，双原子分子的内能变成 $U = 5NkT/2$，重复上述推导就可以得到 $\gamma = 1.4$，和实验测得的结果一致。

按照经典力学的观点，能量是连续的，所有自由度都能被激发，但是按照量子物理的观点，室温下振动自由度不能被激发，这样才解释了比热危机。

三、解决黑体辐射问题，普朗克大胆提出能量子假说

第二个问题是黑体辐射问题。我们把黑体辐射的空腔看成谐振子的集合。瑞利-金斯公式告诉我们辐射光强满足：

$$I(\omega)\mathrm{d}\omega = \frac{\omega^2}{\pi^2 c^2} kT\mathrm{d}\omega \tag{1}$$

其中 ω 是光的圆频率，c 是光速。

根据式（1），频率越大的部分，辐射出来的能量越多，这会导致紫外部分辐射出来的能量无穷大，即所谓的"紫外灾难"。而实验测量得到的黑体辐射能量谱是一个中间突起、高频部分指数衰减的曲线。

从前面的介绍我们知道，如果谐振子的能量是连续的，那么所有的谐振子都可以被激发，这样得到的辐射谱在高频端会变成无穷大。伟大的物理学家普朗克为了得到黑体辐射曲线，他假设光的能量只能被一份份地吸收和辐射，每一份的能量大小是 $\hbar\omega$，其中 $\hbar \approx 1.05 \times 10^{-34}$ J·s 是约化普朗克常数，ω 是谐振子的圆频率。这样谐振腔内部的光辐射能量是按能级划分的，每一个能级都有相应的占据概率。从这一假设出发，普朗克得到了

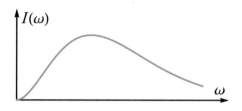

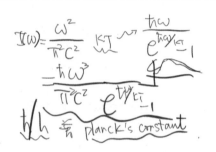

黑体辐射曲线

和实验完美吻合的黑体辐射公式：

$$I(\omega) = \frac{\hbar\omega^3}{\pi^2 c^2 (e^{\hbar\omega/(kT)} - 1)}$$

　　虽然黑体辐射问题促使普朗克引入了普朗克常数，并且把光辐射能量的最小单位 $\hbar\omega$ 称作能量子，但是他并没有告诉我们能量子以及光到底是什么。

　　四、解释光电效应，爱因斯坦提出光子

　　黑体辐射的问题解决之后，还有另一个问题无法解决，那就是光电效应问题。爱因斯坦以他在狭义相对论和广义相对论方面的工作而闻名天下，但是最终他却因解释光电效应而获得了诺贝尔物理学奖。虽然这项工作不是爱因斯坦最出名的工作，但是它在物理学上非常重要。

接下来，我们用一个实验切入光电效应的讨论。将两块金属板分别接入电源的正负极，然后用光照射正极金属板。如果光可以打出电子，那么电子将会受到金属板之间电场的作用力。这个力的大小由两板之间的电压差决定。如果电压很小，那么出射电子就能依据自身动能飞到对面金属板上，从而产生电流（光电流）。但是当我们逐渐增加电压，就会在某一电压值恰好让所有被光打出的电子都无法飞到对面金属板。这个电压就叫截止电压。如果光没有打出电子，在电路上将测不到电流。

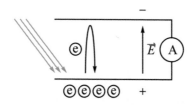

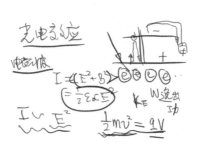

光电效应实验

按照经典电磁理论的观点，光强正比于电场的平方 $I \propto E^2$。辐射光强越强，电场越强。从金属中打出的电子动能越高。在同样的电压下就有更多的电子越过极板间电压形成的壁垒，光电流也越强。但奇怪的是，只要照射的光小于特定频率，无论光强多大（在当时的实验条件下），都没有光电流产生。只有光频率超过一定的阈值（一般是紫光甚至紫外线），光电流才会产生。这显然和经典电磁理论的观点不同。

在传统电磁理论中，我们认为光是电磁波，它遵循由麦克斯韦方程组导出的波动方程。但是这解释不了光电效应，爱因斯坦认为，光也可以被看作一团粒子，他把这些粒子称为光子。光照射到金属上可以看作一团光子在撞击金属中的电子，每个光子可以撞击一个电子。光子的能量会完全传递给电子，如果电子吸收的能量大于金属表面的逸出功，电子就会脱离金属的束缚形成光电流。

在吸收了普朗克关于能量子的思想后，爱因斯坦大胆假设每个光子的能量是 $E = h\nu = \hbar\omega$ ， ω 是光的圆频率。再利用质能关系可以知道对于光子，有：

$$E = h\nu = mc^2$$
$$p = mc$$
$$p = \frac{h\nu}{c} = \frac{h}{\lambda}$$

其中 m 是光子质量， p 是光子动量， λ 是光的波长。

假设入射光的频率是 ν ，根据能量守恒，光电子的初始动能为：

$$\frac{1}{2}mv^2 = h\nu - W$$

其中 W 是金属逸出功。当两极板之间的电压刚好等于截止电压 V_0 时，光电子将恰好能飞到上极板处，此时它的速度降为 0 并在电场的作用下飞回下极板。电子从下极板飞到上极板，电场力做的功等于 qV_0 ，由于电子在上极板处时速度恰好降到 0，根据动能定理，有：

$$\frac{1}{2}mv^2 = h\nu - W = qV_0$$

这就是爱因斯坦解释光电效应所用的公式。当频率足够大使得 $h\nu - W > 0$ ，电子才能获得初速度形成光电流。这也是为什么当光的频率较低时，无论多强的光都无法形成光电流。当形成光电流后，频率越大，截止电压越大，而且截止电压和频率成正比。

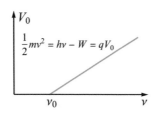

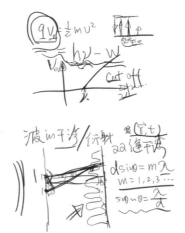

截止电压和频率的关系

五、波焉粒焉难分解，一体两面显真相

在讲解完光的粒子性后，有必要回过头来看一下光的波动性。如果把光视为电磁波，波的特征是具有干涉和衍射效应。

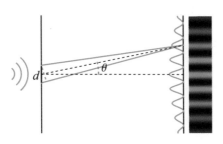

波的双缝干涉

我们先介绍光的双缝干涉。在左侧光屏上开两个小缝，缝之间的距离是 d ，在光屏左侧有一个点光源，光源与两个小缝距离相等。点光源发出的光同时到达两个小缝，在通过小缝后会在后面的感光胶卷上形成水波一样的干涉条纹。这就是光的双缝干涉。从之前讲过的迈克尔逊-莫雷实验我们知道，当两束光同相时，光强增强，当两束光反相时光强减弱。我们可以计算出什么地方光强加强，什么地方光强减弱。从图中可以看出，胶卷上一点到狭缝之间的连线与水平线之间的夹角是 θ 。这一点到上狭缝的距离比较短，到下狭缝的距离比较长。当它们的距离差等于波长整数倍的时候，两束光是同相的，光强增强，此时角度 θ 满足公式：

$$d\sin\theta = m\lambda$$
$$m = 0, \ \pm 1, \ \pm 2, \ \pm 3\cdots$$

根据这组公式可以计算出胶卷上光强增强的位置。

如果我们把光看作光子，当光非常弱以至于每次只有一个光子通过狭缝，干涉条纹还存在吗？根据量子物理，我们无法预测光子从上狭缝还是下狭缝通过，这和经典物理非常不同。但是如果我们开灯的时间足够长（几个月甚至更长时间），在胶片上同样可以出现干涉条纹。这说明，光不仅是粒子，它还具有波动性，也就是说光具有波粒二象性。

关于光的粒子性还有另一个实验——康普顿散射实验。康普顿利用 X 射线进行散射实验，进而检验它是否符合粒子的特征。他用 X 射线轰击一团自由电子，X 射线会和电子发生散射。如果把光看作光子，光子在撞击电子后把能量传递给电子，同时光子受到散射，在散射前和散射后，由于能量改变，光的波长会因此改变。通过粒子的特征可以计算出光子波长的改变和散射角 θ 有关：

$$\Delta\lambda = 2\lambda_0 \sin^2\left(\frac{\theta}{2}\right)$$

这和实验结果完全相符，换言之，光具有粒子特征。康普顿散射公式的详细推导会在后面的课程中展示。

[**小 结**]
Summary

　　本节内容介绍了量子力学发展早期的几个重要实验。这些实验揭示了量子物理非常重要的特征，如能量阶梯、能量量子化和波粒二象性等。正是受到这些实验的启发，物理学家才在 20 世纪初期发展出量子力学。在量子力学的基础上物理学家又发展出量子场论等更加深刻的理论，这大大加深了人类对世界的理解。即使到了今天，对量子物理的研究仍然是物理学最前沿、最热门的课题之一。和相对论不同的是，量子力学产生的影响在日常生活当中随处可见，整个半导体工业的产生和发展完全建立在量子物理的发展之上，由此带来生活上的改变是天翻地覆的。

▲

波粒二象性
——量子力学的核心特点[1]

摘要: 波粒二象性是量子力学的核心特征,量子世界中许多新奇的特点都起源于波粒二象性。本节内容紧接上一节,通过研究康普顿散射、德布罗意波和海森堡不确定性原理来深入理解波粒二象性的含义。

19 世纪末物理学家还沉浸在经典物理辉煌的成就之中,但是很快他们就被很多无法用经典物理解释的现象泼了冷水。后来爱因斯坦提出狭义相对论解释了迈克尔逊-莫雷实验的结果,这使得人类的知识向宏观高速领域扩展。但是在微观世界,仍然有许多现象无法解释。上一节,我们介绍了比热危机、黑体辐射、光电效应等当时无法解释的物理现象并且给出了基于量子物理的解释。我们发现,想要解释这些实验,我们需要承认光是波也是粒子,它具有波粒二象性。接下来,我们继续沿着 19 世纪末 20 世纪初那些物理学家的工作轨迹,研究不仅仅局限在光子的波粒二象性上。

---

1. 本节内容来源于《张朝阳的物理课》第 17 讲视频。

一、康普顿散射实验，进一步证明光量子假说

20 世纪 20 年代初，光子的概念已经被广泛接受，但是人们还想通过实验进一步验证光的粒子性。1923 年，美国物理学家康普顿在研究 X 射线和物质之间的散射时发现了著名的康普顿效应，这个实验就是康普顿散射实验。康普顿效应为光的粒子性提供了强有力的证据。那么，康普顿散射实验是如何证明光的粒子性的呢？

康普顿利用能量高达 10^4 eV 的 X 射线来照射物质。按照光量子假说，如此高能的光子应该具有明显的粒子性。这么高能的光子打到金属上，金属中的电子的动能可以忽略不计。如果把光视为光子，那么光子就像高能粒子一样和金属中的准自由电子发生碰撞，碰撞发生后，光子会被散射出去，金属中的电子也会被散射，于是光子的能量会部分地传递给电子，出射光的频率会降低，波长变长。可以通过计算得到光子波长的改变量。根据经典的电磁理论，电子导致的散射光波长与入射光波长是一样的。如果在实验中观察到相应的光波波长改变，就能证明光具有粒子性。与经典力学中的弹性碰撞一样，接下来我们利用动量守恒和能量守恒来进行推导。

用 X 射线轰击自由电子，假设入射光的波长是 λ_1，相应的频率是 ν_1，出射光的波长是 λ_2，频率是 ν_2，出射光方向角为 θ。自由电子被光子碰撞后散射向另一个方向，散射角是 φ。如前文所述，我们需要计算波长变化量与角度的关系。考虑到散射后的电子速度可能很高，所以需要用狭义相对论进行计算。

我们先利用能量守恒有：

$$hv_1 + m_0 c^2 = hv_2 + mc^2$$

变形可得：

$$(m - m_0)c^2 = h(v_1 - v_2) \qquad (1)$$

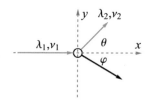

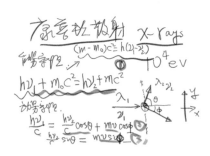

康普顿散射

其中 m_0 是电子的静质量，m 是电子的动质量，c 是光速［虽然静（动）质量的提法已经过时，此处仍采用这两个概念进行推导］。我们已经知道光子动量公式为 $p = h/\lambda$。因为 $v = c/\lambda$，所以 $p = hv/c$。在 x 方向和 y 方向分别利用动量守恒定律：

$$\frac{hv_1}{c} = \frac{hv_2}{c}\cos\theta + mv_e\cos\varphi$$
$$\frac{hv_2}{c}\sin\theta = mv_e\sin\varphi \tag{2}$$

其中 v_e 是电子的速度。式（2）中的第一个式子可以改写为：

$$\frac{h(v_1 - v_2\cos\theta)}{c} = mv_e\cos\varphi$$

将改写后的式子与式（2）中第二个式子分别在等号两边平方然后将它们相加在一起可以得到：

$$\left[\frac{h(v_1 - v_2\cos\theta)}{c}\right]^2 + \left[\frac{hv_2}{c}\sin\theta\right]^2 = (mv_e)^2(\cos^2\varphi + \sin^2\varphi)$$
$$= (mv_e)^2$$

上式等号左侧可以改写为:

$$\left[\frac{h(v_1 - v_2\cos\theta)}{c}\right]^2 + \left[\frac{hv_2}{c}\sin\theta\right]^2$$

$$= \left(\frac{h}{c}\right)^2 \left(v_1^2 + v_2^2\cos^2\theta - 2v_1v_2\cos\theta + v_2^2\sin^2\theta\right)$$

$$= \left(\frac{h}{c}\right)^2 \left(v_1^2 + v_2^2 - 2v_1v_2 + 2v_1v_2 - 2v_1v_2\cos\theta\right)$$

$$= \left(\frac{h}{c}\right)^2 \left[\left(v_1 - v_2\right)^2 + 2v_1v_2(1-\cos\theta)\right]$$

于是:

$$\left(\frac{h}{c}\right)^2 \left[\left(v_1 - v_2\right)^2 + 2v_1v_2(1-\cos\theta)\right] = (mv_e)^2 \qquad (3)$$

根据质速关系:

$$m^2 = \frac{m_0^2}{1-(v_e/c)^2} = \frac{m_0^2 c^2}{c^2 - v_e^2}$$

我们有 $m^2(c^2 - v_e^2) = m_0^2 c^2$,移项可得:

$$(mv_e)^2 = \left(m^2 - m_0^2\right)c^2 \qquad (4)$$

结合公式 (3)、公式 (4) 和能量守恒公式 (1),有:

$$\left(\frac{h}{c}\right)^2 \left[\left(v_1 - v_2\right)^2 + 2v_1v_2(1-\cos\theta)\right] = \left(m^2 - m_0^2\right)c^2$$
$$= \left(m + m_0\right)\left(m - m_0\right)c^2 \qquad (5)$$
$$= \left(m + m_0\right)h(v_1 - v_2)$$

两边同时除以 $(v_1 - v_2)$ 与 $(h/c)^2$,即得:

$$\left(v_1 - v_2\right) + \frac{2v_1v_2(1-\cos\theta)}{v_1 - v_2} = \frac{\left(m + m_0\right)c^2}{h} \qquad (6)$$

把式 (6) 中等号左边第一项移到等号右侧并利用式 (1) 可得:

$$\frac{2v_1v_2(1-\cos\theta)}{v_1 - v_2} = \frac{\left(m + m_0\right)c^2}{h} - \left(v_1 - v_2\right)$$
$$= \frac{\left(m + m_0\right)c^2}{h} - \frac{\left(m - m_0\right)c^2}{h} \qquad (7)$$
$$= \frac{2m_0c^2}{h}$$

式（7）两边同时取倒数，稍作整理可得：

$$\frac{1}{v_2} - \frac{1}{v_1} = \frac{h}{m_0 c^2}(1 - \cos\theta)$$

考虑到频率与波长的关系，我们可以得到波长的变化量为：

$$\Delta\lambda = \lambda_2 - \lambda_1 = c\left(\frac{1}{v_2} - \frac{1}{v_1}\right) = \frac{h}{m_0 c}(1 - \cos\theta)$$

从这个结果可以看出，波长改变量只和 X 射线的出射角度 θ 有关，而和电子出射角度 φ 无关。当 X 射线散射角度为 90 度时，波长改变量刚好是 $\lambda_c = h/(m_0 c)$，使用探测器就能检验这个公式。

康普顿通过实验发现，计算结果和实验数据完全吻合，他因此获得了 1927 年诺贝尔物理学奖。这些计算也证明了能量守恒和动量守恒在微观世界依然成立。我们利用相对论处理电子的方法也是合理的。同时，康普顿散射证明了光子既有能量也有动量，进一步表明了光的粒子性。

二、德布罗意波

光的波粒二象性被发现之后，一位名叫德布罗意的法国年轻人思考到，既然光既是波又是粒子，那么作为经典粒子的电子是否也是波呢？1924 年，他提出一个大胆的假设：电子也可以被视为一种波，电子的能量、动量与频率、波长的关系是：

$$E = hv = \hbar\omega$$
$$p = \frac{h}{\lambda} = \hbar k \tag{8}$$

根据德布罗意的假设，既然电子是一种波，那么它也应该可以发生衍射、干涉效应。1927 年，革末将电子束打在镍晶体上，出射电子形成了衍射图样，这证明电子可以发生衍射效应，换言之电子具有波的性质。

　　电子通过单缝，是否也会出现衍射现象？按照经典物理的看法，一个电子经过狭缝后会直接打在胶片中心。但是在实验中，胶片上会出现由电子形成的明暗条纹，这说明电子经过单缝时也会发生衍射。接下来我们详细分析一下电子的单缝衍射。如果要计算第一条暗纹的位置，假设狭缝宽度为 a，当上半个狭缝某处透过的光和相聚 $\dfrac{a}{2}$ 处位于下半狭缝某处的光到光屏的距离相差半个波长时会发生相互抵消，从而在胶片上形成暗纹。利用类似的方法可以得到各级暗纹对应衍射角度的表达式：

$$\frac{a}{2}\sin\theta = m\frac{\lambda}{2}$$
$$m = \pm1,\ \pm2,\ \pm3\cdots$$

（9）

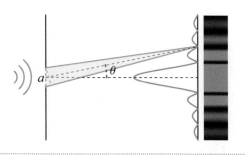

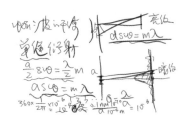

单缝衍射

　　假设电子经过 150V 电压（非相对论区间）加速后，利用公式（8）可以计算出电子的德布罗意波长大约为：

$$\lambda = \frac{h}{p} = \frac{h}{\sqrt{2mE}}$$
$$= \frac{6.62\times10^{-34}}{\sqrt{2\times9.1\times10^{-31}\times150\times1.6\times10^{-19}}}\ \text{m}$$
$$\approx 1\times10^{-10}\ \text{m} = 0.1\ \text{nm}$$

我们知道，红光波长约为 500 nm，所以此时电子的德布罗意波长是红光的 1/5000。

如果用这样的电子去做单缝衍射实验，并假设单缝宽度为 0.1 mm，在小角度的时候有 $\sin\theta \approx \theta$，利用式（9）可以计算得到衍射屏上 $m=1$ 对应的主条纹的张角大约为：

$$2\theta \approx \frac{2\lambda}{a} \approx 2\times10^{-6}\ \text{rad} \approx 10^{-4}\text{度}$$

可见电子打在光屏上形成的是一个有展宽的条纹。

三、海森堡不确定性原理

在海森堡提出矩阵力学之前，他就已经发现了不确定性原理。不确定性原理是量子力学中一个举足轻重的原理，它展示了量子力学之于经典力学的重要区别。我们接下来利用电子的单缝衍射实验来理解不确定性原理。

当电子经过狭缝前，水平动量是 p_0。但是我们并不知道电子处于哪里。但当电子通过狭缝时，我们知道它至少在狭缝里，它要么在狭缝上半段，要么在狭缝下半段。所以我们得到的关于电子位置的不确定度是 $\Delta x = a/2$。当电子在狭缝里时，电子位置的不确定性大大减小。但在竖直方向上的动量的不确定性急剧增大。不确定性原理指的是，动量和位置的不确定性满足关系：

$$\Delta x \Delta p \geq \frac{\hbar}{2} \tag{10}$$

从单缝衍射实验可以很清楚地看出这一点，当电子进入狭缝，动量不再是 p_0，而是在竖直方向有一个不确定的动量分量，这样才能让电子不全部落在胶片中间位置。由于大部分电子都落在衍射主条纹上，因此竖直方向的动量取值范围近似为：

$$\Delta p \sim p_x = p_0 \sin \theta = p_0 \frac{\lambda}{a}$$

电子位置的取值范围大约是：

$$\Delta x \sim \frac{a}{2}$$

结合德布罗意关系 $\lambda = h / p$ ，有：

$$\Delta x \Delta p \approx \frac{a}{2} \frac{\lambda}{a} p_0 = \frac{\lambda}{2} \frac{h}{\lambda} = \frac{h}{2} > \frac{\hbar}{2}$$

这说明电子的单缝衍射是满足不确定性原理的。在经典物理里边，粒子的位置与动量是能够被同时精确测量的，而在量子力学中却并非如此，可见量子力学的哲学与经典力学的哲学存在巨大的区别。

进一步地，我们可以利用不确定性关系理解氢原子的稳定性。

在经典物理里，卢瑟福通过散射实验的结果提出了原子的行星模型。根据这个模型，原子的中心是原子核，电子在库仑力的作用下绕着原子核不停地转动。然而经典电磁理论告诉我们，加速中的电子会不断辐射电磁波，因此电子在做圆周运动或者椭圆运动时必然会辐射电磁波，这就使得原子的行星模型中的电子速度会越来越小，最终电子会掉落进原子核里边。所以，经典的原子行星模型会使得原子是不稳定的。

量子力学里边怎么解决原子的这个不稳定性呢？按照不确定性原理，一旦电子接近原子核，电子位置的不确定性就减小了，相应的动量的不确定性会增大，电子就能够挣脱原子核的束缚。这是两方面作用之间的平衡，一方面库仑力想把电子吸进去，另一方面不确定性原理让电子倾向于挣脱出去。在这两种效应的平衡点就会得到稳定的原子。

根据不确定性原理，我们可以估算氢原子半径的大小 a 。对氢原子来说，势能是：

$$-\frac{e^2}{a}$$

其中 $e^2 = q^2/(4\pi\varepsilon_0)$ ，q 是电子电荷，ε_0 是真空中的介电常数。

由于氢原子半径为 a ，所以电子位置的不确定度 $\Delta x \sim a$ 。根据不确定性原理，$\Delta p \sim \hbar/\Delta x = \hbar/a$ 。所以电子的动能为：

$$E_k = \frac{p^2}{2m} \approx \frac{\hbar^2}{2ma^2}$$

结合库仑势能，氢原子的总能量为：

$$E = \frac{\hbar^2}{2ma^2} - \frac{e^2}{a} \tag{11}$$

前面提到，稳定的氢原子来源于两种效应的平衡，因此氢原子必然稳定在能量最低处。所以，式（11）达到最小值时对应的 a 就是氢原子半径。能量最低处满足 $\mathrm{d}E/\mathrm{d}a = 0$ ，所以：

$$\frac{\mathrm{d}E}{\mathrm{d}a} = -\frac{\hbar^2}{ma^3} + \frac{e^2}{a^2} = 0$$

解出 a 可以得到：

$$a = \frac{\hbar^2}{me^2} = \frac{\left(\dfrac{6.62\times10^{-34}}{2\times3.14}\right)^2}{9.1\times10^{-31}\times\left(\dfrac{1.6\times10^{-19}}{4\times3.14\times8.85\times10^{-12}}\right)^2}\ \mathrm{m}$$

$$\approx 5.3\times10^{-11}\ \mathrm{m} = 0.053\ \mathrm{nm}$$

这个结果与实验结果吻合得非常好。

[小 结]
Summary

我们持续在量子力学殿堂的大门外徘徊，逐渐意识到光的波粒二象性，然后又拓展到到电子的波粒二象性，发现电子也可以发生衍射。我们也介绍了不确定性原理，知道了粒子的位置与动量不可以同时被确定下来。基于所有这些知识，海森堡建立起矩阵力学，薛定谔建立起波动力学，他们以各自的方式去研究，最终殊途同归，都到达了量子力学的顶峰。我们之前介绍了大量历史上的实验现象来理解微观粒子的物理性质到底是怎样的。接下来，我们将沿着薛定谔的道路继续深入学习。

▲

薛定谔方程
—— 量子力学的牛顿定律[1]

摘要：在这一节我们将追随薛定谔的脚步，用简洁的方式猜测薛定谔方程的提出过程。结合波函数的统计诠释，量子力学的框架将基本搭建完成。统计诠释将有助于我们理解各种量子力学的现象，比如电子的双缝干涉。最后，我们将简单讲解波的群速度，并借助群速度的概念将经典力学中的粒子速度通过波函数的特性表示出来。

在前面两节中我们介绍了量子物理中的一些神奇特性。你们可能会问，这些特性遵循的基本方程是什么？答案是薛定谔方程。薛定谔方程具有什么样的形式？为什么它如此重要，以至于任何一个量子物理学家都会把它记在脑海中？在本节，我们将用类比的方法再现薛定谔方程的发现过程，初步揭秘量子力学的核心。

1.　本节内容来源于《张朝阳的物理课》第 18 讲和第 51 讲视频。

一、经典物理波动方程和德布罗意波公式

在之前的课程中我们提到过，经典物理中电磁波和空气中的声波的运动都可以用一个波动方程描述。我们把讨论限制在一维的情形。以电磁波为例，电场 E 遵循的波动方程可以写成：

$$\frac{\partial^2 E(x,\ t)}{\partial t^2} = c^2 \frac{\partial^2 E(x,\ t)}{\partial x^2} \tag{1}$$

其中 c 是真空中的光速，它的大小与参考系无关，这就是光速不变原理，此原理最终导致了相对论的诞生。

方程（1）的平面波解可以写成

$$E \propto \mathrm{Re}\left(\mathrm{e}^{\mathrm{i}(kx-\omega t)}\right) = \cos(kx - \omega t)$$

其中圆频率 $\omega = 2\pi\nu$ 和波数 $k = 2\pi/\lambda$，λ 为波长，ν 为频率。

波动力学的知识告诉我们波的相速度可以表示为

$$v_{\mathrm{p}} = \frac{\omega}{k}$$

对于真空中的电磁波来说：$c = \omega/k$。

在之前的课程中我们已经讲过，爱因斯坦认为光既是波又是粒子。光子的圆频率 ω、波数 k 与光子的能量 E、动量 p 的关系是

$$\begin{aligned} E &= \hbar\omega \\ p &= \hbar k \end{aligned} \tag{2}$$

随后，法国物理学家德布罗意提出，既然光波可以被看成粒子，那么电子以及所有其他粒子也可以看作是波。既然是波，那它们的圆频率和波数等于多少？德布罗意参考了光子的性质，假设其他粒子的圆频率 ω、波数 k 与这个粒子的能量 E、动量 p 的关系同样由公式（2）描述。这就是著名的物质波假说。这一假说很快被革末的衍射实验证实。

既然物质粒子也是波，那么它们的运动应该遵循某个波动方程，所以接下来的任务就是要找到物质波所遵循的波动方程。

二、如何猜出薛定谔方程

为了简单起见，这里只处理一维的情况。与经典物理中的波类似，假设自由粒子的波函数满足

$$\psi(x,\, t) \propto \mathrm{e}^{\mathrm{i}(kx-\omega t)} = \mathrm{e}^{\mathrm{i}(px-Et)/\hbar}$$

对上述波函数分别求时间与位置的导数，有：

$$\mathrm{i}\hbar \frac{\partial}{\partial t}\psi(x,\, t) = E\psi(x,\, t)$$

$$\frac{\hbar}{\mathrm{i}} \frac{\partial}{\partial x}\psi(x,\, t) = p\psi(x,\, t)$$

观察上式，可以定义如下的动量算符：

$$\hat{p} = -\mathrm{i}\hbar \frac{\partial}{\partial x}$$

它作用在前述波函数上会得到一个乘以自身动量的波函数。考虑非相对论的情况，暂时不考虑势能，质量为 m 的粒子的能量为：

$$E = \frac{p^2}{2m}$$

于是

$$\mathrm{i}\hbar \frac{\partial}{\partial t}\psi(x,\, t) = E\psi(x,\, t) = \frac{p^2}{2m}\psi(x,\, t) = \frac{\hat{p}^2}{2m}\psi(x,\, t)$$

将动量算符的表达式代入，可以得到：

$$\mathrm{i}\hbar \frac{\partial}{\partial t}\psi(x,\, t) = -\frac{\hbar^2}{2m}\frac{\partial^2}{\partial x^2}\psi(x,\, t)$$

这就是一维自由粒子的薛定谔方程。

如果考虑存在势能 $U(x,\, t)$ 的情况，那么粒子的总能量就要考虑上势能。为此，引入如下能量算符：

$$\hat{H} = \frac{\hat{p}^2}{2m} + U(x,\, t)$$

这个算符对应着经典力学的哈密顿量，因此又被称为哈密顿算符。考虑了势能之后，薛定谔方程为：

$$i\hbar \frac{\partial}{\partial t}\psi(x,\ t) = \hat{H}\psi(x,\ t)$$

$$= -\frac{\hbar^2}{2m}\frac{\partial^2}{\partial x^2}\psi(x,\ t) + U(x,\ t)\psi(x,\ t)$$

值得注意的是，薛定谔方程不是推导出来的，而是猜测出来的。它是非相对论量子力学的基本方程，相当于经典力学中的牛顿第二定律。只有根据薛定谔方程计算出结果，再由实验验证发现计算结果是符合实验结果的，我们才能说这个理论是对的。考虑到薛定谔方程中因子 i 的存在，波函数不再像电磁波那样是实函数，而应该是复函数。

我们在这里介绍的量子力学是波动力学。在量子力学诞生的时候，量子力学有两种形式被提出来，一种是波动力学形式，一种是矩阵力学形式，不过在后来这两种形式被人们证明是等价的。

三、统计诠释和波包速度：波函数的物理意义

虽然薛定谔猜出了波动方程的形式，但是他并不清楚波函数的物理意义是什么，也不知道利用薛定谔方程求出了波动方程，能做出什么物理预言。这涉及量子力学的诠释。目前物理学界的主要观点是统计诠释，最初由玻恩提出。根据统计诠释，波函数的模平方 $|\psi|^2 = \psi^*(x,\ t)\psi(x,\ t)$，等于测量粒子位置时测量结果的概率分布密度。因此，波函数需要满足归一化的条件：波函数模方的全空间积分等于 1，代表的是在全空间内找到粒子的概率为 1。可归一化是一个很强的条件，很多量子化的来源都是波函数的可归一性质。

在一维空间中，在 $x \sim x+dx$ 内发现粒子的概率是

$$\psi^*(x,\ t)\psi(x,\ t)dx$$

可归一化条件用公式表示就是

$$\int_{-\infty}^{+\infty}\psi^*(x,\ t)\psi(x,\ t)dx = 1$$

不过，只有现实中真实存在的波函数才能进行归一化，对于一些理想化的波函数，比如动量算符的本征函数——平面波，它们是无法归一化的，这时往往要使用箱归一化的方法。

有了波函数的统计诠释，我们能更深入地理解电子的双缝干涉实验。在实验中，量子力学只能告诉我们电子从每个狭缝通过的概率而不能告诉我们电子从哪个狭缝经过。实际上，电子只有同时经过两个狭缝才能在屏上得到干涉的结果。电子以及光子等其他粒子的双缝干涉不是来源于粒子之间的干涉，而是各个粒子与其自身的干涉。这一点从粒子的波函数可以看出，因为干涉条纹的出现来自波的相干叠加，而不同粒子的波是不能叠加在一起的，唯有粒子自身的波能够互相叠加。

各个粒子的波从缝隙经过后分成了两束，这两束波在屏上叠加在了一起，叠加完之后波在屏的某些位置上具有很大的振幅，在另一些位置上振幅为 0，对波函数取模方之后就得到了相应的概率分布。由于参与实验的各个粒子的波物质频率一样，所以各个粒子在屏上的概率分布也一样。只要参与双缝实验的粒子足够多，粒子在屏上的数量分布就近似等于它们的概率分布。这就是为什么即使电子是被一个个地发射出去参与双缝干涉实验，只要时间足够长依然能形成干涉条纹的原因。

在实际观测中，粒子以波包的形式移动，表征粒子速度的不是波的相速度 ω/k，而是波的群速度 $\mathrm{d}\omega/\mathrm{d}k$。以平面波为例，$\omega/k = p/(2m)$ 仅为粒子速度的一半。如果使用群速度 $\mathrm{d}\omega/\mathrm{d}k$ 来计算，则 $\mathrm{d}\omega/\mathrm{d}k = p/m$，这正是粒子的速度。

[**小 结**]
Summary

　　本节内容猜出了薛定谔方程的提出过程，重现了量子力学发展历史上极为重要的一环。薛定谔方程的提出标志着量子力学的诞生。后来的实验证明，量子力学支配着微观世界的运动规律，原子分子层面的物理规律几乎都可以利用量子力学进行解释。无论是对于基础科学还是对于应用科学，量子力学都发挥了巨大的作用。粒子物理、凝聚态物理、核物理等学科几乎都建立在量子力学的基础之上。但是在巨大成功的背后，量子力学自身还有一些不尽如人意的地方，例如波函数的诠释问题、多体量子纠缠问题、量子-经典过渡问题等都还没有找到令大家信服的答案。这也说明了，探索科学真理的过程永无止境。

求解(定态)薛定谔方程
—— 以无限深方势阱为例[1]

摘要：本节先利用分离变量法从一般的薛定谔方程得到定态薛定谔方程，然后以无限深方势阱为例，展示如何求解一个具体系统的波函数以及能级。最后我们介绍傅里叶变换在量子物理中的意义，并再次探讨不确定性原理，深入窥探量子力学的世界。

在上一节，我们"猜"出了薛定谔方程。薛定谔方程是量子力学的公理之一，它在量子力学中的地位类似于牛顿第二定律在经典力学中的地位。虽然我们已经探讨了平面波解的特性，但是实际情况中的波函数要比平面波复杂得多。接下来我们将通过分离变量法求解无限深方势阱中的定态波函数，并利用这些波函数加深我们对量子物理的理解。

一、利用分离变量法求解，得到定态薛定谔方程

首先，我们回忆上一节介绍的薛定谔方程：

---

1. 本节内容来源于《张朝阳的物理课》第 19 讲、第 51 讲和第 52 讲视频。

$$i\hbar\frac{\partial}{\partial t}\psi(x,\,t)=-\frac{\hbar^2}{2m}\frac{\partial^2}{\partial x^2}\psi(x,\,t)+U(x,\,t)\psi(x,\,t) \tag{1}$$

通常情况下，势能不随时间变化。比如，只要氢原子不受扰动，那么电子在氢原子质心系中将只感受到库仑势的作用，而这个库仑势是不随时间变化的。所以，这些情况下的 $U(x,t)$ 不含时间变量 t，它可以写作 $U(x)$。薛定谔方程将变成：

$$i\hbar\frac{\partial}{\partial t}\psi(x,\,t)=-\frac{\hbar^2}{2m}\frac{\partial^2}{\partial x^2}\psi(x,\,t)+U(x)\psi(x,\,t) \tag{2}$$

这个方程的系数函数没有将位置与时间"纠缠"在一起，这启发我们使用分离变量法来求解。于是，我们猜测方程（2）的特解形式为：

$$\psi(x,\,t)=\psi(x)f(t) \tag{3}$$

其中变量 x 和 t 被分离开来了。

将式（3）代入式（2）并把和 t 相关的项放在等式左边，把和 x 相关的项全部放在等式右边，整理可以得到：

$$i\hbar\frac{1}{f(t)}\frac{\partial}{\partial t}f(t)=\frac{1}{\psi(x)}\left[-\frac{\hbar^2}{2m}\frac{\partial^2}{\partial x^2}+U(x)\right]\psi(x) \tag{4}$$

方程（4）左侧与 x 无关，右侧与 t 无关。所以等号两边一定等于同一个常数，假设这个常数是 E，于是从方程（4）可以得到：

$$i\hbar\frac{\partial}{\partial t}f(t)=Ef(t)$$
$$\left[-\frac{\hbar^2}{2m}\frac{\partial^2}{\partial x^2}+U(x)\right]\psi(x)=E\psi(x) \tag{5}$$

式（5）的第二个式子被称为定态薛定谔方程。定态薛定谔方程等号左边的算符正好是哈密顿算符，也就是能量算符，所以常数 E 的物理意义是能量，它是哈密顿算符的本征值，所以定态薛定谔方程本质上是哈密顿算符的本征方程，相应的解是哈密顿算符的本征矢量。

式（5）中第一个式子的解具有非常简单的形式：

$$f(t)\propto e^{-iEt/\hbar}$$

结合式（3）可以得到：

$$\psi(x,\ t) = \psi(x)\mathrm{e}^{-\mathrm{i}Et/\hbar}$$

具有变量分离形式的解一般都是特解，因此我们需要将这些特解叠加在一起得到一般解。薛定谔方程的一般解是：

$$\psi(x,\ t) = \sum_E C_E \psi_E(x)\mathrm{e}^{-\mathrm{i}Et/\hbar}$$

可见，求解薛定谔方程的关键是求解定态薛定谔方程。

二、研究无限深方势阱，得到分立的能级

从上面的分析可以看出，求解薛定谔方程最主要的步骤是求解定态薛定谔方程。如果我们不关心一般物理态随时间的演化，只关心系统的能量，我们甚至都不需要处理原始的薛定谔方程，直接求解定态薛定谔方程即可。

接下来我们以一维无限深方势阱为例求解定态薛定谔方程，看一看在这个情况下波函数到底长什么样子。

无限深方势阱指的是当 $x < 0$ 或者 $x > a$ 时势能无穷大，在中间部分势能为 0：

$$U(x) = 0,\ 0 < x < a$$

$$U(x) = \infty,\ x \leqslant 0 \ \text{或者} \ x \geqslant a$$

这种情形对应于电子在金属中运动：在金属内部电子可以自由运动，但是金属外面存在巨大的势垒，这导致电子无法跑到金属外部。这个模型就像一个巨大的势阱。那么，电子在金属内部是怎样运动的呢？这就需要求解无限深方势阱中的薛定谔方程。无限深方势阱是量子力学中最简单的模型之一，求解它可以让我们对什么是薛定谔方程，什么是波函数以及薛定谔方程该怎么求解有一个初步认识。

首先我们要明确一点，波函数应该满足三个性质：连续的、单值的、

可归一的。后面我们将会看到，满足这些条件的无限深方势阱定态波函数将会导致能量是分立的。

接下来我们求解无限深方势阱的定态薛定谔方程。由于 $x<0$ 以及 $x>a$ 处的势能是无穷大，粒子无法进入，除非粒子具有无穷大的能量，所以波函数在这些区域内一定等于 0。在中间区域的定态薛定谔方程为：

$$-\frac{\hbar^2}{2m}\frac{d^2}{dx^2}\psi(x) = E\psi(x), \quad (0<x<a)$$

这是一个线性微分方程，它和经典力学中的谐振子运动方程形式相同。但是，波函数可以取复数值，因此我们应该在复函数域中求解这个方程。这个方程存在两个特解，分别是 e^{ikx} 和 e^{-ikx}，其中 $k=\sqrt{2mE/\hbar^2}$。

借助叠加原理，一般解可以写成：

$$\psi(x) = Ae^{ikx} + Be^{-ikx}$$

考虑到波函数的连续性，在 $x=0$ 处应该有：

$$\psi(0) = A + B = 0$$

于是 $A=-B$，这时候波函数可以写成：

$$\psi(x) = A\left(e^{ikx} - e^{-ikx}\right) = 2iA\sin kx = \alpha\sin kx$$

其中已经将系数重定义成了 α。在 $x=a$ 处，同样有：

$$\psi(a) = \alpha\sin ka = 0$$

于是：

$$ka = n\pi \quad (n=1,\,2,\,3\cdots)$$

注意，n 也可以取负整数值，只不过负号可以从正弦函数中提取出来，总体上波函数只是与 n 取正值时差一个相位因子而已，这不会影响物理结果。不过，由于波函数要满足归一化条件，n 不能取 0 值。利用上面这个结果，我们得到：

$$E = \frac{\hbar^2 k^2}{2m} = \frac{\hbar^2\pi^2}{2ma^2}n^2$$

由于 n 只取正整数值，所以处于无限深方势阱中的粒子能量只能是离散的而不是连续的。这是量子力学中处于定态的粒子的主要特征。

至此，定态波函数中的系数还没有确定下来。我们该怎么求出它的系数呢？回忆波函数的归一化条件，我们有：

$$\int_{-\infty}^{\infty} |\psi_n|^2 \, dx = |\alpha|^2 \int_0^a \sin^2\left(\frac{n\pi x}{a}\right) dx = 1$$

把其中的积分求出来，立即得到 $|\alpha|^2 = 2/a$。因为我们考虑的是复数域，满足要求的 α 有很多，不过简单起见我们取 $\alpha = \sqrt{2/a}$。这样，我们就得到了完整的解：

$$\psi_n(x) = \sqrt{\frac{2}{a}} \sin\left(\frac{n\pi}{a} x\right), \quad (n = 1,\ 2,\ 3\cdots)$$

这个波函数与经典力学中的驻波类似，并且能量与振动频率联系了起来。一般情形的薛定谔方程非常复杂，对于一些特殊的情形我们会在后面的章节中进行求解。

三、傅立叶变换在量子力学中的物理意义

接下来，我们用傅立叶展开来研究波函数。傅里叶变换告诉我们，通常一个函数可以展开成平面波的叠加：

$$\psi(x) = \frac{1}{\sqrt{2\pi}} \int \varphi(k) e^{ikx} dk \tag{6}$$

这是一个纯粹的数学公式，但是物理学家经常将其用到波函数上。为了求出 $\varphi(k)$，可以做以下计算：

$$
\begin{aligned}
& \frac{1}{\sqrt{2\pi}} \int \psi(x) e^{-ikx} dx \\
&= \frac{1}{\sqrt{2\pi}} \int e^{-ikx} dx \frac{1}{\sqrt{2\pi}} \int dk' \varphi(k') e^{ik'x} \\
&= \frac{1}{2\pi} \int dk' \varphi(k') \int dx e^{i(k'-k)x} \\
&= \frac{1}{2\pi} \int dk' \varphi(k') 2\pi \delta(k'-k) \\
&= \varphi(k)
\end{aligned}
\tag{7}
$$

式（7）被称为逆傅立叶变换，它的推导使用了如下结果：

$$\int e^{i(k-k')x}dx = 2\pi\delta(k-k')$$

从式（6）、式（7）可以看出，每个波函数都可以看成是平面波的叠加。平面波满足：

$$\frac{\hbar}{i}\frac{\partial}{\partial x}e^{ikx} = \hbar k e^{ikx} \tag{8}$$

根据德布罗意关系，$\hbar k$ 是正是粒子动量 p。因此，$-i\hbar\partial/\partial x$ 为动量算符 $\hat{p}$。式（8）可以被重新写成

$$\hat{p}\psi_p = p\psi_p$$

其中 $\psi_p = e^{ipx/\hbar} = e^{ikx}$，它是动量算符的本征函数，$p$ 是对应的本征值。

薛定谔方程是一个齐次线性方程，因此两个或者多个满足薛定谔方程的解的线性叠加依然是薛定谔方程的解。所以，波函数构成一个线性空间。进一步，波函数空间可以定义内积，并且由这个内积诱导的度量是个完备度量。根据数学上对希尔伯特空间的定义：完备的内积空间被称为希尔伯特空间。因此，波函数空间是希尔伯特空间。

希尔伯特空间的概念还是太抽象了，不过我们可以借助三维空间来理解。在三维空间中，任何矢量都可以在直角坐标系的基矢下展开，比如位置矢量：

$$\vec{r} = x\vec{i} + y\vec{j} + z\vec{k}$$

其中 $\vec{i}$、$\vec{j}$ 与 $\vec{k}$ 是单位基矢，满足：

$$\vec{i}\cdot\vec{j} = \vec{j}\cdot\vec{k} = \vec{k}\cdot\vec{i} = 0$$

我们可以用另一组符号来表示这一组基矢：

$$\vec{e}_1 = \vec{i}, \vec{e}_2 = \vec{j}, \vec{e}_3 = \vec{k}$$

于是我们有：

$$\vec{e}_i \cdot \vec{e}_j = \delta_{ij}$$

其中的 δ_{ij} 被定义为：

$$\delta_{ij} = \begin{cases} 1, & \text{对于 } i = j \\ 0, & \text{对于 } i \neq j \end{cases}$$

这样一组基被称为单位正交基。在这组单位正交基下，位置矢量可以被记为：

$$\vec{r} = \sum_i c_i \vec{e}_i$$

那么

$$\vec{r} \cdot \vec{r} = \sum_{i,j} c_i c_j \vec{e}_i \cdot \vec{e}_j = \sum_{i,j} c_i c_j \delta_{ij} = \sum_i c_i^2$$

当然，单位正交基有很多种，比如球坐标的基矢可以作为一组单位正交基，在这组基矢下位置矢量表示为 $\vec{r} = r\vec{e}_r$。

介绍完三维空间的情况，就可以对波函数空间做出类似的表述了。把波函数空间内的函数看成矢量，它们有与三维空间类似的"点乘"，更正式地，应该表述为内积，具体形式如下：

$$\int \psi_1^*(x)\psi_2(x)\mathrm{d}x$$

波函数空间上也存在相应的单位正交基。特别是，每一个经典物理量对应的算符都是厄米算符，它们各自的本征矢全体在归一化后构成一组完备正交基。比如，对于动量算符，它的本征矢满足

$$\hat{p}\psi_p = p\psi_p$$

这是前面介绍的结果。假如动量本征矢已经归一化，那么正交条件将会是

$$\int \psi_{p'}^*(x)\psi_p(x)\mathrm{d}x = \delta(p - p')$$

既然这组本征矢构成一组单位正交基，那么任何一个波函数都可以借助这组本征矢进行展开：

$$\psi(x) = \sum_p c_p \psi_p(x) = \int \mathrm{d}p\,\varphi(p)\psi_p(x)$$

上式已经将离散求和形式改写为积分形式，这是因为动量算符的本征值在很多情况下都是连续的。

我们刚刚讨论的这些内容与傅里叶展开有什么关系吗？事实上，不仅有关系，而且关系匪浅。动量本征函数正比于平面波函数，而傅里叶展开就是将一个函数展开成平面波的叠加，这不正是波函数以动量本征矢为基做展开吗？所以，傅里叶展开本质上就是希尔伯特空间上的一种正交基展开。

进一步地，我们能够得到一个具体的态 $\psi(x)$ 的动量平均值为：

$$\langle \hat{p} \rangle = \int \psi^*(x) \hat{p} \psi(x) \mathrm{d}x$$

为了理解为什么上式表示动量平均值，可以将 $\psi(x)$ 在动量本征矢下的展开式代入，有：

$$
\begin{aligned}
\langle \hat{p} \rangle &= \int \mathrm{d}x \iint \varphi^*(p') \varphi(p) \psi_{p'}^*(x) p \psi(x) \mathrm{d}p' \mathrm{d}p \\
&= \iint \varphi^*(p') \varphi(p) p \left(\int \psi_{p'}^*(x) \psi(x) \mathrm{d}x \right) \mathrm{d}p' \mathrm{d}p \\
&= \iint \varphi^*(p') \varphi(p) p \delta(p - p') \mathrm{d}p' \mathrm{d}p \\
&= \int |\varphi(p)|^2 \, p \mathrm{d}p
\end{aligned}
$$

回想前面介绍的统计诠释，其实它不仅可以用在空间坐标上，它还可以拓展到沿任意一组本征矢的展开式上，其中的展开系数的模方就表示系统在测量对应物理量后处于相应本征态的概率（密度）。比如 $|\varphi(p)|^2$ 就表示测量动量后得到的动量值对应的密度分布。因此，刚刚介绍的动量均值公式是合理的。

四、从傅里叶变换到不确定性原理

对于动量本征态，它的动量是确定的，不确定度为 0。而它在坐标空间却充满整个空间，因此位置的不确定度为无穷大。这满足不确定性原理。

对于一般的物理态，它可以展开成动量本征态的线性叠加：

$$\psi(x) = \frac{1}{\sqrt{2\pi}} \int_{-\infty}^{+\infty} \varphi(k) \mathrm{e}^{\mathrm{i}kx} \mathrm{d}k$$

假设 $\varphi(k)$ 的最大值处在 k_0 处，并且 $|\varphi(k)|$ 取值较大的部分集中在 k_0 的 $\pm\Delta k$ 范围内。这意味着什么呢？考虑到统计诠释对 $|\varphi(k)|^2$ 的概率解释，所以这意味着 k 的不确定度约为 Δk 。 $|\varphi(k)|$ 的函数图示如下：

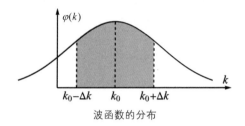

波函数的分布

我们设

$$k = k_0 + \tilde{k}$$

以及

$$\tilde{\varphi}(\tilde{k}) = \varphi(k_0 + \tilde{k})$$

这相当于把 $|\varphi(k)|$ 的最大值平移到了原点处。利用 $\tilde{\varphi}(\tilde{k})$ 可以得到

$$\psi(x) = \frac{e^{ik_0 x}}{\sqrt{2\pi}} \int_{-\infty}^{+\infty} \tilde{\varphi}(\tilde{k}) e^{i\tilde{k}x} d\tilde{k}$$

由于在 $|\varphi(k)|$ 的最大值点的 $\pm\Delta k$ 范围外 $\varphi(k)$ 约等于 0，所以可以将上述积分近似为

$$\psi(x) = \frac{e^{ik_0 x}}{\sqrt{2\pi}} \int_{-\Delta k}^{+\Delta k} \tilde{\varphi}(\tilde{k}) e^{i\tilde{k}x} d\tilde{k}$$

积分前面的相位可以暂时忽略，积分内的指数函数可以展开为

$$e^{i\tilde{k}x} = \cos(\tilde{k}x) + i\sin(\tilde{k}x)$$

它的实部和虚部都是在 -1 和 1 之间来回震荡的。当 $\Delta x \Delta k > 1$ 时，积分内的指数函数会在积分区间里快速震荡，从而使得积分值非常小；当 $\Delta x \Delta k < 1$ 时，积分内的指数函数比较平缓，积分值一般不接近于 0。所以，位置波函数主要集中在 $\Delta x \Delta k < 1$ 处。因为 Δx 衡量的是位置波函数的弥散程度，所以 $\Delta x \approx 1/\Delta k$ 。考虑到当 $\Delta x \Delta k$ 大于 1 时，波函数不是严格等于 0，

所以 Δx 有可能大于 $1/\Delta k$ ，所以严格的表述是， $\Delta x \Delta k \gtrsim 1$ 。考虑到 k 和动量 p 的关系，我们得到

$$\Delta x \Delta p \gtrsim \hbar$$

这正是位置和动量的不确定性原理。

这里的推导只使用波函数在动量空间的展开，而这个展开本质上是傅里叶变换。所以说，是傅里叶变换的性质导致了不确定性原理。傅里叶变换和傅里叶级数在两百多年前就被发现了，比量子力学的提出早一百多年。那为什么当时的人们没能发现不确定性原理呢？这是因为要想得到不确定性原理，还需要把傅里叶变换的频率 k 与动量 p 建立起关系，并且需要量子力学的统计诠释，这在两百多年前是没有的。

[小 结]
Summary

在一般情况下，薛定谔方程的求解都非常复杂，甚至会出现没有解析解的情况。无限深方势阱作为少数可以解析求解的例子为我们展示了量子力学的基本特征，能量量子化一般都由波函数的边值条件所决定。在实际应用中，我们也经常利用简单的模型研究复杂的体系，通过简单模型得到的结果往往可以反映复杂体系的基本特征。在这一节的后半部分，我们介绍了傅里叶变换与希尔伯特空间基矢展开的关系，并借助傅里叶变换半定量地推导了不确定性原理。

▲

从"氢"开始研究

▼

求解氢原子模型（一）
—— 将二体问题化为单体问题[1]

~~~~~~

摘要：本节课程将介绍算对易关系和运算规则，将二体系统化为质心运动部分与相对运动部分。我们尝试在三维空间坐标系下应用薛定谔方程，研究氢原子的定态解并寻找新的正则变量，为后续课程解决氢原子问题，做好知识和推导上的准备。

20 世纪初，物理学家面临的最大的问题之一是无法解释原子的光谱。那么我们是否可以通过量子力学解决这些问题？现在我们就来使用量子力学研究原子的问题。当然，我们要从最简单的情况入手，什么原子最简单？当然是氢原子！我们曾经讲过，宇宙大爆炸之后温度逐渐降低，慢慢地，质子出现了。再后来质子捕获一个电子就形成了氢原子。宇宙中存在极其大量的氢原子，比如太阳上几乎全是氢，氢的聚变为太阳的燃烧提供了燃料。地球上也存在大量的氢元素，水中甚至人体中都富含氢元素。通过研究氢原子我们就能理解原子的 s，p，d，f 等壳层结构、化学键的含义和水分子的极性等。可以说理解了氢原子就能理解万物。既然我们已经学习了量子力学，接下来我们就应该利用量子力学详细研究氢原子。在历史

上，对氢原子能级结构的计算还证明了薛定谔方程的正确性。

虽然氢原子是最简单的原子，但是求解氢原子的波函数比求解无限深方势阱的波函数要难得多。首先它从一个一维问题变成一个三维问题，它包含一个质子和一个电子，每个质子和电子都在三维空间中运动。我们要处理的问题从单体问题变成了两体问题，别小看一个氢原子，它是非常复杂的！

一、从一维走向三维

氢原子包含一个质子一个电子。按照经典理论，电子在原子核周围转动，按照量子理论，电子是原子核周围的波函数。我们要做的就是求出描述电子的波函数，以及电子的能量。电子感受到的势场是：

$$u(r) = -\frac{e^2}{r} = -\frac{q^2}{4\pi\varepsilon_0 r}$$

其中 q 是元电荷，r 是质子与电子之间的距离，ε_0 是真空中的介电常数。

势能看起来简单，但解起来可不简单。从一维到三维，电子和质子坐标表示为：

$$\vec{x}_e = x_e\vec{i} + y_e\vec{j} + z_e\vec{k}$$
$$\vec{x}_p = x_p\vec{i} + y_p\vec{j} + z_p\vec{k}$$

动量算符表示为：

$$\hat{\vec{p}}_e = \vec{\nabla}_e = \frac{\hbar}{i}[\frac{\partial}{\partial x_e}\vec{i} + \frac{\partial}{\partial y_e}\vec{j} + \frac{\partial}{\partial z_e}\vec{k}]$$
$$\hat{\vec{p}}_p = \vec{\nabla}_p = \frac{\hbar}{i}[\frac{\partial}{\partial x_p}\vec{i} + \frac{\partial}{\partial y_p}\vec{j} + \frac{\partial}{\partial z_p}\vec{k}]$$

哈密顿量表示为：

$$\hat{H} = \frac{\hat{\vec{p}}_e^{\,2}}{2m_e} + \frac{\hat{\vec{p}}_p^{\,2}}{2m_p} + u\left(\left|\vec{x}_e - \vec{x}_p\right|\right)$$

了解算符的规则有利于我们解出本征函数。

氢原子的波函数应该写成：

$$\psi(\vec{x}_e, \vec{x}_p)$$

它是描述氢原子的整体波函数。

相应地，在坐标 $(\vec{x}_e, \vec{x}_p)$ 附近的体积元 $d^3\vec{x}_e d^3\vec{x}_p$ 里找到粒子的概率是：

$$\left|\psi(\vec{x}_e, \vec{x}_p)\right|^2 d^3\vec{x}_e d^3\vec{x}_p$$

想要解决氢原子问题还是要引入简化。借用经典力学中的质心的概念，我们来论证是否可以把氢原子问题简化成质心的运动和相对质心的运动。在这之前，我们先讲解算符之间的规则。

二、算符乘法的顺序不能随意颠倒

算符可以相加，算符之和作用到波函数上，定义为算符分别作用到波函数上再求和。加法满足交换率与结合律，跟数的加法无异。但是算符的乘法就与数的乘法非常不同了。算符之积作用到波函数上，定义为先作用右边的算符再作用左边的算符。$\hat{A}$ 算符先作用在波函数上然后再用 $\hat{B}$ 算符作用和先用 $\hat{B}$ 算符作用波函数上然后再用 $\hat{A}$ 算符作用效果不一定一样，这导致了量子力学与经典力学有非常不同的性质。为了描述这种乘积顺序的不对易性，我们引入"对易关系"，将两个算符之积的不同顺序相减，具体用数学符号表示为：

$$[\hat{A}, \hat{B}] = \hat{A}\hat{B} - \hat{B}\hat{A} \tag{1}$$

如果 $[\hat{A}, \hat{B}] = 0$，就说 $\hat{A}$ 和 $\hat{B}$ 可对易。如果 $[\hat{A}, \hat{B}] \neq 0$，就说 $\hat{A}$ 和 $\hat{B}$ 不可对易。

最著名的不可对易算符是动量算符和位置算符：

$$[\hat{x}, \hat{p}] = i\hbar$$

它们之间的不可对易性导致了不确定性原理。

这个关系可以直接推广到三维情况：

$$\left[\hat{x}_i, \hat{p}_j\right] = i\hbar\delta_{ij}$$

其中 δ_{ij} 是克罗内克函数，若 i 与 j 相等，则其输出值为 1，否则为 0。

接下来直接给出对易子之间的运算规则：

$$
\begin{aligned}
&\left[\hat{A}, \hat{B}\right] = -\left[\hat{B}, \hat{A}\right] \\
&\left[\hat{A}, \hat{B}+\hat{C}\right] = \left[\hat{A}, \hat{B}\right] + \left[\hat{A}, \hat{C}\right] \\
&\left[\hat{A}, \hat{B}\hat{C}\right] = \left[\hat{A}, \hat{B}\right]\hat{C} + \hat{B}\left[\hat{A}, \hat{C}\right] \\
&\left[\hat{A}\hat{B}, \hat{C}\right] = \left[\hat{A}, \hat{C}\right]\hat{B} + \hat{A}\left[\hat{B}, \hat{C}\right]
\end{aligned}
\tag{2}
$$

了解这些运算法则利于我们求解量子力学问题。同时，我们希望找到一组相互可对易的物理量来求解问题。

三、两体系统质心坐标和相对坐标相互分离

实际上，氢原子由质子与电子组成，其薛定谔方程包含描述质子与电子的算符，是个二体系统。我们回过头来看氢原子的哈密顿量：

$$\hat{H} = \frac{\hat{\bar{p}}_e^{\,2}}{2m_e} + \frac{\hat{\bar{p}}_p^{\,2}}{2m_p} + u\left(\left|\vec{x}_e - \vec{x}_p\right|\right) \tag{3}$$

其中 m_e 是电子质量，m_p 是质子质量，$\hat{\bar{p}}_e$ 是电子的动量，$\hat{\bar{p}}_p$ 是质子的动量。

虽然氢原子的薛定谔方程中，电子与质子的动能项是分开的，但由于质子与电子之间的势能与它们之间的相对距离有关，所以不能单纯地把电子与质子分开，这会导致这个方程变得很复杂。要解这个方程，需要重新找一组变量，这样可以将复杂的二体薛定谔方程分解成单体薛定谔方程。

为了帮助理解，我们先来看看一维空间二体问题的情况。设在一维空间中，描述粒子 1 与粒子 2 的坐标分别为 x_1 与 x_2，那么描述这两粒子系统的波函数具有 $\psi(x_1, x_2)$ 的形式，此波函数在坐标点 (x_1, x_2) 的值的模平方，

诠释为粒子 1 出现在坐标 x_1 同时粒子 2 出现在坐标 x_2 的概率密度。进一步设两个粒子的质量分别为 m_1 与 m_2，且它们之间的相互作用以势能 $u(x_1 - x_2)$ 表示，描述系统的哈密顿算符为：

$$\hat{H} = \frac{\hat{p}_1^2}{2m_1} + \frac{\hat{p}_2^2}{2m_2} + u(x_1 - x_2) \tag{4}$$

而我们还知道其中动量算符的具体的表达式为：

$$\hat{p}_1 = \frac{\hbar}{i}\frac{\partial}{\partial x_1} \qquad \hat{p}_2 = \frac{\hbar}{i}\frac{\partial}{\partial x_2}$$

将动量算符的表达式代入哈密顿算符，可将哈密顿算符写为：

$$\hat{H} = -\frac{\hbar^2}{2m_1}\frac{\partial^2}{\partial x_1^2} - \frac{\hbar^2}{2m_2}\frac{\partial^2}{\partial x_2^2} + u(x_1 - x_2) \tag{5}$$

从上式（5）可见，虽然等号右边的求导算符可以明显分成关于粒子 1 与粒子 2 的单独两项，但势能项则同时与两粒子的坐标有关，它将粒子 1 与粒子 2 耦合在一起，所以哈密顿算符整体不能简单地分离，这为我们求解哈密顿算符的本征方程带来困难。所以我们需要寻找新的变量来描述系统，并且哈密顿算符在新变量的表示下可以分离成不相互耦合的两部分，从而简化微分方程的求解。

由于势能 $u(x_1 - x_2)$ 只与两粒子的相对位置有关，最自然的想法便是选择相对坐标 $x = x_1 - x_2$ 为新变量之一，这样势能 $u(x)$ 只与单独一个变量 x 有关。相对坐标 x 描述的是系统各部分的相对位置情况，不能描述系统整体的位置，但系统的质心坐标 x_{CM} 则可以。所以最终我们选择的新变量为：两粒子的质心坐标 x_{CM} 与相对坐标 x，新旧变量关系如下：

$$x_{CM} = \frac{m_1 x_1 + m_2 x_2}{m_1 + m_2}$$

$$x = x_1 - x_2$$

根据上述表达式，当我们固定新变量 x_{CM} 与 x 中的一个时，另一个变量可以任意取值，并且我们还可将旧变量 x_1 与 x_2 用新变量表示出来：

$$x_1 = x_{CM} + \frac{m_2}{m_1 + m_2} x$$

$$x_2 = x_{CM} - \frac{m_1}{m_1 + m_2} x$$

这说明新变量可以取到旧变量所能取到的所有点，新变量完全可以替代旧变量作为波函数的自变量。于是我们可以令新变量 x_{CM} 与 x 为独立变量，对其中一个变量求偏导数的过程中另一个变量保持不变。波函数具体用新变量 x_{CM} 与 x 表示为：

$$\psi(x_1, x_2) = \psi\left[x_1(x_{CM}, x), x_2(x_{CM}, x)\right] \equiv \psi(x_{CM}, x)$$

这里为了书写方便，新变量表示的函数 $\psi(x_{CM}, x)$ 与旧变量表示的函数 $\psi(x_1, x_2)$ 用同一个符号 ψ 表示，但实际上它们并不是同一个函数。

从上式可以看到，用新变量 x_{CM} 与 x 表示的函数 $\psi(x_{CM}, x)$ 其实是旧变量函数 $\psi(x_1, x_2)$ 与新旧变量关系式的复合函数，那么通过复合函数求导的链式法则可以得到函数 $\psi(x_{CM}, x)$ 关于 x_{CM} 的导数为：

$$\frac{\partial \psi(x_{CM}, x)}{\partial x_{CM}} = \frac{\partial \psi}{\partial x_1}\frac{\partial x_1}{\partial x_{CM}} + \frac{\partial \psi}{\partial x_2}\frac{\partial x_2}{\partial x_{CM}}$$

$$= \frac{\partial \psi}{\partial x_1} + \frac{\partial \psi}{\partial x_2}$$

为了书写方便，将上述求导简写成如下形式（下文类似）：

$$\frac{\partial}{\partial x_{CM}} = \frac{\partial}{\partial x_1} + \frac{\partial}{\partial x_2} \tag{6}$$

同理，通过链式法则可以求得 $\psi(x_{CM}, x)$ 关于 x 的导数为：

$$\frac{\partial}{\partial x} = \frac{\partial x_1}{\partial x}\frac{\partial}{\partial x_1} + \frac{\partial x_2}{\partial x}\frac{\partial}{\partial x_2}$$

$$= \frac{m_2}{m_1 + m_2}\frac{\partial}{\partial x_1} - \frac{m_1}{m_1 + m_2}\frac{\partial}{\partial x_2}$$

进一步定义约化质量：

$$\mu = \frac{m_1 m_2}{m_1 + m_2}$$

则有：

$$\frac{\partial}{\partial x} = \mu\left(\frac{1}{m_1}\frac{\partial}{\partial x_1} - \frac{1}{m_2}\frac{\partial}{\partial x_2}\right) \tag{7}$$

类比粒子动量的定义，可以定义与相对坐标 x 对应的相对动量算符为：

$$\hat{p} = \frac{\hbar}{i}\frac{\partial}{\partial x}$$

那么由式（7）可知 $\hat{p}$ 跟粒子 1 与粒子 2 的动量算符有如下关系：

$$\hat{p} = \mu\left(\frac{\hat{p}_1}{m_1} - \frac{\hat{p}_2}{m_2}\right)$$

注意到在经典力学中，动量 p 与速度 v 的关系为 $p = mv$，那么上述公式在经典力学来看，表明相对动量正是约化质量 μ 乘以相对运动速度，这符合之前在经典力学中求解二体相对运动方程的图像，即二体相对运动部分可以等效成：坐标为相对坐标且质量为约化质量 μ 的质点的运动。

类似地，我们也可以定义与质心坐标 x_{CM} 对应的质心动量算符：

$$\hat{p}_{CM} = \frac{\hbar}{i}\frac{\partial}{\partial x_{CM}}$$

那么根据先前关于质心坐标求导的表达式（6）可以得到：

$$\hat{p}_{CM} = \hat{p}_1 + \hat{p}_2$$

另外，我们知道粒子 1 与粒子 2 的动量算符对易，由此可知质心动量算符与相对动量算符也对易：

$$[\hat{p}, \hat{p}_{CM}] = \left[\mu\left(\frac{\hat{p}_1}{m_1} - \frac{\hat{p}_2}{m_2}\right), \hat{p}_1 + \hat{p}_2\right] = 0$$

用坐标来表示上述算符的对易关系，则可知关于质心坐标的偏导 $\frac{\partial}{\partial x_{CM}}$ 与关于相对坐标的偏导 $\frac{\partial}{\partial x}$ 是可交换的：

$$\frac{\partial}{\partial x_{CM}}\frac{\partial}{\partial x} = \frac{\partial}{\partial x}\frac{\partial}{\partial x_{CM}}$$

实际上，当我们选取 x_{CM} 与 x 为独立变量时，对波函数关于 x_{CM} 与 x

时的偏导就可以交换顺序了。

有了这些准备知识，接下来我们将把哈密顿算符用质心坐标 x_{CM} 与相对坐标 x 这组新变量表示出来。同样也是利用复合函数的链式法则，关于 x_1 的偏导与关于 x_2 的偏导可以分别写为：

$$\frac{\partial}{\partial x_1} = \frac{\partial x_{CM}}{\partial x_1}\frac{\partial}{\partial x_{CM}} + \frac{\partial x}{\partial x_1}\frac{\partial}{\partial x}$$

$$= \frac{m_1}{m_1 + m_2}\frac{\partial}{\partial x_{CM}} + \frac{\partial}{\partial x}$$

与

$$\frac{\partial}{\partial x_2} = \frac{\partial x_{CM}}{\partial x_2}\frac{\partial}{\partial x_{CM}} + \frac{\partial x}{\partial x_2}\frac{\partial}{\partial x}$$

$$= \frac{m_2}{m_1 + m_2}\frac{\partial}{\partial x_{CM}} - \frac{\partial}{\partial x}$$

由于关于质心坐标的偏导与关于相对坐标的偏导是可交换的，那么对它们分别再做一次 x_1 与 x_2 的偏导，进一步得到二次偏导的表达式为：

$$\frac{\partial^2}{\partial x_1^2} = \frac{m_1^2}{(m_1 + m_2)^2}\frac{\partial^2}{\partial x_{CM}^2} + \frac{2m_1}{m_1 + m_2}\frac{\partial}{\partial x_{CM}}\frac{\partial}{\partial x_2} + \frac{\partial^2}{\partial x^2}$$

与

$$\frac{\partial^2}{\partial x_2^2} = \frac{m_2^2}{(m_1 + m_2)^2}\frac{\partial^2}{\partial x_{CM}^2} - \frac{2m_2}{m_1 + m_2}\frac{\partial}{\partial x_{CM}}\frac{\partial}{\partial x_2} + \frac{\partial^2}{\partial x^2}$$

将这两个二次偏导的表达式代入哈密顿算符中并化简，可得到由新变量表示的哈密顿算符为：

$$\hat{H} = -\frac{\hbar^2}{2M}\frac{\partial^2}{\partial x_{CM}^2} - \frac{\hbar^2}{2\mu}\frac{\partial^2}{\partial x^2} + u(x)$$

$$= \frac{\hat{p}_{CM}^2}{2M} + \frac{\hat{p}^2}{2\mu} + u(x)$$

其中 M 是两粒子的总质量，$M = m_1 + m_2$。这个由新变量表达的哈密顿算符具有更好的性质，主要特征是质心坐标 x_{CM} 与相对坐标 x 没有耦合了。接下来就可以采取分离变量法将这两个变量分离开来单独考虑。首先令波函数具有如下变量分离的形式：

$$\psi(x_{CM}, x) = \psi_1(x_{CM})\psi_2(x)$$

将其代入如下哈密顿算符的本征方程中：

$$\hat{H}\psi = E\psi$$

通过化简与移项，可以将此本征方程分解成两个独立的本征方程，其中一个是关于二体系统质心运动部分：

$$-\frac{\hbar^2}{2M}\frac{\partial^2}{\partial x_{CM}^2}\psi_1(x_{CM}) = E_{CM}\psi_1(x_{CM})$$

另一个是二体系统相对运动部分：

$$-\frac{\hbar^2}{2\mu}\frac{\partial^2}{\partial x^2}\psi_2(x) + u(x)\psi_2(x) = E_{re}\psi_2(x)$$

其中我们还要求两方程的本征值与 E 满足如下关系：

$$E_{CM} + E_{re} = E$$

显然经过分解的本征方程只有一个变量，相当于原来复杂的二体问题化为了简单的单体问题，进而可以求解出本征态与本征值来。

根据前面的内容，我们借鉴一维情况的处理方法来处理三维的氢原子情况，引入质心坐标来简化计算：

$$\vec{X} = \frac{m_e\vec{x}_e + m_p\vec{x}_p}{m_e + m_p} \tag{8}$$

同时引入描述电子相对运动坐标：

$$\vec{x} = \vec{x}_e - \vec{x}_p \tag{9}$$

引入总动量算符：

$$\hat{\vec{P}}_{CM} = \hat{\vec{p}}_e + \hat{\vec{p}}_p \tag{10}$$

最后引入相对动量算符：

$$\hat{\vec{p}} = \mu(\frac{\hat{\vec{p}}_e}{m_e} - \frac{\hat{\vec{p}}_p}{m_p}) \tag{11}$$

其中 $\mu = \frac{m_e m_p}{m_e + m_p}$，是约化质量。这样，就从电子、质子的四个动量、位置算符变换到（8）（9）（10）（11）四个算符。

除此之外，我们还关心新的算符是不是一组好的算符，它们的互易关系是什么样的？利用对易子运算规则（2）可以得到：

$$
\begin{aligned}
&\left[X_i, \hat{P}_{\mathrm{CM}j}\right] = \mathrm{i}\hbar\delta_{ij} \\
&\left[x_i, \hat{p}_j\right] = \mathrm{i}\hbar\delta_{ij} \\
&\left[X_i, \hat{p}_j\right] = 0 \\
&\left[x_i, \hat{P}_{\mathrm{CM}j}\right] = 0
\end{aligned}
\tag{12}
$$

其中，$X_1 = X$，$X_2 = Y$，$X_3 = Z$ 以及 $x_1 = x$，$x_2 = y$，$x_3 = z$。对易关系（12）中前两个式子说明我们寻找的新变量保持了动量与位置之间的对易关系，这说明我们找到的新变量满足正则变换。后面两个式子说明质心运动和相对运动之间互不相关，两者可以分开处理。于是 $\hat{P}_{\mathrm{CM}j}$ 可写成 $\dfrac{\hbar}{\mathrm{i}}\dfrac{\partial}{\partial X_i}$，而 $\hat{p}_j$ 也可写成 $\dfrac{\hbar}{\mathrm{i}}\dfrac{\partial}{\partial x_i}$，即：

$$
\hat{\vec{P}}_{\mathrm{CM}} = \vec{\nabla}_{\mathrm{CM}} = \frac{\hbar}{\mathrm{i}}\left[\frac{\partial}{\partial X}\vec{i} + \frac{\partial}{\partial Y}\vec{j} + \frac{\partial}{\partial Z}\vec{k}\right]
$$

$$
\hat{\vec{p}} = \vec{\nabla} = \frac{\hbar}{\mathrm{i}}\left[\frac{\partial}{\partial x}\vec{i} + \frac{\partial}{\partial y}\vec{j} + \frac{\partial}{\partial z}\vec{k}\right]
$$

接下来我们用新算符来表示哈密顿量。首先用新算符表示旧算符，动量之间的变换关系是：

$$
\begin{aligned}
&\hat{\vec{p}}_{\mathrm{e}} = \hat{\vec{p}} + \frac{\mu}{m_{\mathrm{p}}}\hat{\vec{P}}_{\mathrm{CM}} \\
&\hat{\vec{p}}_{\mathrm{p}} = \frac{m_{\mathrm{p}}}{m_{\mathrm{e}} + m_{\mathrm{p}}}\hat{\vec{P}}_{\mathrm{CM}} - \hat{\vec{p}}
\end{aligned}
\tag{13}
$$

把式（13）和式（9）代入哈密顿量中，整理得到新变量下的哈密顿量形式：

$$
\hat{H} = \frac{\hat{\vec{P}}_{\mathrm{CM}}^2}{2M} + \frac{\hat{\vec{p}}^2}{2\mu} + u(|\vec{x}|)
$$

这样就把氢原子的运动变成了质心的运动和质子电子之间的相对运动。

在新形式的哈密顿量中，第一项是关于质心运动的，而第二项与第三项是关于相对运动的，从而波函数的质心运动部分与相对运动部分可以分开，我们可以在新坐标下写出波函数：

$$\psi(\vec{X}, \vec{x}) = \psi_{CM}(\vec{X})\psi(\vec{x}) \tag{14}$$

为了方便书写，函数 $\psi(\vec{X}, \vec{x})$ 和 $\psi(\vec{x})$ 使用同一个符号，实际上它们不是同一个函数。把（14）代入薛定谔方程之中，再利用分离变量法，就将原来的二体定态薛定谔方程，分解为质心运动部分与相对运动部分，它们分别满足自身的定态薛定谔方程：

$$\frac{\hat{\vec{P}}_{CM}^2}{2M}\psi_{CM}(\vec{X}) = E_{CM}\psi_{CM}$$

$$\left[\frac{\hat{\vec{p}}^2}{2\mu} + u(\vec{x})\right]\psi(\vec{x}) = E_{re}\psi(x)$$

$$E_{CM} + E_{re} = E$$

可以看出，能量被分为质心运动能量与相对运动能量，其中质心运动能量对应的薛定谔方程，是描述电子与质子整体自由运动的方程，它的特征解是平面波。而相对运动能量对应的定态薛定谔方程，则是关于氢原子内部结构的方程，氢原子能级与氢原子的波函数将会从这个方程里导出。

[**小 结**]
Summary

我们通过引入质心坐标和相对坐标将两体问题简化成两个单体问题，大大简化了氢原子薛定谔方程的复杂度。质心运动方程和自由粒子的运动方程类似，说明质心可以看成一个自由粒子，这和经典力学的情形类似。相对运动满足的运动方程中包含电子和质子之间的势能项，这一项的存在使得求解变得异常困难。我们将求解它的任务带到后面几章来完成。

对氢原子波函数的求解在量子力学的发展史上起着至关重要的作用。在薛定谔建立波动力学之初，并不能确定理论的正确性，直到氢原子的能级被解出来并且和实验吻合得很好才确立了量子力学的正确性。

▲

求解氢原子模型（二）
—— 哈密顿量算符径向与角向分离[1]

摘要：本节继续讲解氢原子问题求解。为了方便求解氢原子薛定谔方程，我们将利用氢原子问题的球对称性，将拉普拉斯算符在直角坐标的形式变换成球坐标的形式。接着，我们讨论角动量算符的定义与性质，尤其是角动量算符之间的对易关系。最后我们将哈密顿算符分解为径向相关的算符与角动量相关的算符之和，实现径向与角向的分离，最终得到力学量完全集，这将为后面章节完整求解氢原子的薛定谔方程搭建好数学基础。

对于氢原子这样的多自由度系统，只引入哈密顿量这一个物理量是不太方便的。我们还需要引入其他的物理量与它们对应的本征态来描述系统的状态。可以证明，当多个力学量算符相互对易时，它们具有一组共同的本征函数。当系统状态为这些本征态中的任意一个时，这组力学量各自都具有确定的值。如果这组互相对易的力学量算符足够多，使得只要我们确定了它们各自的值，就立刻能唯一确定下系统所处的（本征）态，那么就称这组算符为力学量完全集。由于哈密顿算符对应着系统的能量，因此我们构造力学量完全集时会优先考虑将哈密顿算符包含进来。

在后面章节中我们会发现，氢原子的能级是简并的，因此单独依靠能级不能完全把系统的态给确定下来，这时候我们就需要把其他算符包含进来，用以构成力学量完全集。

在上一节，我们把氢原子的哈密顿量分成质心运动和相对运动两个部分，质心运动部分的特解是平面波，它的性质非常简单。接下来，我们的任务是求解相对运动部分所遵循的运动方程。相对运动哈密顿算符表达式是

$$\hat{H} = -\frac{\hbar^2}{2m}\nabla^2 + u(r) = -\frac{\hbar^2}{2m}\left(\frac{\partial^2}{\partial x^2} + \frac{\partial^2}{\partial y^2} + \frac{\partial^2}{\partial z^2}\right) + u(r) \tag{1}$$

这个哈密顿算符中的势能项只与电子和质子之间的相对距离有关，与它们相对位置的方向无关。对于这样的势场，我们常称之为中心势场。中心势场具有球对称性，这提示我们应该在球坐标系下处理氢原子问题。之后我们会发现，在球坐标中可以引入角动量算符与哈密顿算符一起构成力学量完全集。

一、从直角坐标到球坐标

如图所示，球坐标中的三个坐标分别是 r, θ, φ，对应的三个基矢分别是 $\vec{e}_r, \vec{e}_\theta, \vec{e}_\varphi$。

首先，我们知道，直角坐标和球坐标之间的关系是：

$$x = r\sin\theta\cos\varphi$$
$$y = r\sin\theta\sin\varphi$$
$$z = r\cos\theta$$

这些坐标变换关系可以由简单的三角关系得到。相比于这个坐标变换关系，更重要的是，球坐标的基矢是互相正交的：

$$\vec{e}_r \perp \vec{e}_\theta, \vec{e}_\theta \perp \vec{e}_\varphi, \vec{e}_\varphi \perp \vec{e}_r$$

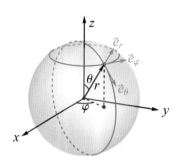

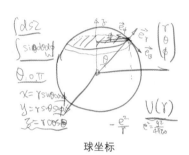

球坐标

因此，在球坐标系的非常小的区域内，球坐标和直角坐标非常相似。为了突出这一点，我们以体积元的计算为例来说明。在直角坐标系上，因为三个坐标基矢互相垂直，因此计算体积元可以直接套用长方体的体积公式：

$$dV = dxdydz$$

在球坐标这里，由于坐标基矢也是互相垂直的，因此体积元也可以通过长方体的体积公式得到。唯一需要注意的是，我们要仔细求出"长方体微元"的各个边长：当 θ 与 φ 保持不变时，半径 r 的变化导致的微元边长为 dr；当 r 与 φ 保持不变时，θ 的改变导致的微元边是一小段圆弧，圆弧半径为 r，因此这段圆弧的长为 $rd\theta$；同理，当 r 与 θ 不变时，φ 改变导致的微元边长为 $r\sin\theta d\varphi$。所以，球坐标下的体积微元公式为：

$$dV = (rd\theta)(r\sin\theta d\varphi)dr$$
$$= r^2\sin\theta d\theta d\varphi dr$$

基矢互相垂直使得在小区域内球坐标和直角坐标相似。这一点也可以用在求梯度算符在球坐标的表达式上。将直角坐标的梯度表示为：

$$\vec{\nabla}\psi = \lim_{\Delta x, \Delta y, \Delta z \to 0}\left(\vec{i}\,\frac{\Delta\psi}{\Delta x} + \vec{j}\,\frac{\Delta\psi}{\Delta y} + \vec{k}\,\frac{\Delta\psi}{\Delta z}\right)$$

考虑到小区域上球坐标与直角坐标相似以及前面介绍的体积微元的边长，梯度也可以表示为：

$$\vec{\nabla}\psi = \lim_{\Delta r, \Delta\theta, \Delta\varphi \to 0}\left(\vec{e}_r\,\frac{\Delta\psi}{\Delta r} + \vec{e}_\theta\,\frac{\Delta\psi}{r\Delta\theta} + \vec{e}_\varphi\,\frac{\Delta\psi}{r\sin\theta\Delta\varphi}\right)$$

求出上式的极限就得到：

$$\vec{\nabla} = \vec{e}_r\,\frac{\partial}{\partial r} + \vec{e}_\theta\,\frac{1}{r}\frac{\partial}{\partial\theta} + \vec{e}_\varphi\,\frac{1}{r\sin\theta}\frac{\partial}{\partial\varphi}$$

这就是球坐标下的梯度算符。因为拉普拉斯算符是梯度算符的平方，所以：

$$\begin{aligned}
\Delta &= \vec{\nabla}\cdot\vec{\nabla} \\
&= \left(\vec{e}_r\,\frac{\partial}{\partial r} + \vec{e}_\theta\,\frac{1}{r}\frac{\partial}{\partial\theta} + \vec{e}_\varphi\,\frac{1}{r\sin\theta}\frac{\partial}{\partial\varphi}\right)\cdot\left(\vec{e}_r\,\frac{\partial}{\partial r} + \vec{e}_\theta\,\frac{1}{r}\frac{\partial}{\partial\theta} + \vec{e}_\varphi\,\frac{1}{r\sin\theta}\frac{\partial}{\partial\varphi}\right)
\end{aligned} \quad (2)$$

将上式展开就可以得到拉普拉斯算符在球坐标下的表达式。不过，与直角坐标系不同的是，球坐标系中基矢 $\vec{e}_r$, $\vec{e}_\theta$, $\vec{e}_\varphi$ 会随着位置的改变而改变，因此，我们还需要知道这些基矢在坐标偏导数的作用下会得到什么结果。

球坐标中三个基矢量 $\vec{e}_r$, $\vec{e}_\theta$, $\vec{e}_\varphi$ 模长为 1，可以改变的是它们的方向。容易知道，当单位矢量 $\vec{e}$ 的无穷小旋转角度是 $\mathrm{d}\varphi$ 时，有 $|\mathrm{d}\vec{e}| = \mathrm{d}\varphi$，这个结论将有助于我们接下来的讨论。

当 r 变大、其他两个坐标保持不变时，三个基矢量方向不变，所以有

$$\frac{\partial}{\partial r}\vec{e}_r = 0, \quad \frac{\partial}{\partial r}\vec{e}_\theta = 0, \quad \frac{\partial}{\partial r}\vec{e}_\varphi = 0$$

当 θ 变大 $\mathrm{d}\theta$、其他两个坐标不变时，$\vec{e}_r$ 旋转的角度是 $\mathrm{d}\theta$，它的变化与 $\vec{e}_\theta$ 同向，所以 $\mathrm{d}\vec{e}_r = \mathrm{d}\theta\cdot\vec{e}_\theta$；$\vec{e}_\theta$ 旋转的角度也是 $\mathrm{d}\theta$，它的变化与 $-\vec{e}_r$ 同向，所以 $\mathrm{d}\vec{e}_\theta = -\mathrm{d}\theta\cdot\vec{e}_r$，$\vec{e}_\varphi$ 的方向保持不变。综合可得

$$\frac{\partial}{\partial\theta}\vec{e}_r = \frac{\mathrm{d}\theta\cdot\vec{e}_\theta}{\mathrm{d}\theta} = \vec{e}_\theta$$

$$\frac{\partial}{\partial\theta}\vec{e}_\theta = -\frac{\mathrm{d}\theta\cdot\vec{e}_r}{\mathrm{d}\theta} = -\vec{e}_r$$

$$\frac{\partial}{\partial\theta}\vec{e}_\varphi = 0$$

当 φ 变大 $\mathrm{d}\varphi$、其他两个坐标不变时，相当于所有基矢都绕着 z 轴旋转了 $\mathrm{d}\varphi$ 角度。但是，由于基矢一般不垂直于旋转轴，所以这些基矢的变化角度不一定等于 $\mathrm{d}\varphi$。我们知道，水平方向（平行于 xy 平面的方向）才是垂直于 z 轴的，因此我们对 $\vec{e}_r$ 与 $\vec{e}_\theta$ 作如下分解：

$$\vec{e}_r = \cos\theta\vec{k} + \sin\theta\vec{e}_\rho$$

$$\vec{e}_\theta = -\sin\theta\vec{k} + \cos\theta\vec{e}_\rho$$

其中 $\vec{k}$ 是 z 方向的单位矢量，$\vec{e}_\rho$ 是 xy 平面上的径向单位矢量，相当于柱坐标下的径向单位矢量。$\vec{e}_\rho$ 垂直于 z 轴，因此当绕着 z 轴旋转 $\mathrm{d}\varphi$ 角度时，$\vec{e}_\rho$ 旋转的角度是 $\mathrm{d}\varphi$，它的变化与 $\vec{e}_\varphi$ 同向，所以 $\mathrm{d}\vec{e}_\rho = \mathrm{d}\varphi\cdot\vec{e}_\varphi$，换言之 $\partial\vec{e}_\rho/\partial\varphi = \vec{e}_\varphi$。又因为 $\vec{k}$ 是不随位置改变的矢量，所以

$$\frac{\partial\vec{e}_r}{\partial\varphi} = \frac{\partial}{\partial\varphi}\left(\cos\theta\vec{k} + \sin\theta\vec{e}_\rho\right) = \sin\theta\vec{e}_\varphi$$

$$\frac{\partial\vec{e}_\theta}{\partial\varphi} = \frac{\partial}{\partial\varphi}\left(-\sin\theta\vec{k} + \cos\theta\vec{e}_\rho\right) = \cos\theta\vec{e}_\varphi$$

注意到 $\vec{e}_\varphi = \vec{e}_r \times \vec{e}_\theta$，所以

$$\frac{\partial\vec{e}_\varphi}{\partial\varphi} = \frac{\partial\vec{e}_r}{\partial\varphi} \times \vec{e}_\theta + \vec{e}_r \times \frac{\partial\vec{e}_\theta}{\partial\varphi}$$

$$= \sin\theta\vec{e}_\varphi \times \vec{e}_\theta + \cos\theta\vec{e}_r \times \vec{e}_\varphi$$

$$= -\sin\theta\vec{e}_r - \cos\theta\vec{e}_\theta$$

有了这些基础，我们就可以计算球坐标下的拉普拉斯算符了，最直接的方法是用求导法则对式（2）作展开，不过我们可以使用一些技巧来简化计算。首先有

$$\left(\vec{e}_r\frac{\partial}{\partial r}\right)\cdot\vec{\nabla} = \frac{\partial}{\partial r}\left(\vec{e}_r\cdot\vec{\nabla}\right) - \frac{\partial\vec{e}_r}{\partial r}\cdot\vec{\nabla}$$

$$= \frac{\partial}{\partial r}\left(\frac{\partial}{\partial r}\right) = \frac{\partial^2}{\partial r^2}$$

以及

$$\left(\vec{e}_\theta \frac{\partial}{\partial\theta}\right)\cdot\vec{\nabla} = \frac{\partial}{\partial\theta}\left(\vec{e}_\theta\cdot\vec{\nabla}\right) - \frac{\partial\vec{e}_\theta}{\partial\theta}\cdot\vec{\nabla}$$

$$= \frac{\partial}{\partial\theta}\left(\frac{1}{r}\frac{\partial}{\partial\theta}\right) + \vec{e}_r\cdot\vec{\nabla}$$

$$= \frac{1}{r}\frac{\partial^2}{\partial\theta^2} + \frac{\partial}{\partial r}$$

和

$$\left(\vec{e}_\varphi \frac{\partial}{\partial\varphi}\right)\cdot\vec{\nabla} = \frac{\partial}{\partial\varphi}\left(\vec{e}_\varphi\cdot\vec{\nabla}\right) - \frac{\partial\vec{e}_\varphi}{\partial\varphi}\cdot\vec{\nabla}$$

$$= \frac{\partial}{\partial\varphi}\left(\frac{1}{r\sin\theta}\frac{\partial}{\partial\varphi}\right) + \left(\sin\theta\vec{e}_r + \cos\theta\vec{e}_\theta\right)\cdot\vec{\nabla}$$

$$= \frac{1}{r\sin\theta}\frac{\partial^2}{\partial\varphi^2} + \sin\theta\frac{\partial}{\partial r} + \frac{\cos\theta}{r}\frac{\partial}{\partial\theta}$$

利用这三个结果，可以得到

$$\Delta = \vec{\nabla}\cdot\vec{\nabla}$$

$$= \left(\vec{e}_r\frac{\partial}{\partial r}\right)\cdot\vec{\nabla} + \frac{1}{r}\left(\vec{e}_\theta\frac{\partial}{\partial\theta}\right)\cdot\vec{\nabla} + \frac{1}{r\sin\theta}\left(\vec{e}_\varphi\frac{\partial}{\partial\varphi}\right)\cdot\vec{\nabla}$$

$$= \frac{\partial^2}{\partial r^2} + \frac{1}{r}\left(\frac{1}{r}\frac{\partial^2}{\partial\theta^2} + \frac{\partial}{\partial r}\right) + \frac{1}{r\sin\theta}\left(\frac{1}{r\sin\theta}\frac{\partial^2}{\partial\varphi^2} + \sin\theta\frac{\partial}{\partial r} + \frac{\cos\theta}{r}\frac{\partial}{\partial\theta}\right)$$

$$= \left(\frac{\partial^2}{\partial r^2} + \frac{2}{r}\frac{\partial}{\partial r}\right) + \left(\frac{1}{r^2}\frac{\partial^2}{\partial\theta^2} + \frac{\cos\theta}{r^2\sin\theta}\frac{\partial}{\partial\theta}\right) + \frac{1}{r^2\sin^2\theta}\frac{\partial^2}{\partial\varphi^2}$$

$$= \frac{1}{r^2}\frac{\partial}{\partial r}\left(r^2\frac{\partial}{\partial r}\right) + \frac{1}{r^2}\left[\frac{1}{\sin\theta}\frac{\partial}{\partial\theta}\left(\sin\theta\frac{\partial}{\partial\theta}\right) + \frac{1}{\sin^2\theta}\frac{\partial^2}{\partial\varphi^2}\right]$$

这就是拉普拉斯算符在球坐标下的形式。将其代入哈密顿算符里边就可以得到哈密顿算符在球坐标下的形式了：

$$\hat{H} = -\frac{\hbar^2}{2m}\vec{\nabla}^2 + u(r)$$

$$= -\frac{\hbar^2}{2mr^2}\left[\frac{\partial}{\partial r}\left(r^2\frac{\partial}{\partial r}\right) + \frac{1}{\sin\theta}\frac{\partial}{\partial\theta}\left(\sin\theta\frac{\partial}{\partial\theta}\right) + \frac{1}{\sin^2\theta}\frac{\partial^2}{\partial\varphi^2}\right] + u(r)$$

哈密顿算符在球坐标下的形式比直角坐标的形式复杂得多，这怎么能简化氢原子问题的求解呢？事实上，球坐标的主要作用是使得中心力场问题的径向部分与角向部分能够分离开来。从拉普拉斯算符的球坐标形式可以看到，角度坐标全都包含在中括号里边，因此在哈密顿算符的球坐标形式中，角向与径向已经实现了一定程度的分离。

二、角动量的引入 氢原子问题中的对易算符

回忆经典力学中的中心力场问题，比如万有引力下的卫星运动，其中有一个重要的守恒量是角动量。氢原子问题也是中心力场问题的一种，因此我们可以从直觉上判断引入角动量将能进一步简化问题。为了达到这一点，我们不仅需要知道角动量算符是怎样的，还需要求出角动量算符在球坐标下的表达式。根据经典力学，量子力学中的角动量算符应该等于：

$$\hat{\vec{L}} = \vec{r} \times \vec{p}$$

我们先在直角坐标下分析一下角动量算符。角动量算符在直角坐标下的展开式为：

$$\hat{\vec{L}} = \vec{r} \times \hat{\vec{p}} = \begin{vmatrix} \vec{i} & \vec{j} & \vec{k} \\ x & y & z \\ \hat{p}_x & \hat{p}_y & \hat{p}_z \end{vmatrix}$$

$$= \vec{i}(y\hat{p}_z - z\hat{p}_y) + \vec{j}(z\hat{p}_x - x\hat{p}_z) + \vec{k}(x\hat{p}_y - y\hat{p}_x)$$

$$= \vec{i}\hat{L}_x + \vec{j}\hat{L}_y + \vec{k}\hat{L}_z$$

利用正则对易关系，我们可以得到角动量分量之间的对易关系为：

$$[\hat{L}_x, \hat{L}_y] = [y\hat{p}_z - z\hat{p}_y, z\hat{p}_x - x\hat{p}_z]$$

$$= y[\hat{p}_z, z]\hat{p}_x + x[z, \hat{p}_z]\hat{p}_y$$

$$= y(-i\hbar)\hat{p}_x + x(i\hbar)\hat{p}_y$$

$$= i\hbar(x\hat{p}_y - y\hat{p}_x)$$

$$= i\hbar\hat{L}_z$$

同理有：

$$[\hat{L}_y, \hat{L}_z] = i\hbar\hat{L}_x, \ [\hat{L}_z, \hat{L}_x] = i\hbar\hat{L}_y$$

因此，角动量算符之间不可对易。不过，可以直接证明，角动量算符

的平方

$$\hat{L}^2 = \hat{L}_x^2 + \hat{L}_y^2 + \hat{L}_z^2$$

是与 $\hat{L}_z$ 对易的:

$$
\begin{aligned}
[\hat{L}_z, \hat{L}^2] &= [\hat{L}_z, \hat{L}_x\hat{L}_x + \hat{L}_y\hat{L}_y + \hat{L}_z\hat{L}_z] \\
&= [\hat{L}_z, \hat{L}_x]\hat{L}_x + \hat{L}_x[\hat{L}_z, \hat{L}_x] + [\hat{L}_z, \hat{L}_y]\hat{L}_y + \hat{L}_y[\hat{L}_z, \hat{L}_y] \\
&= i\hbar\hat{L}_y\hat{L}_x + i\hbar\hat{L}_x\hat{L}_y - i\hbar\hat{L}_x\hat{L}_y - i\hbar\hat{L}_x\hat{L}_y = 0
\end{aligned}
$$

接下来我们分析角动量算符在球坐标下的形式，这可以直接使用角动量算符的定义来求:

$$
\begin{aligned}
\hat{\vec{L}} &= \vec{r} \times \hat{\vec{p}} = -i\hbar\vec{r} \times \vec{\nabla} \\
&= -i\hbar \begin{vmatrix} \vec{e}_r & \vec{e}_\theta & \vec{e}_\theta \\ r & 0 & 0 \\ \frac{\partial}{\partial r} & \frac{1}{r}\frac{\partial}{\partial \theta} & \frac{1}{r\sin\theta}\frac{\partial}{\partial \varphi} \end{vmatrix} \\
&= \vec{e}_\theta \frac{i\hbar}{\sin\theta}\frac{\partial}{\partial \varphi} - i\hbar\vec{e}_\varphi\frac{\partial}{\partial \theta}
\end{aligned}
$$

可以看到，角动量算符是一阶导数算符，而哈密顿算符是二阶导数算符，为了看出哈密顿算符和角动量算符的关系，我们接着求角动量平方算符的球坐标形式。在这里我们同样可以使用前面介绍过的技巧，首先有:

$$
\begin{aligned}
\left(\vec{e}_\theta\frac{\partial}{\partial \varphi}\right) \cdot \hat{\vec{L}} &= \frac{\partial}{\partial \varphi}\left(\vec{e}_\theta \cdot \hat{\vec{L}}\right) - \frac{\partial \vec{e}_\theta}{\partial \varphi} \cdot \hat{\vec{L}} \\
&= \frac{\partial}{\partial \varphi}\left(\frac{i\hbar}{\sin\theta}\frac{\partial}{\partial \varphi}\right) - \cos\theta\vec{e}_\varphi \cdot \hat{\vec{L}} \\
&= \frac{i\hbar}{\sin\theta}\frac{\partial^2}{\partial \varphi^2} + i\hbar\cos\theta\frac{\partial}{\partial \theta}
\end{aligned}
$$

以及

$$
\begin{aligned}
\left(\vec{e}_\varphi\frac{\partial}{\partial \theta}\right) \cdot \hat{\vec{L}} &= \frac{\partial}{\partial \theta}\left(\vec{e}_\varphi \cdot \hat{\vec{L}}\right) - \frac{\partial \vec{e}_\varphi}{\partial \theta} \cdot \hat{\vec{L}} \\
&= \frac{\partial}{\partial \theta}\left(-i\hbar\frac{\partial}{\partial \theta}\right) = -i\hbar\frac{\partial^2}{\partial \theta^2}
\end{aligned}
$$

利用这两个结果，可以得到:

$$\hat{L}^2 = \hat{\vec{L}} \cdot \hat{\vec{L}} = \left(\vec{e}_\theta \frac{\mathrm{i}\hbar}{\sin\theta} \frac{\partial}{\partial \varphi} - \mathrm{i}\hbar \vec{e}_\varphi \frac{\partial}{\partial \theta} \right) \cdot \hat{\vec{L}}$$

$$= \frac{\mathrm{i}\hbar}{\sin\theta} \left(\vec{e}_\theta \frac{\partial}{\partial \varphi} \right) \cdot \hat{\vec{L}} - \mathrm{i}\hbar \left(\vec{e}_\varphi \frac{\partial}{\partial \theta} \right) \cdot \hat{\vec{L}}$$

$$= \frac{\mathrm{i}\hbar}{\sin\theta} \left(\frac{\mathrm{i}\hbar}{\sin\theta} \frac{\partial^2}{\partial \varphi^2} + \mathrm{i}\hbar \cos\theta \frac{\partial}{\partial \theta} \right) - \mathrm{i}\hbar \left(-\mathrm{i}\hbar \frac{\partial^2}{\partial \theta^2} \right)$$

$$= -\hbar^2 \left[\frac{1}{\sin\theta} \frac{\partial}{\partial \theta} \left(\sin\theta \frac{\partial}{\partial \theta} \right) + \frac{1}{\sin^2\theta} \frac{\partial^2}{\partial \varphi^2} \right]$$

对比这个结果与前面得到的哈密顿算符球坐标形式，可以发现哈密顿算符里边包含了角动量的平方。将其代入可以得到：

$$\hat{H} = -\frac{\hbar^2}{2m} \frac{1}{r^2} \frac{\partial}{\partial r} \left(r^2 \frac{\partial}{\partial r} \right) + \frac{1}{2mr^2} \hat{L}^2 + u(r)$$

$$= \underbrace{\left[-\frac{\hbar^2}{2m} \frac{1}{r^2} \frac{\partial}{\partial r} \left(r^2 \frac{\partial}{\partial r} \right) + u(r) \right]}_{\equiv K_r} + \frac{1}{2mr^2} \hat{L}^2$$

上式中已经将最后一行方括号里边的部分记为 K_r，这个记号有助于我们接下来的讨论。从前面的球坐标结果可以知道，$\hat{L}^2$ 中只包含角度变量以及对角度的偏导数，因此与 r 无关。而 K_r 只包含 r 及其偏导数，所以 $\hat{L}^2$ 与 K_r 对易。又因为 $\hat{L}^2$ 与它自己对易，所以 $\hat{L}^2$ 与哈密顿算符对易：

$$[\hat{H}, \hat{L}^2] = 0$$

所以，存在态空间中的一组正交基，它们是哈密顿算符和角动量平方的共同本征矢。这样的基矢可以为氢原子问题带来极大的简化，因为在这样的基矢上，哈密顿算符中的 $\hat{L}^2$ 可以直接替换成相应的 $\hat{L}^2$ 本征值，这就相当于求解一个只包含径向变量的方程。

那还有没有第三个算符与哈密顿算符以及 $\hat{L}^2$ 都对易的呢？答案是有的。这个算符是角动量在任意一个方向下的投影。不失一般性，这里考虑角动量算符在 z 轴的投影 $\hat{L}_z$。前面我们已经在直角坐标系下证明了 $\hat{L}^2$ 与 $\hat{L}_z$ 可对易。如果转换到球坐标系，这个可对易性将变得一目了然。在球坐标下，有

$$\hat{L}_z = \hat{\vec{L}} \cdot \vec{k} = \left(\vec{e}_\theta \frac{\mathrm{i}\hbar}{\sin\theta} \frac{\partial}{\partial\varphi} - \mathrm{i}\hbar \vec{e}_\varphi \frac{\partial}{\partial\theta} \right) \cdot \vec{k}$$

$$= \left(\vec{e}_\theta \cdot \vec{k} \right) \frac{\mathrm{i}\hbar}{\sin\theta} \frac{\partial}{\partial\varphi} = -\mathrm{i}\hbar \frac{\partial}{\partial\varphi}$$

其中已经使用了 $\vec{e}_\varphi \cdot \vec{k} = 0$ 与 $\vec{e}_\theta \cdot \vec{k} = -\sin\theta$ 这两个关系。可见 $\hat{L}_z$ 在球坐标系下的形式非常简单。结合 $\hat{L}^2$ 的球坐标形式，可以容易知道 $\hat{L}^2$ 与 $\hat{L}_z$ 确实是互相对易的。

进一步地，因为 $\hat{L}_z$ 只包含角度偏导数，所以也与哈密顿算符中的 K_r 部分对易。总的来说，$\hat{L}_z$ 也和整个哈密顿算符对易：

$$[\hat{L}_z, \hat{H}] = 0$$

所以，$\hat{H}$、$\hat{L}^2$、$\hat{L}_z$ 这三者互相对易。把目标集中在求这三者的共同本征态上，将会使得氢原子问题大大简化，这将是后面章节的主要内容。

[小结]
Summary

通过使用球坐标系，我们把哈密顿算符写成了径向部分和角向部分，并且把角向部分用角动量算符表示了出来。进一步地，我们证明了算符 $\hat{H}$、$\hat{L}^2$、$\hat{L}_z$ 之间相互对易。实际上，这三个算符构成力学量完全集，不过这要等我们实际解出氢原子的能量本征态才能证明这个论断。

把氢原子的薛定谔方程放到球坐标中进行求解主要是因为势能项只和径向有关，这意味着体系具有旋转对称性。具有旋转对称性的体系会保持角动量守恒，这也意味着角动量算符和哈密顿量算符相互对易，而球坐标系在表示角动量时具有天然的优势，这促使我们使用球坐标系并且引入角动量算符组成一组力学量完全集。

求解氢原子模型（三）
——求解薛定谔方程的角向部分[1]

摘要：本节内容主要求解薛定谔方程的角向部分。为了寻求角动量平方及 z 方向角动量的共同本征函数，本节将利用分离变量法，将角向部分的 z 轴转动部分独立出来。剩余部分得到连带勒让德方程，求解连带勒让德方程，并把结果归一化可得到最终的球谐函数，最终解得了氢原子波函数的角向部分。在求解的过程中量子力学中物理量特有的分立性自然出现。

在量子力学的算符中，最重要的是哈密顿算符。求解完哈密顿算符的本征函数后，我们就可以通过线性叠加得到体系的完整波函数，同时得出体系如何含时演化。在引入球坐标后，我们已经将氢原子相对运动部分的哈密顿算符的径向与角向分开，哈密顿算符的角向部分全部吸收到角动量算符的平方之中：

$$\hat{H} = \hat{H}_r + \frac{\hat{L}^2}{2\mu r^2} \tag{1}$$

其中 μ 是约化质量。

---

1. 本节内容来源于《张朝阳的物理课》第 22 讲视频。

但是只引入哈密顿量是不够的，因为经常出现一个能量对应多个本征态的情况，我们把这种情况称为简并。那么在量子力学里面，我们要做什么？我们要做的是找到尽可能多的可对易算符。只要这些算符是可对易的，我们可以证明它们具有共同的本征态，通过共同本征态可以表示完整的波函数。在上一节，我们找到了相互对易的算符 $\hat{H}$, $\hat{L}^2$, $\hat{L}_z$，接下来我们要做的就是寻找它们的一组本征函数集。

一、求解波函数角向部分 引出连带勒让德方程

我们要用的依然是分离变量法。首先将本征波函数写成 r, θ, φ 的函数，接下来把波函数写成径向部分和角向部分：

$$\psi(r, \theta, \varphi) = \psi_r(r)\psi_{\theta\varphi}(\theta, \varphi) \tag{2}$$

相应的薛定谔方程要写成：

$$\left\{[-\frac{\hbar^2}{2\mu}\frac{1}{r^2}\frac{\partial}{\partial r}\left(r^2\frac{\partial}{\partial r}\right) + u(r)] + \frac{1}{2\mu r^2}\hat{L}^2\right\}\psi(r, \theta, \varphi) = E\psi(r, \theta, \varphi) \tag{3}$$

同时我们希望这个本征函数同时也是算符 $\hat{L}^2$ 的本征函数，这样它就要满足方程：

$$\hat{L}^2\psi_{\theta\varphi}(\theta, \varphi) = \lambda\hbar^2\psi_{\theta\varphi}(\theta, \varphi) \tag{4}$$

其中 $\lambda > 0$。由于哈密顿量已经被分解为径向与角向部分，那么将上述分离变量之后的波函数（2）代入氢原子相对运动部分的定态薛定谔方程（3）中，利用公式（4）即可将其角向部分分离出去，只留下和径向变量有关的部分：

$$\left[-\frac{\hbar^2}{2\mu}\frac{1}{r^2}\frac{d}{dr}\left(r^2\frac{d}{dr}\right) + u(r) + \frac{\lambda\hbar^2}{2\mu r^2}\right]\psi_r(r) = E_r\psi_r(r)$$

这个径向方程与角度完全无关，留到下一节求解。本节要做的是求解方程（4）得到波函数的角向部分。

之前已经证明 $\hat{L}_z$ 和 $\hat{L}^2$ 相互对易，并且 $\hat{L}_z$ 在球坐标系下有非常简单的形式，只与球坐标系的一个角度有关：

$$\hat{L}_z = \frac{\hbar}{\mathrm{i}} \frac{\partial}{\partial \varphi}$$

我们可以考虑把角向部分的波函数继续分解为如下形式：

$$\psi_{\theta\varphi}(\theta,\varphi) = \psi_\theta(\theta)\psi_\varphi(\varphi)$$

其中要求 $\psi_\varphi(\varphi)$ 可以表示成 $\hat{L}_z$ 的本征函数：

$$\hat{L}_z\psi_\varphi(\varphi) = \frac{\hbar}{\mathrm{i}} \frac{\partial}{\partial \varphi}\psi_\varphi(\varphi) = m\hbar\psi_\varphi(\varphi) \qquad (5)$$

其中 m 是一个常数。式（5）的形式非常简单可以直接求解，其本征函数（未归一化）也非常容易求得为：

$$\psi_\varphi(\varphi) \sim \mathrm{e}^{\mathrm{i}m\varphi}$$

可以看出电子在 z 方向的旋转可以写成平面波的形式，形式上看起来像平面波，但又跟平面波不同，因为，在球坐标系中，平动和转动不同，绕着 z 轴旋转 2π 又回到了出发点，而量子力学的波函数得是连续且单值的，这要求 $\varphi + 2\pi$ 处与 φ 处波函数取值相同，所以要求：

$$\mathrm{e}^{\mathrm{i}m\varphi} = \mathrm{e}^{\mathrm{i}m(\varphi+2\pi)} \quad \Rightarrow \quad \mathrm{e}^{\mathrm{i}2m\pi} = 1$$

因此，求得 m 必然是整数，不能是连续的，量子化自然出现，并且我们发现在 φ 方向的波函数只贡献相位。

从式（4）中我们已经知道 $\lambda > 0$，并且函数 $f(x) = x(x+1) = (x+\frac{1}{2})^2 - \frac{1}{4}$ 是个对称中心在 $x = -\frac{1}{2}$ 且经过 (0, 0) 点的抛物线，所以 $x \ge 0$ 时 $f(x)$ 能从 0 单调增长到无穷。于是总是存在一个 $l \ge 0$ 使得 $\lambda = l(l+1)$，我们在本征方程中，将本征值写成 $l(l+1)$ 并将 $\hat{L}^2$ 的具体表达式写出来：

$$-\hbar^2\left[\frac{1}{\sin\theta}\frac{\partial}{\partial\theta}\left(\sin\theta\frac{\partial}{\partial\theta}\right) + \frac{1}{\sin^2\theta}\frac{\partial^2}{\partial\varphi^2}\right]\psi_{\theta\varphi}(\theta,\varphi) = l(l+1)\hbar^2\psi_{\theta\varphi}(\theta,\varphi) \qquad (6)$$

令 $\psi_{\theta\varphi}(\theta,\varphi) = \mathrm{e}^{\mathrm{i}m\varphi}P_\lambda^m(\theta)$，并代入本征方程，则上式中 $\frac{\partial^2}{\partial\varphi^2}$ 会产生一个 $-m^2$ 的系数，之后两端同时消掉 $\mathrm{e}^{\mathrm{i}m\varphi}$，整理可以得到：

$$-\hbar^2\left[\frac{1}{\sin\theta}\frac{\partial}{\partial\theta}\left(\sin\theta\frac{\partial}{\partial\theta}\right)+l(l+1)-\frac{m^2}{\sin^2\theta}\right]P_l^m(\theta)$$

$$=-\hbar^2\left[\frac{\partial}{\partial\cos\theta}\left(\sin^2\theta\frac{\partial}{\partial\cos\theta}\right)+l(l+1)-\frac{m^2}{\sin^2\theta}\right]P_l^m(\theta)$$

$$=0$$

令 $x=\cos\theta$ 可以得到连带勒让德方程：

$$\frac{d}{dx}\left[(1-x^2)\frac{d}{dx}\right]P_l^m(x)+\left[l(l+1)-\frac{m^2}{1-x^2}\right]P_l^m(x)=0$$

这个方程已经被数学家勒让德解出，我们只需借鉴他们的成果就可以了。神奇的是，勒让德研究这个方程时，距离量子力学的诞生还有几十年的时间。

二、得到 $\hat{L}^2$ 及 $\hat{L}_z$ 的共同本征函数，介绍球谐函数及其图像

查阅数学物理工具书，可以马上得到连带勒让德方程的解，从而得到角动量平方 $\hat{L}^2$ 及 $\hat{L}_z$ 的共同本征函数。但为了看清角动量是如何量子化的，可以把 $m=0$ 时的勒让德方程解出来进行初步的研究：

$$\frac{d}{dx}(1-x^2)\frac{d}{dx}P_l^0(x)+l(l+1)P_l^0=0 \tag{7}$$

先把方程的解表示成泰勒级数：

$$P_l^0(x)=\sum_k a_k x^k=a_0+a_1x+a_2x^2+a_3x^3+\cdots \tag{8}$$

我们先研究系数满足的关系，将式（8）代入 $m=0$ 时的勒让德方程式（7）中，考察 x^k 的系数：先观察 $a_k x^k$ 经过方程的作用会发生什么，$l(l+1)a_k x^k$ 不改变幂次，只是增加了一个系数，它让 $a_k x^k$ 变成 $l(l+1)a_k x^k$；$\frac{d}{dx}\frac{d}{dx}a_k x^k$ 让 $a_k x^k$ 变成 $k(k-1)a_k x^{k-2}$；而 $\frac{d}{dx}(x^2)\frac{d}{dx}a_k x^k$ 让 $a_k x^k$ 变成 $k(k+1)a_k x^k$。类似地，我们知道 $\frac{d}{dx}\frac{d}{dx}a_{k+2}x^{k+2}$ 会贡献一个 $(k+2)(k+1)a_{k+2}x^k$。这样，式（7）中所有包含 x^k 的项可以写成：$[a_k[l(l+1)-k(k+1)]+a_{k+2}(k+2)(k+1)]x^k$。

最终（8）可以写成：

$$\sum_k \left[a_k [l(l+1) - k(k+1)] + a_{k+2}(k+2)(k+1) \right] x^k = 0 \tag{9}$$

由于式（9）对 x 取任意值都满足，即要求 $a_k[l(l+1) - k(k+1)] + a_{k+2}(k+2)(k+1) = 0$，即可得到泰勒级数的系数的递推关系：

$$\frac{a_{k+2}}{a_k} = -\frac{l(l+1) - k(k+1)}{(k+1)(k+2)}$$

当 k 趋于无穷大时，上式变为：

$$\frac{a_{k+2}}{a_k} \approx \frac{k}{k+2}$$

可以发现，此幂级数系数的比值，正好是函数 $\ln(1-x) + \ln(1+x)$ 对 x 进行泰勒展开时所得到的相邻系数的比值。而函数 $\ln(1-x) + \ln(1+x)$ 在 x 趋近于 1 的时候会发散，这说明若勒让德方程的解有无穷多项展开系数时，它在 x 趋于 1 时会发散，这与波函数的物理诠释相矛盾。所以，必须要求展开系数到某个 k 之后必须为 0，从而 l 必须为非负整数，这样的解称为勒让德多项式。

通过递推关系可以具体得到勒让德多项式的形式：

$$P_l^0 = \frac{1}{2^l l!} \frac{\mathrm{d}^l}{\mathrm{d}x^l} \left(x^2 - 1 \right)^l \tag{10}$$

至于 m 不为 0 时的解，也可以通过对勒让德多项式多次求导得出连带勒让德多项式：

$$P_l^m = \left(1 - x^2 \right)^{\frac{|m|}{2}} \frac{\mathrm{d}^{|m|}}{\mathrm{d}x^{|m|}} P_l^0(x)$$

观察式（10）可以发现，$P_l^0(x)$ 中最高项是 l 次幂，当 $|m| > l$，$\frac{\mathrm{d}^{|m|}}{\mathrm{d}x^{|m|}} P_l^0(x) = 0$。所以为了得到非平庸解，要求 $|m| \leq l$，因此有：

$$l = 0,\ 1,\ 2 \cdots$$
$$m = -l,\ -l+1,\ \cdots,\ l-1,\ l$$

这说明，对于一个特定的 l，$\hat{L}^2$ 本征态的简并度是 $2l+1$。

令 $x = \cos\theta$ ，角向波函数可以整体写成：

$$\psi_{\theta\varphi}(\theta, \varphi) = \alpha e^{im\varphi} P^m_\lambda(\cos\theta) \tag{11}$$

其中 α 是归一化系数。

对式（11）进行归一化，由于连带勒让德多项式是相互正交：

$$\int d\Omega P^{m'*}_{l'} P^m_l = \delta_{ll'}\delta_{mm'}$$

就能得到 $\hat{L}_z$ 和 $\hat{L}^2$ 的正交归一的共同本征函数，这个波函数同时也是特殊函数球谐函数：

$$\psi_{\theta\varphi}(\theta, \varphi) = Y^m_l(\theta, \varphi) = (-1)^m \sqrt{\frac{(2l+1)(l-m)!}{4\pi(l+m)!}} P^m_l(\cos\theta) e^{im\varphi} \tag{12}$$

利用式（12）可以求出几个常见的氢原子角向部分波函数，例如角动量量子数 l 与磁量子数 m 同时为 0，则角向波函数为：

$$Y_{00}(\theta, \varphi) = \frac{1}{\sqrt{4\pi}}$$

它是完全球对称的。

而当 $l = 1, m = 0$ 时，角向波函数为：

$$Y_{10}(\theta, \varphi) = \sqrt{\frac{3}{4\pi}} \cos\theta$$

这表明电子更加集中地分布在 $\theta = 0$ 和 $\theta = \pi$ 的方向上，而在 $\theta = \frac{\pi}{2}$ 的平面上出现的概率为 0。若画出它们的图像，可以看出 Y_{00} 是球形，Y_{10}（以及 $Y_{1,-1}$ 与 Y_{11}）则是纺锤形。

[**小 结**]
Summary

　　我们通过对角向波函数进一步进行分离变量，得到 φ 变量波函数是平面波形式，波函数的单值连续性质导致磁量子数 m 呈现出量子化特性。 θ 变量的波函数满足连带勒让德方程，为了保证波函数不发散，必须要求 l 取整数，这也体现了量子化的特征，并得到连带勒让德多项式。虽然玻尔在研究氢原子的半经典模型时已经提出了角动量的量子化，但是我们通过求解薛定谔方程得出了相同的结论，这不仅验证了量子化时自然界的基本特征，而且也说明了薛定谔方程是更加基本的物理定律。

▲

求解氢原子模型（四）
—— 氢原子径向波函数[1]

摘要：本节内容继续讨论氢原子问题，我们要解波函数的径向部分。通过分析 r 趋于 0 与 r 趋于无穷的情况，可以猜测径向波函数解的大致形式，这样可以将氢原子径向薛定谔方程变形并化简。通过将解表示为级数展开的形式，推导出其各项系数的递推关系，并求解出氢原子量子化的能级和径向波函数。通过分析电子的概率分布，寻找 r 方向上的极大值，得到氢原子半径。

上节课我们已经得到了氢原子完整的角向波函数，这节课我们将要求出波函数的径向部分，以得到完整的氢原子波函数。值得注意的是，之前的课程我们不需要约定相互作用势能的具体形式，只要求势能只与相对距离有关即可，所以之前课程关于角向波函数的结论是具有普适性的。而本节课将用到 $1/r$ 形式的势能来求解径向波函数，得到此具体势能下的波函数与能级，并可以跟实验做比较。

一、分析 r 趋于 0 与无穷的渐进行为，化简氢原子径向薛定谔方程

根据上一节的内容，我们知道想要求解波函数的径向部分需要用到的方程是：

$$\left[-\frac{\hbar^2}{2\mu}\frac{1}{r^2}\frac{\mathrm{d}}{\mathrm{d}r}\left(r^2\frac{\mathrm{d}}{\mathrm{d}r}\right)-\frac{Ze^2}{r}+\frac{l(l+1)\hbar^2}{2\mu r^2}\right]\psi_r(r)=E_r\psi_r(r) \tag{1}$$

为了处理更普遍的情形，这里的方程是类氢离子方程，比之前的方程多出了 Z，代表的是原子核所带电荷数是 Z，氢原子 $Z=1$ 代表氢原子核带 1 个单位正电荷。引入 Z 是为了方便下节课讨论多电子原子。为了方便，之后仍然称此类氢离子方程为氢原子方程。

对式（1）进行变形有：

$$\left[-\frac{1}{r^2}\frac{\mathrm{d}}{\mathrm{d}r}\left(r^2\frac{\mathrm{d}}{\mathrm{d}r}\right)-\frac{2Ze^2\mu}{\hbar^2}\frac{1}{r}+\frac{l(l+1)}{r^2}\right]\psi_r(r)=\frac{2\mu}{\hbar^2}E_r\psi_r(r) \tag{2}$$

由于我们寻找到的是氢原子的束缚态，所以要求 $E<0$。为了让它看起来简洁，我们定义如下两个新参数以化简这个方程：

$$\alpha^2=-\frac{2\mu E}{\hbar^2}$$
$$a_0=\frac{\hbar^2}{\mu e^2} \tag{3}$$

其中 a_0 正是玻尔半径。

将式（3）代入式（2），方程变成了：

$$\left[-\frac{1}{r^2}\frac{\mathrm{d}}{\mathrm{d}r}\left(r^2\frac{\mathrm{d}}{\mathrm{d}r}\right)-\frac{2}{a_0}\frac{Z}{r}+\frac{l(l+1)}{r^2}+\alpha^2\right]\psi_r(r)=0 \tag{4}$$

第一项代表动能，第二项是势能，第三项来自角动量的贡献。

考察式（4）左侧的第一项：

$$\frac{1}{r^2}\frac{\mathrm{d}}{\mathrm{d}r}\left(r^2\frac{\mathrm{d}}{\mathrm{d}r}\right)\psi_r(r)=\frac{1}{r^2}\Big[(2r\psi_r')+r^2\psi_r''\Big]$$

$$=\frac{1}{r}\big[2\psi_r'+r\psi_r''\big]$$

$$=\frac{1}{r}\frac{\mathrm{d}}{\mathrm{d}r}(\psi_r+r\psi_r') \tag{5}$$

$$=\frac{1}{r}\frac{\mathrm{d}^2(r\psi_r)}{\mathrm{d}r^2}$$

根据式（5）的形式，提示我们将式（4）左右同乘以 r 可以得到更加简洁的形式：

$$-\frac{\mathrm{d}^2(r\psi_r)}{\mathrm{d}r^2}+\left[-\frac{2Z}{a_0}\frac{1}{r}+\frac{l(l+1)}{r^2}+\alpha^2\right]r\psi_r(r)=0$$

这说明我们可以定义新的函数 $u(r)=r\psi_r(r)$ 将径向薛定谔方程进一步化简为：

$$\left[-\frac{\mathrm{d}^2u(r)}{\mathrm{d}r^2}+\frac{l(l+1)}{r^2}-\frac{2Z}{a_0}\frac{1}{r}+\alpha^2\right]u(r)=0 \tag{6}$$

方程中 l 是已知的，我们还想知道它的能量怎么样。下面我们就要求解 α，因为它里面包含能量，求解它就能帮我们求解能量的本征函数。

但是，这个新形式的方程还是不好解，若我们还是强行用级数展开求解：

$$u(r)=\sum_k a_k r^k \tag{7}$$

代入式（6）中我们会发现，x^k 的系数包含 a_{k+2},a_{k+1},a_k。这样无法找出系数之间的递推关系，我们需要对方程进一步简化，于是先分析它在 r 趋于无穷与 r 趋于 0 的渐进行为。当 r 趋于无穷时，$\frac{1}{r}$ 可以被当成 0，方程会变得非常简单：

$$-\frac{\mathrm{d}^2u}{\mathrm{d}r^2}+\frac{l(l+1)}{r^2}u=0$$

可以解得函数 $u(r)$ 在 r 趋于无穷的时候有如下渐进行为：

$$u(r)\sim \mathrm{e}^{-\alpha r}$$

另外一个解 $u(r)\sim \mathrm{e}^{\alpha r}$ 由于不满足波函数的束缚态条件而舍弃掉了。

当 r 趋于 0 时，$\dfrac{1}{r^2} \gg \dfrac{1}{r}$，方程也变得比较简单：

$$\frac{-\mathrm{d}^2 u}{\mathrm{d}r^2} + \frac{l(l+1)}{r^2}u = 0 \tag{8}$$

求二次导和除以 r^2 都可以让幂级数的幂减小 2，这启发我们利用递推关系求解式（8）。于是我们引入泰勒展开：

$$u(r) = \sum_k \alpha_k r^k \tag{9}$$

将式（9）代入式（8），$\dfrac{-\mathrm{d}^2 u}{\mathrm{d}r^2}$ 会让幂函数幂次下降 2，$\dfrac{l(l+1)}{r^2}u$ 也会让幂函数幂次下降 2，所以有：

$$\sum_k \left[-\alpha_k k(k-1) + l(l+1)\alpha_k\right] r^{k-2} = 0 \tag{10}$$

由于 r 可以任意取值，所以当 $\alpha_k \neq 0$ 时，由式（10）可知 k 的值必须满足关系式 $-k(k-1) + l(l+1) = 0$，由此可以解得两个解，其中一个是 $k = l+1$，另一个是 $k = -l$。但当 $k = -l$ 对应的波函数在 $r = 0$ 处过于发散，导致粒子在此处任意小体积元内出现的概率为无穷大，因而我们该舍去。这样解式（10）可得函数 u 在 r 趋于 0 的时候则有如下渐进解：

$$u(r) \sim r^{l+1}$$

那当 r 不趋于无穷也不趋于 0，解有可能是什么样子？根据先前关于函数 u 的渐进行为的讨论，我们猜测它的形式是：

$$u(r) = r^{l+1} R(r) \mathrm{e}^{-\alpha r} \tag{11}$$

只需要解出 R，就能解出氢原子的径向薛定谔方程了。并且将此关系式，代入 u 所满足的方程（6）：

$$
\begin{aligned}
&\left[-\frac{\mathrm{d}^2 u(r)}{\mathrm{d}r^2} + \frac{l(l+1)}{r^2} - \frac{2Z}{a_0}\frac{1}{r} + \alpha^2\right] u(r) \\
&= -\left[l(l+1)R(r)\mathrm{e}^{-\alpha r} r^{l-1} + \alpha^2 R(r) r^{l+1} + R''(r)\mathrm{e}^{-\alpha r} r^{l+1}\right] \\
&\quad -\left[2(l+1)R'(r)\mathrm{e}^{-\alpha r} r^l + 2(-\alpha)(l+1) r^l R(r) + 2(-\alpha)R'(r)\mathrm{e}^{-\alpha r} r^{l+1}\right] \\
&\quad +\left[l(l+1) - \frac{2}{a_0}\frac{1}{r} + \alpha^2\right] r^{l+1}\mathrm{e}^{-\alpha r} R(r)
\end{aligned}
$$

可以得到 R 所满足的方程（6）：

$$rR''(r)+[2(l+1)-2\alpha r]R'(r)-2\left[(l+1)\alpha-\frac{1}{a_0}\right]R(r)=0 \quad (12)$$

我们通过简单的观察发现，若将方程的解展开成幂级数项，那么幂级数中的任意项经过 $rR''(r)$ 与 $2(l+1)R''(r)$ 操作之后有相同的幂次，而经过 $2\alpha rR'(r)$ 与 $2\left[(l+1)\alpha-\frac{1}{a_0}\right]R(r)$ 操作之后也有相同的幂次，所以现在只会出现两种幂次，这说明我们可以用级数展开的解法来求解了。接下来的任务就是求解这个方程！

二、级数解法与递推关系 解出能级与径向波函数

为了解出 $R(r)$，类比解勒让德方程的方法，将它写成级数展开的形式：

$$R(r)=\sum_k a_k r^k \quad (13)$$

并将式（13）代入 $R(r)$ 所满足的方程（12）之中得到：

$$\sum_k\left\{a_{k+1}\left[(k+1)(k)+2(l+1)(k+1)\right]-a_k\left[2\alpha k+(l+1)\alpha-\frac{Z}{a_0}\right]\right\}r^k=0 \quad (14)$$

由于式（14）对任意的 r 都成立，所以要求 $a_{k+1}\left[(k+1)(k)+2(l+1)(k+1)\right]-a_k\left[2\alpha k+(l+1)\alpha-\frac{Z}{a_0}\right]=0$，由此得到展开系数的递推关系：

$$\frac{a_{k+1}}{a_k}=\frac{2\alpha\left(l+k+1-\frac{Z}{a_0\alpha}\right)}{(k+1)(2l+k+2)}$$

若这个级数有无穷多项，那么 k 可以取到无穷大，而当 k 很大的时候可以发现，$R(r)$ 的展开系数的递推关系就与 e 指数的泰勒展开系数的递推关系一样，即函数 $R(r)$ 在 r 趋于无穷的时候按照 e 指数发散，代回最初的波函数的表达式（11）中，会发现波函数不符合束缚态的条件。所以为了

得到束缚态，或者说为了让函数 u 在无穷远处趋于 0，必须得要求此级数不能是无穷多项，即必须有个截断，对应的条件就是在某一个 k 的时候上式递推关系的分子为 0：

$$l + k + 1 - \frac{Z}{a_0\alpha} = 0$$

这样大于 k 的展开系数全部为 0。进一步根据 α 与能量 E 的关系，并定义主量子数 $n = l + k + 1$，可以将能量的表达式具体写出来：

$$E = -\frac{\hbar^2 Z^2}{2\mu a_0^2}\frac{1}{n^2} = -\frac{e^2}{2a_0}\frac{Z^2}{n^2}$$

n 被称为主量子数，代表着电子能量的层级。可以看出能量不再是连续的而是表现出量子化的特征。在量子力学出现之前，我们已经知道了氢原子光谱满足巴尔末公式 $v \propto \left(\dfrac{1}{n_2^2} - \dfrac{1}{n_1^2}\right)$。如果光子的能量等于电子跃迁前后的电子能量的差别，我们的计算结果就严格证明了巴尔末公式的正确性。

现在我们得到了三个量子数 n, l, m。它们的关系是：

$$n = l + k + 1$$
$$l = 0, \cdots, n - 1$$
$$-l \leq m \leq l$$

进一步利用 $u(r)$ 与 $R(r)$ 的关系以及径向波函数与 u 的关系 $u(r) = r\psi_r(r)$，得到径向波函数的表达式：

$$\psi_r \sim r^l \mathrm{e}^{-\frac{Z}{na_0}r} \sum_{k=0}^{n-(l+1)} a_k r^k \tag{15}$$

当 $k = 0$ 时：

$$\psi_r \sim r^l \mathrm{e}^{-\frac{Z}{na_0}r}$$

若将这个径向波函数（15）归一化，并结合上节课解得的角向波函数 $Y_{lm}(\theta, \varphi)$，就能得出氢原子整体波函数的表达式：

$$\psi_{nlm}(r, \theta, \varphi) = \psi_{nl}(r)Y_{lm}(\theta, \varphi)$$

其中 $\psi_{nl}(r)$ 是将 ψ_r 归一化后得到的波函数。

我们展示几个简单的氢原子径向波函数：

$$\psi_{10} = \frac{2Z^{\frac{3}{2}}}{a_0^{3/2}} e^{-rZ/a_0}$$

$$\psi_{20} = \frac{Z^{\frac{3}{2}}}{\sqrt{2}a_0^{3/2}} \left(1 - \frac{Zr}{2a_0}\right) e^{-rZ/(2a_0)}$$

$$\psi_{21} = \frac{1}{2\sqrt{6}a_0^{3/2}} Z^{\frac{5}{2}} r e^{-rZ/(2a_0)}$$

接下来我们用 $1s$ 态 ψ_{10} 计算氢原子（ $Z=1$ ）电子云的径向分布情况，根据量子力学波函数的诠释， $r \sim r + \mathrm{d}r$ 处找到电子的概率是：

$$
\begin{aligned}
P(r &\sim r + \mathrm{d}r) \\
&= \mathrm{d}r \int \left|\psi(r,\ \theta,\ \varphi)\right|^2 \mathrm{d}\Omega r^2 \\
&= \mathrm{d}r \int \left|\psi_{10}\right|^2 \left|Y_{lm}\right|^2 \mathrm{d}\Omega r^2 \\
&= r^2 \left|\psi_{10}\right|^2 \mathrm{d}r \\
&= r^2 \left(\frac{2}{a_0^{3/2}} e^{-r/a_0}\right)^2 \mathrm{d}r \\
&= (r^2 e^{-2r/a_0}) \frac{4}{a_0^3} \mathrm{d}r
\end{aligned}
$$

求 $\mathrm{d}r$ 前系数的最大值可以得到：

$$\frac{\mathrm{d}P}{\mathrm{d}r} = 2r - \frac{2}{a_0}r^2 = 0 \quad \Rightarrow \quad r = a_0$$

这表明电子概率密度 P 在 $r_0 = a_0$ 处于最大值。可以发现，在径向方向，电子在 $r_0 = a_0$ 附近出现的概率密度最大，我们可以把 r_0 定义成原子半径。之前我们曾经用海森堡不确定性原理算出了原子半径是 $a = \dfrac{\hbar^2}{me^2}$ ，这和我们用量子力学计算得到的结果惊人地一致。

[小 结]
Summary

　　本节通过一系列的数学手段得到了氢原子的径向波函数，我们终于解得了氢原子的完整波函数与其对应的能级。我们用三个量子数 n, l, m 来标定氢原子波函数，并且求得了三者取值范围之间的关系。能量量子化和角动量量子化可以不依赖任何假设自然出现。更进一步，氢原子的能级结构和实验结果完全相符。令人惊奇的是，利用量子力学得到的角动量量子化和原子半径大小与旧量子论得到的结果完全一致。求解氢原子不仅仅是量子力学应用的一个例子，在量子力学发展的早期，氢原子作为最简单的原子成为研究量子物理的理想平台，对氢原子本征能量的求解是证明薛定谔方程正确性的关键证据。

▲

从原子走向化学
—— 分析多电子原子[1]

摘要：本节将通过氢原子的径向波函数，分析电子在不同半径球壳出现的概率，以求得轨道半径。之后将过渡到多电子原子体系，研究氦原子、锂原子等多电子原子中电子间的排斥力以及对核电荷的屏蔽作用，将氢原子轨道扩展到多电子原子。随后指出同一壳层电子的屏蔽效应可由类氦原子模型来理解，而不同壳层的屏蔽效应则可用类氢原子模型来处理，接着利用类氢处理与类氦处理定性分析一些元素的电子排布，以及原子半径的变化规律。

学习物理仅仅停留在数学计算而没有实际的运用，是没有意义的。经过前面几节大量的计算我们得到了很多结果，本节课我们来更加深入理解这些结果，并将求解氢原子薛定谔方程的经验，扩展到更加复杂、现实的情况。

---

1. 本节内容来源于《张朝阳的物理课》第 24 讲视频。

一、三个量子数

经过此前章节的推导，我们已经解出氢原子的定态薛定谔方程，得到其原子能级与电子波函数。

波函数描述了电子绕核运动的"轨道"，用三个量子可以描述一个态，分别为主量子数 n，角量子数 l 与磁量子数 m，它们只能取整数值，具有量子力学独特的分立性。对应于主量子数 n，角量子数取值可从 0 取到 $n-1$，其波函数对应的轨道也用特殊的符号描述，如 s，p，d，f，g，h，i，j……在这些符号前加上 n，就可以描述轨道能级。

举例来看，轨道 $1s$ 代表对应的波函数的主量子数为 $n=1$、角量子数为 $l=0$，轨道 $4d$ 代表 $n=4$ 与 $l=2$。确定了 n 与 l 之后，磁量子数 m 取值则是从 $-l$ 到 l，共 $2l+1$ 个，这样对于不同的轨道对应不同的量子态数。对于 $1s$ 轨道，m 只能取 0，只有一个量子态；而对于 $4d$ 轨道，m 可以取 -2，-1，0，1，2 五个值，说明它包含了五个量子态。下面列举了几个不同主量子数对应的量子态：

$$
\begin{aligned}
&n=1:1s\\
&n=2:1s,\ 2s,\ 2p\\
&n=3:1s,\ 2s,\ 2p,\ 3s,\ 3p,\ 3d
\end{aligned}
\tag{1}
$$

接下来，可以尝试研究这些轨道的性质，并将其扩展到多电子原子体系。

在解完薛定谔方程以后，我们关心的是波函数的形式，它的能量和它的半径大小。

二、原子轨道半径

在了解了电子轨道与能级简并后，我们继续了解不同轨道的半径。为了计算半径，需要回到对应的径向波函数。由于 $l=n-1$ 的波函数最容易写出来，可以先对这些"角动量最大的态"来计算，对应的轨道是 $1s$，$2p$，$3d$，$4f$……其径向波函数表达为如下形式：

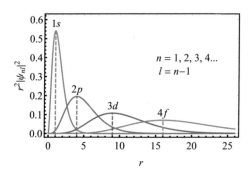

不同波函数电子的概率密度分布

$$\psi_{nl}(r) \sim r^{n-1}e^{-\frac{Z}{a_0 n}r} \tag{2}$$

根据量子力学中波函数的概率诠释，由于角向波函数归一化的事实，电子出现在球壳 r 到 $r+\mathrm{d}r$ 的概率是：

$$r^2\left|\psi_{nl}\right|^2 \mathrm{d}r \sim r^{2n}e^{-\frac{2Z}{a_0 n}r}\mathrm{d}r \tag{3}$$

通过求导取极值，可以求出这个概率密度取到极大值时的位置为：

$$r_{max} = \frac{a_0}{Z}n^2 \tag{4}$$

类氢原子中电子出现在这个半径附近出现的概率密度最大，于是该半径可以等效地认为是此轨道的半径，上述公式显示了轨道半径与主量子数 n、核电荷数 Z 之间的关系。对于氢来说，$Z=1$，不同主量子数对应的最大半径不同：

$$
\begin{aligned}
&n=1,\ r_{max}=a_0 \\
&n=2,\ r_{max}=4a_0 \\
&n=3,\ r_{max}=9a_0
\end{aligned} \tag{5}
$$

如果取 $l=n-1$，不同的主量子数 n 对应的径向分布如下图所示。

当 $n>1$，$l=0$，除了波的极大处，电子还会在更近处出现。

利用之前求出的径向波函数，可以画出 $2s$ 态和 $2p$ 态电子概率密度随 r 变化的函数图像，可以清晰地看到，对于 $2p$ 态，峰值在 4 倍玻尔半径处。对于 $2s$ 态，它在约 5.1 倍玻尔半径处取到最大值，除此之外在约 0.8 玻尔半径处还有个小峰值。

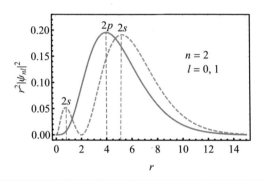

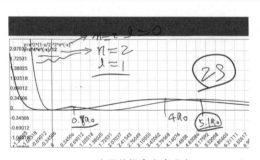

$l \neq 1$，电子的概率密度分布

三、多电子屏蔽核电荷

氢原子只有一个电子，其他原子有多个电子，这些多电子体系该怎么处理？仍有类似氢原子这样的轨道结构吗？它们的核外电子又该如何排布呢？

多电子体系的难点在于，除了电子与核的吸引作用外，电子与电子之间也有排斥作用。这样的哈密顿量对应的薛定谔方程是很难求解的，但仍然可以通过近似方法得到定性的电子排布图像。在量子力学中，电子已不再是个"点"，而是由"电子云"来描述，当体系达到稳定，例如处于基态时，电子密度的分布基本上可以认为是固定不动的，若考察其中一个电子的运动，则可以将其他电子对该电子的作用由一个等效势能来代替，且这个势能由电子密度给出。

这样关于某个电子的定态薛定谔方程就不再是多体方程，而是单体方程，同样也能求出类似氢原子的轨道能级结构，只不过现在的势能不再是简单的类氢原子势能，而是在这个基础上考虑了其他电子屏蔽作用的等效势能，这会导致原本类氢原子形式的能谱发生变形，这好比地震过后没有断掉的复杂交错的立交桥一样，虽然变形错位了，但路还是原来的路。

至于能谱如何变形以及核外电子如何排布，可以用几个例子来展示。先看氦原子，它有两个电子，原子核带两个正电荷，相当于 $Z=2$，但不能像类氢原子那样去计算，因为这时氦原子中一个电子的负电荷会屏蔽另一个电子感受到的原子核的正电荷，相当于电子感受到原子核的等效电荷 $Z_{eff}<2$。当氦原子处于基态时，假定电子的波函数仍然与单个电子时相同，则电子波函数里的 Z_{eff} 也会小于 2。

为了具体求出这个等效的 Z_{eff} 是多少，可以使用变分法。首先假定氦原子中的两个电子都处于核电荷数为 Z_{eff} 的类氢原子的基态，对应的空间部分波函数写为：

$$\psi(\vec{r}_1,\vec{r}_2)=\frac{Z_{eff}^3}{a_0^3\pi}e^{-\frac{Z_{eff}}{a_0}r_1}e^{-\frac{Z_{eff}}{a_0}r_2}$$

其中 $\vec{r}_1$，$\vec{r}_2$ 分别为两个电子的坐标（以原子核为原点）。由于基态是系统的最低能量状态，所以接下来要求考虑了所有相互作用的完整的哈密顿算符，在上述假定的波函数下取得最小值。对应于能量取得最小值时的 Z_{eff} 值，也就是氦原子基态时的 Z_{eff} 值。经过计算，该等效电荷为

$Z_{\text{eff}} = 27/16$ ，确实是小于 $Z = 2$ 。

　　根据前面推导出的半径与 Z 的关系，若不考虑屏蔽作用， $Z = 2$ ，则氦原子的电子轨道半径应为 $1/2$ 玻尔半径，但查找数据发现，氦原子的半径实际上要更大一些，这也体现了在电子屏蔽效应下的等效 Z 不再是 2 而是比 2 小了。根据上面写出的变分法波函数形式，可以知道氦原子的最概然半径不能使用 $Z = 2$ 计算，而应该使用 $Z_{\text{eff}} = 27/16$ 来计算，最终得到的氦原子半径为 $16/27$ 的玻尔半径，即 0.31 Å。

　　研究完具有两个电子的氦原子之后，继续讨论包含三个电子的锂原子。这里我们先引入电子自旋的概念，并介绍了泡利不相容原理。他说，电子除了传统的轨道自由度，还有个内禀自由度叫作自旋。电子自旋具有两个正交的态，为简单起见，这两种自旋状态常被称作向上和向下，不同的自旋代表不同的量子态。泡利不相容原理则是说，在费米子组成的系统中，不能有两个或两个以上的粒子处于完全相同的状态。

　　这样在 $1s$ 轨道中，可以填充一个自旋向上的电子和一个自旋向下的电子，但不能再填充第三个电子。因为如果第三个电子也处在 $1s$ 轨道上，那必然至少有两个电子的自旋方向一样，则它们处在同一个量子态中，这不符合泡利不相容原理，所以第三个电子只能往更高能级的轨道上填充。在锂原子处于基态时，为了保证能量尽可能地低， $1s$ 轨道填满两个电子之后，就会往 $2s$ 轨道上填充。

　　首先，只有一个电子围绕锂原子核时，就是典型的 $Z = 3$ 的类氢离子，电子轨道半径为 $1/3$ 玻尔半径，即 0.18 Å。接着，再多填入一个电子时，就变成了 $Z = 3$ 的类氦离子，使用变分方法，可以计算出有效电荷 $Z_{\text{eff}} = Z - 5/16 = 43/16 = 2.7$ ，小于 3，由此可以计算出最概然半径为 $16/43 = 0.372$ 倍的玻尔半径，即约 0.2 Å。最后，将第三个电子填入，由于泡利不相容原理，它不能进入 $1s$ 轨道，只能往第二层的 $2s$ 与 $2p$ 轨道填充。假设 $1s$ 轨道的两个电子屏蔽掉锂原子核中的两个正电荷，那么第三个

电子看到的将是 $Z=1$ 的等效原子核，这时的第二层轨道相当于氢原子的第二层轨道。

前面已经计算过 $2p$ 轨道的半径为 4 倍的玻尔半径，$2s$ 与 $2p$ 同属一个壳层，半径相差不远，所以可近似认为 $2s$ 轨道半径也在 4 倍的玻尔半径附近，远远大于内层两个电子所处的轨道半径即 0.372 倍玻尔半径，这符合先前的推理所假设的"第三个电子被内层电子强烈屏蔽"。

但 $2s$ 轨道相比 $2p$ 轨道受到的屏蔽效果有所不同。之前讨论过 $2p$ 轨道径向波函数只有一个波峰，而 $2s$ 轨道有两个波峰，即除了在 $2p$ 轨道波峰附近有一个大波峰外，在内部 $1s$ 轨道附近还有个小波峰，从而能够强烈地感受到锂原子核的正电荷，这样它感受到的等效正电荷比 1 要大，大约在 1.3 左右，由此可以计算出锂原子最外层电子的 $2s$ 轨道半径约为 3 倍的玻尔半径，即约 1.6 Å。

另外，由于 $2p$ 轨道只有一个波峰，它在内部壳层出现的概率远低于 $2s$ 轨道的概率，它受到的屏蔽效应大于 $2s$ 轨道的，所以可推得 $2p$ 轨道的能级要比 $2s$ 高，根据能量最小原理，锂原子的第三个电子会先填充 $2s$ 轨道。越往高的轨道，这个效应越明显，于是可以发现原本氢原子中能级简并的轨道，在其他元素的原子中会解除简并，这也是能谱变形的体现之一。

对于原子核带 4 个电荷的铍原子，由前面的分析可知，$1s$ 轨道填充两个电子之后，再填充第三个电子时只能往 $2s$ 轨道填。假设内层完全屏蔽掉两个正电荷，对于第三个电子来讲 $Z=2$，可以计算出 $2p$ 对应的轨道半径为 $2^2/2=2$ 倍的玻尔半径，即约 1.06 Å，这比锂原子对应的轨道半径要小得多。

根据上面关于锂最外层电子会有概率进入内层的行为的分析，似乎会得到铍的半径比 1.06 Å 小的结论，不过由于第四个电子填入导致的 $2s$ 轨道的两个电子的屏蔽（类似氦原子）会使得 $2s$ 轨道半径有增大趋势，所以实际上铍的半径要比 1.06 Å 要大些。此外，根据氦原子变分法的计算可以看出，同一壳层的屏蔽效应有限，相比不同壳层的屏蔽或完全屏蔽要弱得多，所以基本上可以推测铍的原子半径仍然要比锂的更小。

同理，对于硼原子，假设填入第三个电子时，硼原子内层的两个电子能完全屏蔽掉两个正电荷，那么对应的 $2s$ 轨道约为 $2^2/3 = 4/3$ 倍玻尔半径，即约 0.7 Å。但若继续加入第四个电子，它填充第二壳层的 $2s$ 轨道，$2s$ 轨道的两个电子会类似氦原子中的电子那样互相屏蔽原子核的正电荷。最后考虑加入第五个电子形成电中性的硼原子，由于泡利不相容原理，第五个电子只能往 $2p$ 轨道填充，但它同 $2s$ 轨道上的两个电子一样，同属第二壳层，半径相近，于是第二壳层的三个电子也会互相屏蔽它们感受到的正电荷，电子半径进一步增大，最终效果是原子半径实际比 0.7 Å 大。但由于 $2s$ 电子可以深入内层，以及同一层的屏蔽效应有限，半径不会与 0.7 Å 相差太远，硼原子的半径仍然比铍要小。

最后来说一下钠原子。虽然它的核外电子数比前几个例子都要多很多，但它的最外层只有一个电子，适合作为典型例子来理解电子排布问题。同样先假设最外层电子被内层电子完全屏蔽，那么它相当于只能看到带一个电荷 $Z=1$ 的原子核。由于泡利不相容原理，它只能填在 $3s$ 轨道。从先前推导出的最大角动量的轨道半径公式可以得知，$Z=1$ 的 $3d$ 轨道半径为 9 倍玻尔半径，由于 $3s$ 轨道与 $3p$ 轨道属于同一壳层，$3s$ 轨道半径也可近似为 9 倍玻尔半径。$3s$ 轨道有三个波峰，其中两个波峰深入内层轨道，故内层电子并不是完美屏蔽掉正电荷的，$3s$ 轨道电子实际能感受到大于 $Z=1$ 的等效正电荷，所以它的半径比 9 倍玻尔半径要小得多。

四、氢氦锂铍到元素周期表 类氢与类氦处理方法

通过以上对一些具体元素的电子排布进行的定性研究，可以看出不同

壳层与同一壳层的电子之间的斥力造成的对原子核电荷的屏蔽效应是不同的。这一节将不同屏蔽效应导致的电子排布方式，简单地提炼与总结成两种类型，即类氢处理与类氦处理方法，由此我们能定性了解整个元素周期表中的电子排布方式以及原子半径规律。

先回过头来看氦元素，原子核带 2 个正电荷，若外层只有 1 个电子，那它就是传统的类氢离子，相应的电子轨道半径为 1/2 倍的玻尔半径。若再加入 1 个电子使其成为中性氦原子，则其中一个电子的负电荷会屏蔽另一个电子感受到的原子核的正电荷，相当于电子感受到原子核的等效电荷 $Z_{eff} < Z = 2$。使用变分法可以计算得到 $Z_{eff} = Z - 5/16 = 27/16 \approx 1.69$。于是，填充 2 个电子时的轨道半径应为 $16/27$ 倍的玻尔半径，相比于只填充 1 个电子的氦离子，其轨道半径增大了 $\dfrac{16/27 - 1/2}{1/2} \approx 18.5\%$。

接下来继续讨论锂原子。首先，只有 1 个电子围绕锂原子核时，就是典型的 $Z = 3$ 的类氢离子，再多填入 1 个电子时，就变成了 $Z = 3$ 的类氦离子，前面已经计算过其半径为 0.372 倍的玻尔半径。最后，将第三个电子填入，由于泡利不相容原理以及能量最小原理，它应填入 $2s$ 轨道，上小节也证明了第三个电子被内层电子强烈屏蔽，它看到的将是 $Z = 1$ 的等效原子核，这时可以用类似氢原子的方法来处理第三个电子，第二层轨道相当于氢原子的第二层轨道。上述对第三个电子的定性处理方法，可以称为"类氢处理"，它体现了内层电子对最外层单电子的强烈屏蔽作用。但是，上节也提到了，$2s$ 轨道有两个波峰，即除了在 $2p$ 轨道波峰附近有一个大波峰外，在内部 $1s$ 轨道附近还有个小波峰，从而能够强烈地感受到锂原子核的正电荷。这样它感受到的等效正电荷比 1 要大，约在 1.3 左右，由此可以计算出锂原子最外层电子的 $2s$ 轨道半径约为 3 倍的玻尔半径，即约 1.6 Å。

对于原子核带 4 个电荷的铍原子，由前面的分析可知，$1s$ 轨道填充两个电子之后，再填充第三个电子时只能往 $2s$ 轨道填充。假设内层电子完全屏蔽掉 2 个正电荷，则对于第三个电子，可以使用类氢处理法，其中类氢核带正电荷 $Z=2$。可以算得 $2p$ 对应的轨道半径为 $2^2/2=2$ 倍的玻尔半径。

接着再在 $2s$ 轨道填入另一个电子使铍变为中性原子时，$2s$ 轨道的两个电子就会类似氦原子那样相互屏蔽对方所感受到的正电荷，从而使 $2s$ 轨道半径增大。此外，根据氦原子变分法的计算结果可以看到，同一壳层的屏蔽效应有限，相比类氢处理中不同壳层的屏蔽效应要弱得多。上述关于铍原子中最后填入的电子的定性处理方法，称为"类氦处理"。

这里可以先对比一下类氢处理与类氦处理的特点。类氢处理面临的是电子往新的壳层填充的情况，这时由于轨道半径与 n^2 相关，并且内层电子的强烈屏蔽会使外层电子感受到的有效 Z 值迅速降低（当内层电子完全屏蔽原子核的电荷时，有效的 $Z=1$），原子或离子半径会比填充之前明显增大。而对于类氦处理，电子是在同一壳层填充的，如同氦离子变成氦原子那样。

前面计算过，氦原子相比于只填充一个电子的氦离子所感受到的有效电荷减小了 15%，轨道半径增加了 18.5%，在这个过程中，半径的增长远远小于类氢处理导致的半径增长。所以类氦处理中由于同一壳层的电子屏蔽导致的半径增长，远比类氢处理对应的半径增长要小。

注意到同一壳层的轨道半径还与 Z 成反比，即 Z 越大半径越小，所以若考虑元素周期表同一周期的元素，则原子序数越大，第二层电子看到的等效 Z 也越大。虽然类氦处理效应会导致等效 Z 值有所减小，但前面也说过类氦处理中电子的增多导致的等效 Z 值的减小是相对微弱的，所以等效 Z 值最终仍然随着原子序数的增大而增大。这表现为同一周期元素的原子半径随原子序数的递增而减小，尤其是在有效 Z 值较小的时候半径减小更为明显，因为 Z 每增加 1，相对于 Z 值较大时 $1/Z$ 的减小量，Z 值较小时 $1/Z$ 的减小量更多。

　　若某一周期填完了，继续增加原子序数，核外电子排布就会多出新的壳层。例如从氦原子到锂原子，从氖原子到钠原子等，那么它们的半径又是如何变化的呢？我们知道氖原子与钠离子的核外电子排布形式一致，它们的半径差别只是由于有效 Z 值的不同导致的。由于半径与有效 Z 值成反比，而此时有效 Z 值已经很大了，所以氖原子与钠离子的半径相差不大。这一点是相对于从氦原子到锂离子的特殊情况而言的，具体可参考先前关于它们半径的计算数据。但是，由于前面所说的类氢处理效应，当钠离子填入电子成为钠原子时，半径会急剧加大，所以钠原子半径会比氖原子半径大很多。结合前面讨论的同一周期元素原子半径的变化，可以将各元素的原子半径随原子序数的变化情况描绘出来，曲线整体呈锯齿状，如下图所示：

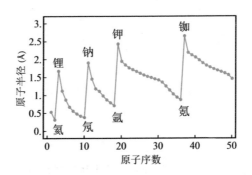

原子半径随原子序数的变化

　　实际上，同一主量子数 n 中，除了角动量最大的轨道以外，其他轨道都在内层有一些波峰，电子会有较多出现在内层的概率。这也会导致内层电子的屏蔽效应进一步减弱，前一节也已经讨论过了。但类氢处理以及类氦处理已经可以定性地导出大致的电子排布，并解释元素周期表的一些规律了。

[小 结]
Summary

　　元素具有丰富的性质，很多都是原子核外电子排布造成的。例如，根据电子排布可以解释为什么碳、氮、氧能与不同数量的氢原子通过共价键分别形成二氧化碳、氨气、水等，这些都是与生命密切相关的非常重要的物质；除了各种化学性质之外，固体的物理性质也由核外电子排布决定，例如石墨烯的结构、金属的导电性等。从薛定谔方程，到解决氢原子问题，理解原子、元素和元素周期表，再看原子半径和能级的改变，我们开始有望揭秘世间万物、理解这个世界最本质的道理。

▲

求解谐振子模型
—— 量子力学更广泛的应用[1]

摘要：本节将研究量子力学中的谐振子问题，探讨谐振子模型的量子化问题。首先了解经典力学中谐振子的运动方程、势能，再从双原子分子中两个原子间的势能出发，通过泰勒展开得到最低能点附近的谐振子近似，以此阐述谐振子在微观世界的普遍性，最后通过求解谐振子的薛定谔方程，理解谐振子模型的量子化问题。

我们花了很多课，来讲量子力学和氢原子问题。今天，我们要来讨论与氢原子同等重要的谐振子问题。它的重要性与普遍性无论如何强调都不为过。

一、普遍存在的谐振子

除氢原子外，谐振子也是量子力学中非常重要的研究对象，并且其薛定谔方程跟氢原子一样有解析解。谐振子模型中物体振动时的恢复力，与

1.　本节内容来源于《张朝阳的物理课》第 25、26 讲视频。

物体偏离平衡位置的距离成正比，并且受力方向总是指向平衡位置。对于一个有稳定平衡点的体系，在势能极小值点附近常常可以近似为谐振子势，这一模型体系在物理中非常普遍。

例如经典力学中，声波里空气的振动，弹钢琴时琴弦的振动、小角度的单摆；又例如量子力学中的黑体辐射，双原子分子的振动，晶体中的声子等。对于量子化的谐振子，它的能量是：

$$E_n = \left(n + \frac{1}{2}\right)\hbar\omega, \ n = 0, \ 1, \ 2, \ 3 \cdots \tag{1}$$

其中，n 是大于等于 0 的整数，也就是说谐振子的能级是分立且等间距的，这与经典力学非常不同，但是与普朗克推导黑体辐射时的假设一致，从而得到正确的黑体辐射公式。

另外需要注意的是，谐振子能量的最小值不为 0，这能解释双原子分子的比热问题。双原子分子有三个质心平动自由度、两个转动自由度、一个振动自由度，除了这些动能的自由度外，双原子分子之间的一个振动自由度对应的势能也可以储存能量，也贡献一个自由度，这样一共有 7 个自由度，按照能量均分定理，其总内能应该是 $7/2 \ kT$，但是实验测其比热容表明其内能是 $5/2 \ kT$。

这正是因为振动能的最小值不为 0，并且比其他自由度的最小激发能都大，在常温下分配给各个自由度的能量只够激发其他自由度的能量，有关振动的自由度被冻结了，于是有效的自由度从 7 变成 5 了。

总之，求解谐振子的薛定谔方程，不仅能再次熟悉薛定谔方程的解法，得到的结论还有非常多的物理应用，所以我们接下来对其展开深入的研究。

二、回顾经典线性谐振子：胡克定律与运动方程

先来了解经典力学中的谐振子问题。以弹簧-小球模型为例，在经典

力学中，谐振子的回复力是 $F=-kx$，即所谓的胡克定律，k 是劲度系数。根据牛顿第二运动定律，可以得到谐振子的运动方程：

$$m\frac{\mathrm{d}^2x}{\mathrm{d}t^2}=-kx \tag{2}$$

在通常的处理中，物理学家会通过定义角频率 $\omega_0=\sqrt{\dfrac{k}{m}}$ 来简化符号的使用：

$$\frac{\mathrm{d}^2x}{\mathrm{d}t^2}+\omega_0^2x=0 \tag{3}$$

我们给出上述方程的解的形式：

$$x=x_0\,\mathrm{Re}(\mathrm{e}^{\mathrm{i}\omega t}) \tag{4}$$

谐振子以正弦的形式振动，ω_0 是振动的圆频率。谐振子在振动过程中，动能和势能互相转化，在 0 点势能为 0，动能最大，在最大位置，势能最大动能为 0。总能量保持不变。在牛顿力学中用力描述物体的运动，但是在量子力学中势能更重要。在谐振子中，势能的微分 $\mathrm{d}u=-F\mathrm{d}x$，于是得出谐振子的势能公式：

$$u=-\int_0^x F\,\mathrm{d}r=-\int_0^x(-kr)\mathrm{d}r=\frac{1}{2}kx^2=\frac{1}{2}m\omega_0^2x^2 \tag{5}$$

三、分子中的谐振子模型

谐振子是弹簧的理想模型，但是微观世界并没有弹簧，那么谐振子对于量子力学有什么意义呢？以双原子分子为例，图中展示双原子分子中的两个原子之间的势能。

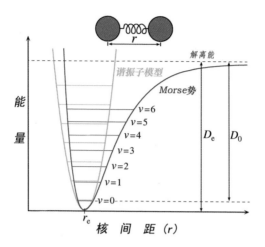

双原子分子中两个原子间的势能 [1]

这个势能曲线有一个最低点。从经典力学来看,当系统能量比较小时,双原子分子将会处在最低能处附近。而势能曲线在势能最低的形状恰好和抛物线类似,因此可以近似成谐振子。对此,我们进行公式推导,主要方法来自势能在能量最低点的泰勒展开:

$$u = u_0 + \frac{du}{dx}\bigg|_{x=x_0}(x-x_0) + \frac{1}{2}\frac{d^2u}{dx^2}\bigg|_{x=x_0}(x-x_0)^2 + \cdots \tag{6}$$

省略号表示泰勒展开的高阶项,可忽略。在势能最低点,势能的一次导数为0,于是上式的一次项为0。把二阶导数记为 k,定义 x_0 处势能为0,即可以把势能近似为谐振子势能的形式:

$$u = \frac{1}{2}k(x-x_0)^2 \tag{7}$$

谐振子在物理中显得特别重要,总的来说,只要是考虑势能极小值附近的微扰论问题,都可以近似为谐振子。

---

1. 图片来源: https://zh.wikipedia.org/wiki/%E8%8E%AB%E5%B0%94%E6%96%AF%E5%8A%BF

四、求解薛定谔方程：谐振子能级与波函数

在求解薛定谔方程之前，首先写出哈密顿量：

$$\begin{aligned} \hat{H} &= \frac{\hat{p}^2}{2\mu} + \mu(x) \\ &= -\frac{\hbar^2}{2\mu}\frac{\mathrm{d}^2}{\mathrm{d}x^2} + \frac{1}{2}\mu\omega_0^2 x^2 \end{aligned} \tag{8}$$

μ 是等效质量，处理氢原子的时候由于质子比电子重很多，质子可以近似为在质心系中静止，因此哈密顿量可以直接用电子质量 m。但是对于双原子分子，分子间的质量相差不大，哈密顿量里边的质量不能再直接使用其中某个分子的质量。

有了谐振子的哈密顿量之后，就可以直接写出定态薛定谔方程了：

$$-\frac{\mathrm{d}^2\psi(x)}{\mathrm{d}x^2} + \frac{\mu^2\omega_0^2}{\hbar^2}x^2\psi(x) = \frac{2\mu E}{\hbar^2}\psi(x) \tag{9}$$

作变量代换：

$$\begin{aligned} \alpha &= \frac{\mu\omega_0}{\hbar} \\ \xi &= \alpha x \\ \lambda &= \frac{2E}{\hbar\omega_0} \end{aligned} \tag{10}$$

将薛定谔方程化简为：

$$\frac{\mathrm{d}^2\psi(\xi)}{\mathrm{d}\xi^2} + \left(\lambda - \xi^2\right)\psi(\xi) = 0 \tag{11}$$

为了方便书写，函数 $\psi(\xi)$ 和 $\psi(x)$ 使用同一个符号，实际上它们不是同一个函数。为了进一步简化上述方程，借鉴求解氢原子模型时的经验，考虑当 ξ 趋向于无穷大时，这个方程近似为：

$$\frac{\mathrm{d}^2\psi(\xi)}{\mathrm{d}\xi^2} = \xi^2\psi(\xi) \tag{12}$$

我们猜测解是：

$$e^{-\beta\xi^2} \tag{13}$$

代入（12）可以解出 $\beta = \dfrac{1}{2}$。

根据此近似，我们可以猜测整个空间中的波函数可以写成：

$$\psi(\xi) \sim e^{-\xi^2/2} H(\xi) \tag{14}$$

将此式代入原来的方程，即可得到：

$$H'' - 2\xi H' + (\lambda - 1)H = 0 \tag{15}$$

其中关于 ξ 的二次项已经被消掉了。至此，将 H 展开成幂级数 $H(\xi) = \sum_{k=0}^{\infty} a_k \xi^k$ 代入方程，比较同次幂项的系数得到了系数的递推关系。（注：后面将看到波函数中的 H 函数为 Hermite 多项式形式，故这里取其首字母。）

$$\frac{a_{k+2}}{a_k} = \frac{2k+1-\lambda}{(k+1)(k+2)} \tag{16}$$

存在两种可能的解：

$$\begin{aligned} H_1 &= a_0 + a_2\xi^2 + a_4\xi^4 + a_6\xi^6 + \cdots \\ H_2 &= a_1 + a_3\xi^3 + a_5\xi^5 + a_7\xi^7 + \cdots \end{aligned} \tag{17}$$

由于谐振子势场是偶函数，所以它的解不是偶函数就是奇函数（实际上，当我们选择 H_1 中的系数有截断时，会发现 H_2 不能截断，所以只能是 $H_2 = 0$，反之亦然）：

$$H(-\xi) = \pm H(\xi) \tag{18}$$

利用解氢原子径向波函数的经验，我们来分析如此递推公式下的幂级数，如果不截断成多项式，会导致波函数不满足边界条件。如果要求这个幂级数截断成多项式，则有在某个 k 处使得 $2k+1-\lambda = 0$，从而 $\lambda = 2k+1$。按照一般习惯将 k 写为 n，再结合前方变量代换（10）中 λ 和 E 的关系，可得：

$$E_n = \left(n + \frac{1}{2}\right)\hbar\omega \tag{19}$$

由此得出，谐振子的能量不是连续的，而是存在间隔的。这就是谐振子量子化的体现。经典力学中的谐振子能量就像斜坡，量子力学中的谐振子能量则是台阶，一级一级的。

最后，我们再来介绍一下谐振子定态波函数的具体形式。这里仅作展示，不作推导，不考虑归一化系数，波函数写成：

$$\psi_n(\xi) \sim e^{-\frac{1}{2}\xi^2} H(\xi) = e^{-\frac{1}{2}\xi^2} (-1)^n e^{\xi^2} \frac{d^n}{d\xi^n} e^{-\xi^2}, \xi = \alpha x \tag{20}$$

其中，$H(\xi)$ 被称为厄米多项式。

五、拓展讨论：基态波函数、不确定性关系、等间距能级与零点能

对于 $n=0$：

$$H(\xi) = 1$$
$$\psi_0(x) = \frac{\sqrt{\alpha}}{\pi^{1/4}} e^{-\frac{\alpha^2 x^2}{2}} \tag{21}$$
$$\psi_1(x) = \frac{\sqrt{2\alpha}}{\pi^{1/4}} \alpha x e^{-\frac{\alpha^2 x^2}{2}}$$

基态波函数是高斯分布，第一激发态是奇函数。

我们可以通过概率分布的集中程度估算位置的分布范围 $\Delta x \sim \frac{2}{\alpha}$，$\alpha = \sqrt{\frac{\mu\omega}{\hbar}}$，然后根据动量和能量的关系可以估算 $\Delta p = \sqrt{\mu\hbar\omega}$，我们马上可以确定：

$$\Delta x \Delta p = 2\hbar \tag{22}$$

最后确认了两者的乘积确实满足不确定性原理。

谐振子最低能态（$n=0$ 的态）的能量不是 0。这是和经典力学不一样的。不过，由于谐振子相邻能级之间的差为固定值，而热激发只和能量差有关，因此，当年普朗克的黑体辐射公式才能和实验完全吻合。

[小 结]
Summary

　　为了了解氢分子的振动，我们开始研究量子力学中的谐振子，利用和解氢原子时类似的方法可以解出谐振子的能量表达式。可以看出谐振子的能量是量子化的，并且它的最低能量不是 0。能量量子化导致在室温下双原子分子的比热容里不包含振动自由度，因为室温下的分子运动不足以激发双原子分子的振动自由度，这种现象被称为自由度冻结。虽然我们是为了研究具体的问题才引入谐振子模型的，实际上在物理学中谐振子无处不在，它是量子力学中研究广泛的模型之一，求解谐振子很好地解释了我们平时看到的各种现象。

▲

双原子分子的光谱问题
—— 结合氢原子和谐振子[1]

~~~~~~

摘要：本节将探究双原子分子气体薛定谔方程的求解。首先了解氢原子薛定谔方程，根据求解得到的能级公式，讨论氢原子的光谱。接着研究两个氢原子组成的氢分子，其电子组成共价键将原子核束缚起来，将此势能在平衡位置展开得到等效的谐振子势，求解对应的薛定谔方程，解得包含振动与转动自由度的能级，通过此分立的能级与选择定则分析氢分子的光谱。

我们学了那么多理论，解了那么多方程，现在需要应用一下。前面我们解了氢原子模型和谐振子模型，今天我们要把它们结合起来，解决双原子分子气体问题。

一、氢原子光谱与里德伯常量

先来研究氢原子的薛定谔方程，求解得到氢原子的分立能级公式：

---

1. 本节内容来源于《张朝阳的物理课》第 27 讲视频。

$$E_n = -\frac{e^2}{2a_0}\frac{1}{n^2} \quad n = 1,\ 2,\ 3 \cdots$$

其中 a_0 是玻尔半径。

有了能级公式，就可以研究氢原子在各能级之间跃迁所产生的光谱。通过推导，从初态能级到末态能级跃迁时，发射出的光线的波数为：

$$\frac{1}{\lambda} = R\left(\frac{1}{n_f^2} - \frac{1}{n_i^2}\right)$$

系数 R 称为里德伯常量，$R = \frac{2\pi^2\mu e^4}{\hbar^3 c} = 1.097 \times 10^5\ \text{cm}^{-1}$。是量子力学出现之前，人们根据实验测得的氢原子光谱抽象出的经验公式里得到的，这与用薛定谔方程计算的数值一致。

当末态主量子数为 1 时，末态就是基态，从各激发态到基态的跃迁形成的光谱就是莱曼系，它处于紫外光谱区。当末态主量子数为 2 时，更高激发态到末态的跃迁形成的光谱是巴尔末系，此线系处于可见光谱区，所以首先被发现。以此类推，可以得到其他谱系。

解薛定谔方程得到氢原子能级，导出的光谱与实验相符，重现了量子力学出现之前的各种线系，这证明了薛定谔方程的正确性。

二、求解氢分子原子核的薛定谔方程

讨论完氢原子的光谱，再来讨论由氢原子组成的氢分子的情况。

氢分子体系比氢原子复杂多了。它包含了两个氢原子核与两个电子，这四个粒子之间两两都有库仑势相互作用，直接解对应的薛定谔方程非常复杂。不过，由于电子质量远远小于原子核的质量，分子中电子的速度远远大于原子核的速度，所以当研究氢分子中电子的运动时，可以认为原子核是几乎不动的，由此算出电子云分布。原子核沉浸在其中，电子云使得原子核之间具有某种有效的相互作用，所以研究原子核的运动时，可以把

电子的作用以有效势能替代。实际上进一步研究分子中不同运动的激发能之间的关系，可以估算出转动激发能远远小于振动激发能，而振动激发能又远远小于电子激发能，从而可以把这三种运动近似分开来处理，这就是玻恩–奥本海默近似。

两个原子核之间的作用势能只与原子核之间的距离有关，而与方向无关，因此两个原子核构成的二体问题，可类似氢原子那样分解为质心运动部分和相对运动部分。质心运动部分就是简单的自由粒子运动，而相对运动部分又可类似氢原子那样分解为角向运动与径向运动。根据前几节课的推导，波函数可写为：

$$\psi(r,\ \theta,\ \varphi) = \psi(r)Y_{lm}(\theta,\ \varphi)$$

其中 r 是两原子核的距离，并且角向部分的波函数是角动量算符平方与角动量算符 z 分量的本征态：

$$\hat{L}^2 Y_{lm}(\theta,\ \varphi) = l(l+1)\hbar^2 Y_{lm}(\theta,\ \varphi)$$
$$\hat{L}_z Y_{lm}(\theta,\ \varphi) = m\hbar Y_{lm}(\theta,\ \varphi)$$

若振幅较小，可将有效势能在平衡位置附近做近似展开。由于平衡位置势能函数的导数为 0，因此保留到二阶小量可以得到谐振子势能，那么，重复之前得到的氢原子与谐振子径向薛定谔方程的步骤，则可得出对应的氢分子中两原子核的径向薛定谔方程：

$$\left[-\frac{1}{r^2}\frac{\mathrm{d}}{\mathrm{d}r}\left(r^2\frac{\mathrm{d}}{\mathrm{d}r}\right) + \frac{l(l+1)}{r^2} + \frac{2\mu}{\hbar^2}\frac{1}{2}k(r-r_0)^2\right]\psi(r) = \frac{2\mu E}{\hbar^2}\psi(r)$$

其中 μ 是两个原子核的约化质量，r_0 是有效势能的平衡位置（实验测得 $r_0 = 0.074$ nm），l 是对应角向波函数的角动量量子数，k 是将有效势能在平衡位置附近展开时二次项的系数。由于这里只想讨论转动与振动能量，为方便忽略了平衡位置时的势能项。

此时，先根据解氢原子与谐振子径向薛定谔方程的经验，定义新的函数 u 为：

$$u(r) = r\psi(r)$$

再代入薛定谔方程之中，令 $\omega_0 = \sqrt{\dfrac{k}{\mu}}$ ，并将其化简为：

$$-\frac{\mathrm{d}^2 u}{\mathrm{d}r^2} + \left[\frac{l(l+1)}{r^2} + \frac{\mu}{\hbar^2} \mu \omega_0^2 (r - r_0)^2 \right] u = \frac{2\mu E}{\hbar^2} u \qquad (1)$$

由于角动量项包含 $1/r^2$ ，方程（1）仍然不好求解，需要用到近似处理。由于原子核的振动距离 $x = r - r_0$ 相对于平衡距离 r_0 非常小，故可将 $1/r^2$ 展开为：

$$\frac{1}{r^2} = \frac{1}{r_0^2} \frac{1}{(1 + \frac{x}{r_0})^2} \approx \frac{1}{r_0^2} (1 - 2\frac{x}{r_0})$$

又因为转动激发远远小于振动激发，所以 x/r_0 项相对于 $1/r_0^2$ 与振动项都非常小，可以忽略。于是可以近似地将角动量项中的 r 直接换成平衡距离 r_0 。令 $x = r - r_0$ ， $2E = \lambda \hbar \omega_0$ ， $\alpha^2 = \dfrac{\mu \omega_0}{\hbar}$ ，方程（1）可变形为：

$$\frac{\mathrm{d}^2 u}{\mathrm{d}x^2} + (\lambda \alpha^2 - \frac{l(l+1)}{r_0^2} - \alpha^4 x^2) u = 0$$

继续令 $\xi = \alpha x$ ，方程可进一步化简为：

$$\frac{\mathrm{d}^2 u}{\mathrm{d}\xi^2} + \left[\left(\lambda - \frac{l(l+1)}{\alpha^2 r_0^2} \right) - \xi^2 \right] u(\xi) = 0$$

这和谐振子模型仅相差一个常数项。若定义新的参数为：

$$\lambda_1 = \lambda - \frac{l(l+1)}{\alpha^2 r_0^2}$$

最终，薛定谔方程可以变形为：

$$\frac{\mathrm{d}^2 u}{\mathrm{d}\xi^2} + \left(\lambda_1 - \xi^2 \right) u = 0$$

而这正是上节解一维谐振子薛定谔方程时遇到过的微分方程。利用上节的结论，马上能得到：

$$\lambda_1 = 2n + 1 \quad n = 0,\ 1,\ 2,\ 3 \cdots$$

其对应的氢分子原子核的能级就可以顺势求出：

$$E_n = \frac{1}{2}\lambda\hbar\omega_0 = \left(n+\frac{1}{2}\right)\hbar\omega_0 + \frac{l(l+1)\hbar^2}{2J}$$

其中 $J = \mu r_0^2$ 是体系的转动惯量。

三、氢分子的振动转动光谱：疏中有密，带状分布

就像氢原子一样，一旦求出了氢分子原子核的振动与转动能级，就可以得出其对应的光谱。这里需要引入能级跃迁的选择定则，即原子核跃迁前后的角量子数的变化必须为 $\Delta l = \pm 1$。为了方便讨论，我们引入记号 B，将氢分子原子核的振动与转动能级写为：

$$E_n = \frac{1}{2}\lambda\hbar\omega_0 = \left(n+\frac{1}{2}\right)\hbar\omega_0 + Bl(l+1)$$

为了更方便地计算 B 的具体数值，将 B 化为如下形式：

$$B = \frac{\hbar^2}{2\mu r_0^2} = \left(\frac{2a_0}{r_0}\right)^2 \frac{1}{2}\frac{e^2}{2a_0}\frac{m_e}{m_p}$$

可以发现，关于电荷 e 的项正是氢原子的基态能量，这样代入对应数据非常容易求得 $B = 59\ \mathrm{cm}^{-1}$（注，我们这里遵循量子化学家的习惯做法，使用波数 $E/(hc)$ 进行讨论）。而实验表明，氢分子振动能级差 $\hbar\omega_0$ 对应的波数为 $4155\ \mathrm{cm}^{-1}$，确实与转动激发能差距非常大，并且我们也可以知道电子激发能 $10^5\ \mathrm{cm}^{-1}$ 远远大于转动激发能与振动激发能，这也验证了关于玻恩-奥本海默近似的条件。

知道氢分子的振动激发能，我们可以根据现有的公式推导氘分子的振动能。氢分子核与氘分子核只有核的质量不同，而所带电荷是一样的，不会影响它们核外电子云，所以核外电子组态相同，劲度系数也相同。由于氘原子核质量是氢原子核的两倍，根据振动固有频率与劲度系数和约化质量的关系，我们可推导得到氘分子的固有频率是氢分子的 $\frac{1}{\sqrt{2}}$，与实验值

2987 cm^{-1} 大致相符。

为了更精确地得出能谱，现在考虑以主量子数和角量子数标记的能级的间距。$E(n+1, l+1)$ 与 $E(n, l)$ 能量相差：

$$\Delta E = \hbar\omega_0 + 2(l+1)B$$

$E(n+1, l-1)$ 与 $E(n, l)$ 能量相差：

$$\Delta E = \hbar\omega_0 - 2lB$$

由于前面已经提到，振动能级差远远大于转动能级差，综合上述跃迁的能级差，可知氢分子的振动转动光谱结构以振动能级差为主，但周围有波数间距为 $2B = 120$ cm^{-1} 的多条谱线。也就是说，整体上是在间距较大、相对稀疏的振动谱周围，辅以间距较小、相对密集的转动谱，最终观察到的是振-转光谱带。这与实验观测得到的氢分子光谱一致。

[小 结]
Summary

这节课我们可以看到能量阶梯在近似中起到的关键作用，在研究一个多自由度体系时，如果不同自由度的运动特征能量相差悬殊，则可以近似分开来处理。这样我们就将原子核的运动与电子运动分开，使得氢原子的振动转动能级得以求出。并且能级所对应的光谱与实验结果完全一致，这再次证明了薛定谔方程的正确性与强大的功能。

第六部分

相对论问题

狭义相对论专题

▼

迈克尔逊-莫雷实验，洛伦兹变换，
时间膨胀，长度缩短

摘要：本节将为狭义相对论拉开序幕。19 世纪物理学家曾假设了一种叫作"以太"的物质作为电磁波的传播媒介，但后来这一假设被迈克尔逊-莫雷实验否定，给经典物理学带来一片"乌云"。本节课我们会学习迈克尔逊-莫雷实验的原理和结果，以及由此诞生的洛伦兹变换，并进一步基于洛伦兹变换导出时间膨胀效应与长度收缩效应。

一、"以太"假说的提出：朴素的媒介思想

在之前的章节中，我们曾利用运动电荷在空间中的电磁场分布导出了带电粒子辐射的电磁波的公式，并推导出了辐射阻尼系数、瑞利-金斯公式等。事实上除了运动电荷在空间中的电磁场分布，麦克斯韦方程组也可以导出电磁波表达式。

由麦克斯韦方程组，可知真空中的电场满足：

$$\frac{\partial^2 \vec{E}}{\partial t^2} = \frac{1}{\mu_0 \varepsilon_0} \frac{\partial^2 \vec{E}}{\partial x^2}$$

我们曾遇到过同样形式的方程——声音在空气中的传播方程：

$$\frac{\partial^2 f}{\partial t^2} = \frac{\gamma RT}{m}\frac{\partial^2 f}{\partial x^2}$$

其中，γ 是绝热指数，m 是空气分子的平均摩尔质量，R 是理想气体常数，T 是空气的温度（以开尔文为单位），由声波方程得到声速为：

$$v = \sqrt{\frac{\gamma RT}{m}}$$

对比可以发现，电场方程与波动方程非常类似，因此可以得到电磁波的速度为：

$$c = \sqrt{\frac{1}{\mu_0 \varepsilon_0}}$$

声速是声波相对于声波媒介（空气）的传播速度，其大小由传播媒介的性质决定。按当时一部分研究者的观点，似乎很自然地，光速也应该是光波相对于某一媒介的传播速度，μ_0 与 ε_0 则是相应的描述此媒介性质的参量。人们把这一假想的传播电磁波的媒介称为"以太"。

二、迈克尔逊-莫雷实验：验证以太是否存在

此后，物理学家们开始想办法证明"以太"的存在。牛顿力学中，质点在不同参考系的速度变换满足简单的速度叠加关系，即伽利略变换。例如一个人在滚梯上奔跑，那么他相对于地面的速度是滚梯的速度加上他在滚梯上奔跑的速度。同理，声速表达式是声波相对于空气的运动速度，如果空气相对于地面向前运动，那么声波相对于地面的运动速度就要加上空气相对于地面的运动速度。迈克尔逊-莫雷实验就是利用这种思想来测量以太的运动速度。

地球围绕太阳做高速圆周运动，圆周不同位置上的速度方向不同，假设以太在太阳参考系中是静止的，那么地球必然会相对于以太运动。为了

测出这个相对运动速度，1887 年迈克尔逊和莫雷在美国克利夫兰利用迈克尔逊干涉仪进行了物理实验观测。实验仪器的结构与原理示意如下图。

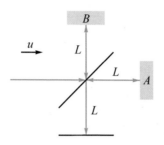

光源发出的光先被分光镜分成两束。两束光相互垂直，分别经过一段距离 L 后到达反光镜，又被反射回分光镜，并穿过分光镜叠加在一起，投射到屏幕上。若在屏幕上的两束光具有相位差 ϕ，则其电场可分别写为：

$$E_{//} = E\mathrm{e}^{\mathrm{i}\omega t}$$

$$E_{\perp} = E\mathrm{e}^{\mathrm{i}(\omega t+\phi)}$$

总电场为二者的叠加：

$$E_t = E_{//} + E_{\perp} = E\left(\mathrm{e}^{\mathrm{i}\omega t} + \mathrm{e}^{\mathrm{i}(\omega t+\phi)}\right)$$

从而相应的光强为：

$$I \sim E_t E_t^* = 2E^2(1+\cos\phi)$$

由此可见，屏幕上的光强会随着相位差 ϕ 而改变。若 ϕ 与地球相对于以太的速度有关，就可以通过观测屏幕上的光强变化来验证以太的存在。

考虑一种简单的情况：假设地球相对于以太沿着上述某一束光的方向运动，速度大小为 u，方向由分光镜指向反光镜。

对于平行于相对运动速度的那束光（简称平行光束），在以太的参考系中，光从分光镜射向反光镜时，由于光速 c 与地球的速度 u 方向相同，那么光相对于地球上的仪器速度为 $c-u$。设分光镜到反光镜的距离（即迈克尔逊干涉仪的臂长）为 L，则所需时间为 $\dfrac{L}{c-u}$。当光被反光镜反射时同理：其相对于地球的速度为 $c+u$ ，所需时间为 $\dfrac{L}{c+u}$ 。平行光束从出射到返回共需时间：

$$t_{//} = \frac{L}{c-u} + \frac{L}{c+u} = \frac{2L}{c}\frac{1}{1-\left(\dfrac{u}{c}\right)^2}$$

接下来分析与相对运动速度 u 垂直的光束（简称垂直光束）。在以太参考系中，在光从分光镜到达反光镜的同时，分光镜与反光镜也会以速度 u 走过一段距离，于是光走的路线与分光镜走的路线构成下图所示的三角形：

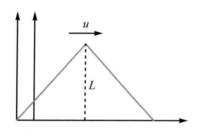

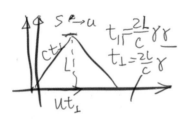

由勾股定理，光从分光镜到反光镜的时间为：

$$\left(ut_{\perp}\right)^2 + L^2 = \left(ct_{\perp}\right)^2$$

垂直光束从出射到返回所需时间为：

$$t_{\perp} = 2t'_{\perp} = \frac{2L}{c}\frac{1}{\sqrt{1-\left(\dfrac{u}{c}\right)^2}}$$

两束光到达屏幕的时间差为：

$$\Delta t = t_{//} - t_{\perp} = \frac{2L}{c}(\gamma - 1)\gamma$$

注：其中 $\gamma = \dfrac{1}{\sqrt{1-\left(\dfrac{u}{c}\right)^2}}$ 是相对论中经常遇到的一个参量。

可以看出，垂直光束会领先于平行光束到达屏幕。领先的时间 Δt 与相对运动速度有关，并且正比于 L。假设垂直光束到达屏幕时相位为 0，由于等相位面是以光速传播，并且两束光是同一个光源发出的，因此平行光束到达屏幕时相位也是 0，但此时垂直光束已在屏幕上振动了一段时间 Δt，相位变化为 $\omega \Delta t$，即垂直光束的相位领先平行光束 $\phi = \omega \Delta t$。

结合屏幕光强 I 与相位差的关系，可以知道光强与相对速度 u 以及 L 的关系。当相对速度 $u = 0$ 时，$\phi = \omega \Delta t = 0$，此时屏幕光强就是简单的同相位光叠加，与 L 无关。如果 $u \neq 0$，则相位差将正比于 L，L 改变，光强随之变化。

最终，实验结果表明屏幕光强不随臂长 L 变化，说明地球相对于"以太"的相对速度 u 为 0，但地球不可能相对于以太静止（由于公转），从而说明以太假说不成立，即以太是不存在的。需要说明的是，实际上迈克尔逊-莫雷实验并非通过改变臂长，而是通过改变仪器的朝向来改变光在两臂的传播速度，进而改变时间差与相位差，且实际实验观测到的是干涉条纹的移动。这里对真实实验进行了简化，但保留了实验原理与核心公式。

迈克尔逊-莫雷实验的结果导致以太学说破灭，这一事件成为经典物理学上空的一朵乌云，而要解决这个尖锐的矛盾，只能将旧理论推翻重建。

三、洛伦兹变换及其应用：导出尺缩钟慢效应

迈克尔逊-莫雷实验证明了以太学说是错误的，并且表明光速是不变的，那么该如何理解电场的波动方程呢？光速不变岂不是与坐标系的伽利略变换矛盾吗？爱因斯坦按照实验结果直接假设光速相对于任何参考系都是不变的，并推导出了新的坐标系变换以取代伽利略变换。这也恰好是之前洛伦兹尝试调和经典电动力学与牛顿力学之间的矛盾时所提出的变换，即洛伦兹变换：

$$\begin{cases} x' = \gamma(x - ut) \\ y' = y \\ z' = z \\ t' = \gamma\left(t - \dfrac{u}{c^2}x\right) \end{cases} \qquad \begin{cases} x = \gamma\left(x' + ut'\right) \\ y = y' \\ z = z' \\ t = \gamma\left(t' + \dfrac{u}{c^2}x'\right) \end{cases}$$

其中，(t, x, y, z) 是任意惯性系的时空坐标，(t', x', y', z') 是沿 x 正方向、相对于前者以速度 u 运动的参考系的时空坐标，在 $t = 0$ 的时刻两坐标系的空间原点重合。可以看到时间坐标的变换混入了空间坐标。时空搅和在一起，那么速度很可能不再遵循叠加关系，即在滚梯上跑步时，我们相对于地面的速度就不再是滚梯速度加跑步速度了。下面带大家通过几个简单的应用，体会一下这个变换的神奇之处。

伽利略变换下，迈克尔逊-莫雷实验的结果与理论预测不符，那我们换成用洛伦兹变换进行分析，看看会得到什么有趣的结果。由于光速在洛伦兹变换下是不变的，所以在地球参考系里，迈克尔逊-莫雷实验中的两束光经过干涉仪两臂所需的时间始终相同，光强不变。我们不妨在太阳参考系中（相当于先前的以太参考系）进行分析，记太阳为 S 系，地球为 S' 系，建立如下图所示的参考系：

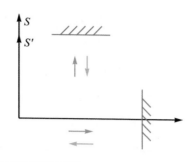

▶ 手稿
Manuscript

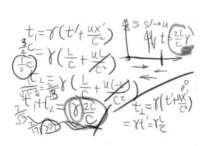

时间膨胀效应

S' 系相对于 S 系 x 轴的正方向以 u 做匀速运动，并且两系原点重合时，光源的光刚好被分成两束。在 S' 系中平行光束到达反射镜的时刻为 $t' = \dfrac{L}{c}$，空间坐标为 $x' = L$。根据洛伦兹变换，在 S 系中此事件对应的时刻为 $t_1 = \gamma(t' + \dfrac{ux'}{c^2}) = \gamma(\dfrac{L}{c} + \dfrac{uL}{c^2})$，$t_1$ 同时也是 S' 中光从原点出发到达反射镜所用的时间。

为了研究光从反射镜返回的时间，我们将光到达反射镜时的时空坐标设为两系的新原点（以便于计算），那么分光镜的空间坐标就是 $-L$，S 系中光回到分光镜的时刻为 $t_2 = \gamma(\dfrac{L}{c} - \dfrac{uL}{c^2})$，由于我们已将光到达反射镜的时空坐标作为原点，所以 t_2 也是 S' 系中光从反射镜回到分光镜所需的时间。那么光在平行于 x 轴的干涉仪臂上传播的总时间为 $t_1 + t_2 = 2\gamma\dfrac{L}{c}$。

接下来分析垂直光束的运动时间，光到达反射镜的时刻为 $t' = \dfrac{L}{c}$，空间坐标为 $x' = 0$，根据洛伦兹变换，此事件在 S 系中的时刻为 $t_\perp = \gamma(t' + \dfrac{ux'}{c^2}) = \gamma\dfrac{L}{c}$，

由于光到达反射镜的过程与返回是对称的,可知光返回的时间也为 $t_\perp = \gamma \dfrac{L}{c}$,那么光在垂直于相对运动方向的臂上传播的总时间为 $2t_\perp = 2\gamma \dfrac{L}{c}$。

可以发现,在 S 系中光在两臂上传播的时间相等,光同时从分光镜出发,也同时返回,与 S' 系中看到的一致。但两个事件的时间间隔在 S' 系中为 $\dfrac{2L}{c}$,在 S 系中为 $2\gamma\dfrac{L}{c}$,相差了一个因子 γ,这就是所谓的"时间膨胀"效应。时间流逝的快慢竟然与参考系间的相对运动速度有关,这说明时间与空间不再是绝对的,而是联系在一起。

基于洛伦兹变换还可以推导出相对论中另一个重要的反直觉效应,即"长度收缩"效应。建立如下图所示的坐标系:

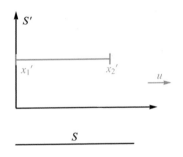

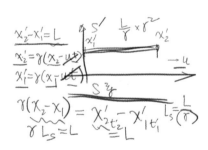

长度收缩效应

惯性系 S' 相对于惯性系 S 以速度 u 沿 x 正方向运动。在 S' 系中放置一个相对静止、长度为 L 的尺子,左端坐标为 x_1',右端为 x_2'。由于尺子在 S' 系中静止,这两坐标不随时间变化,因此差值即为尺子的长度

$L = x_2' - x_1'$。现在要在 S 系中测量尺子的长度 L_s，假设进行测量的时刻为 t，同时记录下尺子两端的坐标 x_1 和 x_2，同理 $L_s = x_2 - x_1$。根据洛伦兹变换，可知两坐标系满足关系式：

$$x_1' = \gamma(x_1 - ut)$$
$$x_2' = \gamma(x_2 - ut)$$

将两式相减并利用 $L = x_2' - x_1'$，求得尺子在 S 系中的长度为：

$$L_s = \frac{1}{\gamma}L$$

尺子长度缩短到了原来的 $\frac{1}{\gamma}$，这与牛顿力学和我们的直觉相违背。问题的本质是：测量长度是同时测量物体两端在坐标系里的位置之差，而由于相对论中的"同时"具有相对性，虽在 S 系中同时看到尺子两端，但对应地在 S' 系中并不一定是同时的，故在不同参考系中测得的尺子长度就很可能不同。

以上就是推导时间膨胀效应与长度收缩效应的经典方法。可以说数学并不是很难，却十分烧脑，尤其是时间膨胀效应，对于初学者而言也许并不能马上掌握。（尤其是对于时间"快"和"慢"的概念，很容易被生活中的概念误导。）下面我们介绍一种更加直观的方法，定性地讨论较为复杂的时间膨胀效应。这种方法被称为"几何"方法。这里我们采用几何单位制，即 $c = G = 1$。

我们依然从洛伦兹变换出发：

$$dt' = \gamma(dt - vdx)$$
$$dx' = \gamma(dx - vdt)$$

将 $\gamma \equiv \frac{1}{\sqrt{1-v^2}}$ 代入上式，并相减，会得出：

$$-dt^2 + dx^2 = -dt'^2 + dx'^2$$

可以看出 $-dt^2 + dx^2$ 在坐标变换下是不变的这一重要事实。为何说这一事实很重要呢？虽然说爱因斯坦的引力理论叫相对论，但要想真正学好相对论，并非要把握"相对"的量，而是要把握"绝对"的量，"以不变应万变"。因为相对的量总是要依赖于参考系（注：请注意参考系与坐标系的区别，一个参考系可能有不同的坐标系），参考系（或坐标系）变了，量也就变了。因此只关注相对的量无异于刻舟求剑。绝对的量才反映物理本质。$-\mathrm{d}t^2 + \mathrm{d}x^2$ 就是一个绝对的量，因此它配得上一个"名字"。我们把它定义为：

$$\mathrm{d}s^2 \equiv -\mathrm{d}t^2 + \mathrm{d}x^2$$

我们可以看到 $\mathrm{d}s^2$ 中既有时间，又有空间，是一个带有"时空"色彩的量，因此我们称呼它为时空元间隔（spacetime interval），通常也称之为"线元"。线元的绝对值积分后的物理意义就是"固有时"，可以粗略地认为是物体自己感受到的自己的时间（或时长）。而 t 被我们称为坐标时，是在选定参考系后的时间。我们不妨打一个粗糙的比喻：有的人，长得显年轻。例如一位 40 岁的中年男子，看起来像 30 岁的青年，那么这个 40 岁就可以理解为他的固有时，因为他来到这个世界上真的已经 40 年了。而看起来像 30 岁的青年，只是外人的看法，不同的人可能看法不同，另一个人也许觉得他看起来只有 20 多岁。因此依赖于"测量"的人，却不反映事物的本质。而固有时就是反映事物本质的量，衡量了事物真正经历的时长。

下面我们简单介绍一下世界线（world line）的概念。一个人或者一个粒子，从出生到死亡，经历的都是一个又一个连续的事件，而每一个事件都有它发生的时间和地点，因此每一个事件都对应时空（spacetime）中的一个点，无穷的事件汇集在一起，就组成了线。这条活在时空中的线就描述了一个人或一个粒子的所有历史，线的起点代表他／它的出生，线的终点便预示着他／它的死亡，而线上的每一点，都代表他／它生命中经历的每一件事。因为人无法改变自己的过去，故世界线也不能自相交。而世界线的长短，反映了人或粒子生命的长短，因此就等于其固有时，即线元绝对值的积分。那么多想一步：假如把世界线上的点换成线，那么岂不是就在时空中扫出了一个面吗？是的，这就是弦论（string theory）的观点，这个面被称为 world sheet。限于本书的范围，我们并不打算讲弦论的内容。

有了这样的铺垫，我们再来看看钟慢效应该如何理解。

我们先选一个惯性坐标系，然后考虑一个人甲坐在此坐标系原点 O 不动，那么在时空图中，位置不变，但时间还在流逝，因此他的世界线应该是笔直的直线，我们记为 OA。我们再考虑一个人乙，他相对于甲匀速运动，因此随着时间流逝，位置也改变，因此对他的世界线的定性讨论应类似 OB 的情形。这里我们不做定量讨论，只做定性分析。那么我们现在看甲的固有时，是多大呢？按照上面对固有时的定义 $ds^2 \equiv -dt^2 + dx^2$，我们知道对于原地不动的甲，$dx = 0$，因此只有 dt 做贡献。通过对线元取绝对值再积分，我们可以知道他的固有时就是 OA。而对于乙却不然，乙的世界线是斜线 OB。那么 OA 和 OB 谁大呢？如果用欧几里得的大脑，想当然是 OB 大——用勾股定理就知道。但这是错的，因为我们现在的计算方式是 $ds^2 \equiv -dt^2 + dx^2$，它与勾股定理，差了一个负号！因此，线越是"斜"，其线元的绝对值就越小，积分之后也是如此。那么我们现在知道 OA 大于 OB，这说明了什么呢？这说明甲的固有时比乙大，也就是说，乙的时间"膨胀了"。（请体会"膨胀"的意思！）这就是时间膨胀效应。

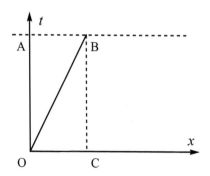

我们可以进一步解释一下孪生子效应。还是甲和乙，还是甲在地球不动，乙动，这次我们让乙坐高速飞船，那么物理模型如下图所示。

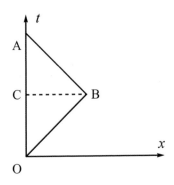

由于甲在地球不动，因此他的世界线还是 OA，而乙坐飞船去了又回，因此乙的世界线是 OB(去程)+BA(返程)=OBA。为了方便，我们画辅助线 CB。通过上面时间膨胀的结果，我们知道斜线总是比竖直的线短，因此我们知道 OC 的距离大于 BO，而 CA 的距离大于 BA，因此 OA 的距离必然大于 OBA。这就说明在地球不动的双胞胎之一甲的固有时长，也就是说他老得快，乙的固有时 OBA 短，因此乙衰老得慢，也就是还年轻。(当然有人会问，乙在折返点 B 看起来很奇怪，会不会出问题？答案是不会，彭罗斯曾就此问题专门做过讨论，认为 B 点可以被"磨平"，因而不会有问题。)故事还没完！双生子的故事最精彩的地方在后面。对于那些学相对论只看"相对"的人而言，他们会自作聪明地问：你的讨论在于甲不动，看乙动，但一切都是"相对"的，从乙的视角看，乙自己不动，甲在动，那岂不是应该乙更老吗？这样的争论在世上持续了许久，最后一次争论的高潮是在 1957—1958 年。争论的双方之一是以丁格尔为首的"相对派"，认为一切都是相对的；另一边是以麦克雷（McCrea）为首的"绝对派"，认为确定是一个年轻，一个老。以今天的眼光来看，我们认为丁格尔的观点是可笑的。但这并不能怪丁格尔，我们评价任何一个历史人物

或是历史事件都不能抛开当时的时代因素。在 20 世纪 50 年代，相对论的研究还在用相对朴素的方法，也就是"非几何"语言诠释。而目前世界上流行的"整体微分几何"学派，是在闵可夫斯基（Minkowski）建立几何语言之后的数十年才开始逐渐由霍金与彭罗斯等人完善，并在 20 世纪 80 年代由沃尔德（Wald）与杰拉奇（Geroch）等人在芝加哥大学发扬光大。那么现在破题，到底是谁年轻？其实我刚才已经暗示了，自然是乙年轻，但如何回应"相对派"的质疑呢？其实很简单，"相对派"的质疑建立在甲乙两者是"平权"的基础上，而甲乙两者是否真的"平权"呢？当然不是。因为从静止到具有一定速度要有加速过程，而加速过程是人可以亲身感受到的，比如跑车所谓的"推背感"。因此甲和乙从来不是平权的，所以不能站在乙的立场上去看甲！当然，这是定性的讨论，更加精确的诠释还要用到"同时面"等更深的几何概念，受于篇幅所限，我们不再过多讨论。

[**小 结**]
Summary

本小节我们介绍了"以太"，以及寻找"以太"的迈克尔逊-莫雷实验，并从洛伦兹变换出发，推导出时间膨胀效应与长度收缩效应。最后利用几何语言定性地分析了时间膨胀效应与双生子效应。事实上，几何语言的威力不止如此，相对论中其他有趣的现象（比如车库佯谬）等，都可以用几何语言以更加简洁的方式定量或定性地讨论。相对论几何语言的创始人是数学家闵可夫斯基，他曾是爱因斯坦在苏黎世联邦理工学院的数学老师，他在看到爱因斯坦的相对论的时候，敏锐地察觉到，只有把时空结合在一起，即 spacetime，才是有实质意义的东西，因而他将几何语言引进到相对论中。可惜，当时爱因斯坦对于几何语言极为不屑，甚至曾经嘲讽地说"重要的是内容而不是数学，数学对什么都能证明"[Brain（1996）P.76]，甚至将几何语言当成是冗余的学问（superfluous erudition）[Cropper（2001）P.220]。而几年之后，当爱因斯坦真正看到几何语言的威力时，他感叹道："他（闵可夫斯基）是第一位清晰地认识到空间和时间坐标等价性的数学家，这种四维表述使广义相对论的构建成为可能。"

需要提到的是，在爱因斯坦的世界中，"同时"这一概念是相对的，即爱因斯坦的"雷击列车"思想实验。在爱因斯坦的世界里，每一个坐标系中都有密密麻麻地分布在坐标系每一个地方的"观者"，而他们每个人手里都有一个校准时间后的精准钟，只有这样才能进行在该坐标系下的"同时"测量。他也曾打趣地说道："在我的相对论里，我的空间每一点都安放了钟，但实际上在我的房间里，连一个钟都没有。"（而当时，爱因斯坦正生活在钟表大国瑞士。）

▲

洛伦兹变换推导，质量速度关系推导，质量能量关系推导[1]

摘要：上一小节，我们引入了洛伦兹变换，但未详细讨论与推导。本节将介绍相对论放弃伽利略变换而选用洛伦兹变换的原因，并利用光速在任何参考系都不变的性质推导洛伦兹变换公式及其速度变换公式。而后通过两小球碰撞的思想实验，以及动量守恒定律导出"动质量"与速度的关系，最后利用质速关系推导著名的质能关系 $E = mc^2$。

一、洛伦兹变换

麦克斯韦（Maxwell）在 1873 年提出的麦克斯韦方程组，可以被看作电磁场的演化方程。伴随着巨大成功，这个方程组也带来了一个问题。人们发现，存在这样一种矛盾：如果麦克斯韦方程成立，相对性原理也成立，那么必然得出，各个惯性系的光速都等于 c，但这显然与伽利略变换矛盾。也就是说，麦克斯韦方程组、相对性原理、伽利略变换，三者只能

---

1. 本节内容来源于《张朝阳的物理课》第 13、14、35 讲视频。

保其二。为了解决这个矛盾，很多物理学家认为，相对性原理是至高无上的，不能放弃，而伽利略变换是经过千锤百炼的，也很靠谱——那就只有修改麦克斯韦方程组了。但物理学家无论如何修改，都会遭遇重重阻碍，直到爱因斯坦带领物理学迈出了一大步。他放弃了伽利略变换，保证了麦克斯韦方程组和相对性原理。既然要放弃伽利略变换，那么必然要找一种新的变换填补空缺，这就是下面要推导的洛伦兹变换。下面我们利用光速在任何惯性参考系速度都相等的性质来推导洛伦兹变换公式。

让我们先来考察两个惯性系 S 与 S' 中的坐标变换关系。其中惯性系 S' 相对于惯性系 S 以速度 u 向 x 正方向运动。设 S 系中的时空坐标 (t, x) 与 S' 系的时空坐标 (t', x') 之间满足如下变换关系：

$$x' = Ax + Bt + C$$

进一步假定在 $t = 0$ 的时刻，两坐标系的原点重合，即当 $t = 0$ 时，S 系中 $x = 0$ 的点在 S' 中具有空间坐标 $x' = 0$，代入上述公式可得 $C = 0$。另外，由于 S' 相对于 S 向 x 正方向以 u 做匀速直线运动，经过时间 t 后，S' 系的原点具有 S 系的坐标 $x = ut$，而 S' 系的原点正是 S' 系中 $x' = 0$ 的值，将此时 S' 系原点在两系的坐标代入上述变换公式可得：

$$0 = Aut + Bt$$

由于 t 可以随便选取，那么 A 与 B 必然满足关系：

$$B = -Au$$

将 B 代回原先的变换公式中，得到更简单的坐标系变换公式：

$$x' = A(x - ut)$$

已知 S' 系相对于 S 系以速度 u 向 x 正方向运动，那么这也可看作 S 系相对于 S' 系以速度 u 向 x' 负方向运动，或以速度 $-u$ 向 x' 正方向运动。若这时我们进一步令两系原点重合时 S' 系的时间 $t' = 0$，由于所有惯性系都是等价的，我们可以将 S 系与 S' 系角色互换，套用上述变换公式得到：

$$x = A(x' + ut')$$

现在假设 S 系中的空间坐标 x 处站着一个人。当 S 与 S' 原点重合，时刻 $t = t' = 0$，从原点发射一束激光打向 x 处的人，可知在 S 系中激光打到人所需时间为 $\dfrac{x}{c}$，即此事件发生的时空坐标是 $(t = \dfrac{x}{c}$，$x)$。

设在 S' 系中看激光打到人的事件的时空坐标为 $(t'，x')$。由于我们已知激光的出发点是 $(t'=0，x'=0)$，那么激光经过 t' 运行了 x' 距离到达人的位置。因为激光在 S' 下仍然以光速 c 传播，所以有 $x' = ct'$，即 $t' = \dfrac{x'}{c}$。选取激光打到人这一事件，写下 S 与 S' 坐标的变换以及逆变换，将 $t = \dfrac{x}{c}$ 和 $t' = \dfrac{x'}{c}$ 代入其中可得：

$$x' = A(x - ut) = A\left(x - u\frac{x}{c}\right) = Ax\left(1 - \frac{u}{c}\right)$$

$$x = A\left(x' + ut'\right) = A\left(x' + u\frac{x'}{c}\right) = Ax'\left(1 + \frac{u}{c}\right)$$

联立以上两个方程可解得 A 与相对速度的关系：

$$A = \frac{1}{\sqrt{1 - \left(\dfrac{u}{c}\right)^2}}$$

这个关于速度的表达式在相对论中经常出现，人们习惯上默认使用 γ 来表示它，即 $\gamma \equiv \dfrac{1}{\sqrt{1 - \left(\dfrac{u}{c}\right)^2}}$。将 A 的表达式代回到坐标变换中，可得：

$$x' = \gamma(x - ut)$$

$$x = \gamma\left(x' + ut'\right)$$

注意，现在这个表达式中的 x 与 t 是任意的，不再满足 $x = ct$ 的关系。联立上式，我们可以把 t' 用 x 与 t 表达出来：

$$t' = \gamma\left(t - \frac{u}{c^2}x\right)$$

这样，有了 S 系中的任意坐标 (t, x) 都能知道其在 S' 中对应的坐标值 (t', x')，并且变换规则正是洛伦兹变换公式，到此就完成了从光速不变假设到洛伦兹变换公式的推导过程。

洛伦兹变换与其逆变换总结如下：

$$\begin{cases} x' = \gamma(x - ut) \\ y' = y \\ z' = z \\ t' = \gamma\left(t - \dfrac{u}{c^2}x\right) \end{cases} \qquad \begin{cases} x = \gamma\left(x' + ut'\right) \\ y = y' \\ z = z' \\ t = \gamma\left(t' + \dfrac{u}{c^2}x'\right) \end{cases}$$

二、由速度变换、动量守恒，推导质速关系

洛伦兹变换只是坐标的变换。利用简单的微分知识，可进一步导出速度在不同参考系中的变换公式，由速度的定义可知，在 S 与 S' 系中速度为：

$$v_x = \frac{\mathrm{d}x}{\mathrm{d}t} \qquad v_y = \frac{\mathrm{d}y}{\mathrm{d}t} \qquad v_z = \frac{\mathrm{d}z}{\mathrm{d}t}$$

$$v_x' = \frac{\mathrm{d}x'}{\mathrm{d}t'} \qquad v_y' = \frac{\mathrm{d}y'}{\mathrm{d}t'} \qquad v_z' = \frac{\mathrm{d}z'}{\mathrm{d}t'}$$

因而我们可以直接对洛伦兹变换中空间的变换规则 $x' = \gamma(x - ut)$ 求导有：

$$v_x' = \frac{\mathrm{d}x'}{\mathrm{d}t'} = \gamma\left(v_x \frac{\mathrm{d}t}{\mathrm{d}t'} - u\frac{\mathrm{d}t}{\mathrm{d}t'}\right)$$

再对洛伦兹变换中的时间变换规则 $t' = \gamma\left(t - \dfrac{u}{c^2}x\right)$ 求导有：

$$\frac{\mathrm{d}t'}{\mathrm{d}t} = \gamma\left(1 - \frac{u}{c^2}v_x\right) \qquad \frac{\mathrm{d}t}{\mathrm{d}t'} = \gamma^{-1}\left(1 - \frac{u}{c^2}v_x\right)^{-1}$$

将其代入 v_x' 中的表达式得：

$$v_x' = \frac{v_x - u}{1 - \dfrac{u}{c^2}v_x}$$

利用同样的做法，我们也可以得到其他两个分量的速度：

$$v'_y = \frac{v_y}{\gamma\left(1-\dfrac{u}{c^2}v_x\right)} \qquad v'_z = \frac{v_z}{\gamma\left(1-\dfrac{u}{c^2}v_x\right)}$$

可以发现，不仅 x 分量的速度变换公式不再是简单的速度叠加，连 y 分量的速度也会发生变化。这是因为在不同的参考系里，时间流逝的快慢也不同，即使洛伦兹变换中 y、z 分量的坐标不变，y、z 分量的速度仍然会有变化。

有了速度变换关系，就可以推导质速关系了。先在 S 系中设想一个思想实验：两个质量完全相同的小球——小球 1 和小球 2，分别以速度 $(v_x = u, v_y)$ 和速度 $(-v_x, -v_y)$ 运动，它们在 S 系的原点发生完全弹性碰撞。由于两球质量相同，由动量守恒可知，碰撞前后，其速度大小相同、方向相反。完全弹性碰撞没有能量损失，它们碰撞之后的速度大小与碰撞前一样。

假设小球 1 碰撞之后的速度为 $(v_x = u, -v_y)$，那么小球 2 碰撞之后的速度必然为 $(-v_x, v_y)$。在另一个参考系 S' 中观察这个过程。S' 系相对于 S 系沿 x 方向以速度 u 运动，根据速度变换公式，小球 1 碰撞前后 x 方向的速度都为 0，而碰撞前后 y 分量速度大小为：

$$v'_{1y} = \frac{v_y}{\gamma\left(1-\dfrac{u^2}{c^2}\right)}$$

对于小球 2，同样利用速度变换公式，可以得到 S' 系里 x 分量的速度为：

$$v'_{2x} = \frac{-2u}{1+\dfrac{u^2}{c^2}}$$

y 分量的速度大小：

$$v'_{2y} = \frac{v_y}{\gamma\left(1+\dfrac{u^2}{c^2}\right)}$$

现在若假定在相对论中动量也具有 $p = mv$ 的形式，设 S' 系里小球 1

与小球 2 的质量分为 m_1 和 m_2 ，那么在 S' 系中为了使 y 分量动量守恒依然成立，需要小球 1 的动量变化等于小球 2 的动量变化：

$$2m_1 v'_{1y} = 2m_2 v'_{2y}$$

联立上述各式，可得：

$$m_1 = m_2 \frac{1 - \dfrac{u^2}{c^2}}{1 + \dfrac{u^2}{c^2}}$$

为了方便，不妨让小球碰撞的 y 分量速度 v_y 趋于 0，这样 S' 系中小球 1 就趋于静止状态，其质量 m_1 可写为 m_0。而 S' 系中小球 2 的速度 v 就趋于 x 分量的速度，即 $v = v'_{2x}$，只是 u 的函数，那么根据 v 与 u 的关系，将上述质量关系表达式中的 u 用 v 写出，则得到：

$$m = \frac{m_0}{\sqrt{1 - \left(\dfrac{v}{c}\right)^2}}$$

式中已将 m_2 用符号 m 代替。m 代表以速度 v 运动的"动质量"，而 m_0 代表物体静止时的质量，称为"静质量"。上式说明以 $p = mv$ 定义的所谓"动质量"不再像在牛顿力学中那样是一个与参考系无关的常数，而是一个与速度有关的量，这就是质速关系。

对于"动质量"的理解，也许还需要做这样的补充：让我们重新审视一下我们的逻辑思路，为什么需要"动质量"呢？根本原因是如果采用牛顿力学中对于质量、速度，以及动量的定义，我们会发现动量守恒不具备洛伦兹协变性。那么这时候就有两个选择：一个是宣称洛伦兹变换下，不具备动量守恒；另一个选择是修改牛顿世界中的物理量，从而保证动量守恒的普遍性。（这有点类似于刚才讨论的洛伦兹变换。）由于守恒律对于物理来说非常重要（它反映了对称），我们当然希望多保留一种守恒，因此我们就要修改牛顿框架中的物理量。我们知道，如果质点被恒力加速，按照牛顿第二定律，只要时间足够长，其速度必将超过光速。为摆脱矛盾，

手稿
Manuscript

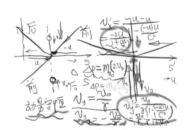

利用思想实验推导质速关系

不妨猜测质点的质量在相对论中随着速率增大而增大。而后就有了"动质量"这样漂亮的表达，因此"动质量"也被称为"相对论质量"。

我们平常不能察觉质量随速度的变化，是由于日常的运动速度相对于光速太慢了。如果以光速的 1/2 运动，我们将会看到质量变成原来的 1.2 倍。当速度更趋近于光速 c 时，质量将趋近于无穷， $p = mv$ 也会趋近于无穷。这也说明如果我们给一个物体施加恒力，只有作用时间趋近于无穷时才有可能让物体趋近于光速，所以在相对论中所有静止质量不为 0 的物体都不能达到光速，更无法超越光速。(真的吗？)

如果现在问，是不是一切物体都不能超光速，我想大多懂一点物理，甚至是懂一点相对论的人都会毫不犹豫地给予肯定回答。但，真的吗？没有反例吗？答案是有反例！我们现在就举一个现成的反例，在宇宙学中一个非常著名的定律——哈勃定律：

$$u(t_0) = H_0 D(t_0)$$

式中 t_0 代表"当今"，$D(t_0)$ 为当下两个星系之间的距离，$u(t_0)$ 为当下两个星系之间的退行速率，H_0 是与星系无关的常数 —— 哈勃常数 (Hubble constant)，按照目前的天文观测 $H_0 > 0$。因此我们可以看出，当 D 足够大的时候，u 绝对可以大于光速！而这个结果并不是什么大新闻，天文学家早就习以为常。那么既然如此，是相对论或者爱因斯坦错了吗？答案当然是爱因斯坦没错，相对论也没有问题。但具体是为什么呢？这是表述的问题。我们大众了解的相对论都是用非几何语言的方式描述的，为了简洁易懂我们才粗略地说"一切物体不能超光速"。如果用严格的几何语言，那么这句话应该表述为如下两句话：

1. 光子（无静止质量）的世界线是闵可夫斯基时空的类光曲线；

2. 质点（静止质量非 0）的世界线是闵可夫斯基时空的类时曲线。

只有当采用适当的速度定义时，上面的第二句话才能等价于"质点速率小于光速"，或者更为通俗地把两句话粗略地说成"一切物体不能超光速"。而宇宙学中 $u(t_0)$ 的定义，恰恰不是这种"适当的速度定义"。因此这和相对论并不矛盾。

三、质能方程

有了质速关系，就可以进一步推导质能关系。能量 E 仍然按照传统的形式来定义，即力乘以其所作用的位移：

$$dE = Fdx = \frac{dp}{dt}dx = vdp$$

其中 v 是物体的运动速度，而 $p = mv$。将质量 m 与速度 v 的质速关系代入可得：

$$vdp = vd(\gamma m_0 v) = m_0 \left(v^2 d\gamma + \gamma vdv \right) = m_0 \left[c^2 \left(1 - \frac{1}{\gamma^2} \right) d\gamma + \frac{1}{2}\gamma c^2 d\left(1 - \frac{1}{\gamma^2} \right) \right] = m_0 c^2 d\gamma$$

其中 $\gamma = \dfrac{1}{\sqrt{1-\left(\dfrac{v}{c}\right)^2}}$

因此有：

$$dE = m_0 c^2 d\gamma = d(mc^2)$$

显然质量为 0 时，能量也为 0。最终可以积分得到伟大的质能方程：

$$E = mc^2$$

进一步我们发现在低速近似下，即 $v \ll c$ 时，将此方程展开并忽略高阶项后将回归到经典力学的形式：

$$E = mc^2 = \frac{m_0 c^2}{\sqrt{1-(v/c)^2}} \approx m_0 c^2 + \frac{1}{2} m_0 v^2 + \cdots$$

在这个近似式中，保留了泰勒级数展开的前两项，而后面各项作为小量可忽略。可以看到，这里展开式的第 2 项，正是经典力学中的动能。这说明质能方程与经典力学并不矛盾。

此外通过审查质能方程会发现，由于 c^2 非常之大，因此任何微小的质量都蕴含了非常大的能量。核反应有核聚变反应，也有核裂变反应，核聚变就是小质量的原子融合为大质量的原子，核裂变则是大质量的原子分裂成小质量的原子。在这些核反应过程中，反应前物质的总质量并不等于反应后物质的总质量。若反应后物质的总质量小于反应前，设其质量差为 Δm，那么这个核反应过程就会释放 Δmc^2 的能量。太阳内部的核聚变反应以及原子弹的核裂变反应，都是利用反应过程的质量差来获得巨大的能量的。

[小 结]
Summary

　　本节补充了引入洛伦兹变换的动机，以及洛伦兹变换及速度变换的推导过程，并介绍了"动质量"的概念，分析了"一切物体不能超光速"的确切含义。最后我们推导了爱因斯坦最著名的质能方程。

　　需要强调的一点是，在经典力学中，有能量守恒定律，而在相对论中，按 $E=mc^2$ 定义的能量满足能量守恒定律。这本应看作理论假设，但目前却已经取得了所有实验的支持。

　　最后我们谈经典力学中的一个观点："物质（matter）是永恒（不灭）的。"也就是物质不灭。这个观点在相对论中是不是成立呢？这要看你问的物质的量（这是牛顿的说法），即质量，是哪种质量。对于动质量，是守恒的；而对于静质量，则应强调它不服从守恒律（比如刚刚提到的核裂变的例子）。也就是说"物质不是不灭的"。

▲

狭义相对论应用实例[1]

摘要：之前我们对狭义相对论做了一定的剖析，并得到了诸多违反我们常识的结果，例如尺缩效应、时间膨胀效应等等。在本节我们将着眼于一些具体的实例，对碳-14 的衰变、原子核的结构、核子间的强相互作用，以及原子核的衰变过程，如 α 衰变、β 衰变等进行解读。

一、μ 子的尺缩钟慢效应

我们以 μ 子穿过大气层到达地面为例，来论证尺缩钟慢效应的现实存在。

天然 μ 子形成于大气层的高处，由宇宙射线与地球大气作用产生，它

1．本节内容来源于《张朝阳的物理课》第 14、15 讲视频。

是一种不稳定的粒子,其半衰期 τ 极短,约为1.5微秒。其粒子数目 N 随时间指数衰减。

$$N = N_0 \left(\frac{1}{2}\right)^{\frac{t}{\tau}}$$

注: N_0 为初始时刻的粒子数目。

如果不考虑相对论效应,即使是以 $0.99c$ 高速运动的 μ 子,穿透5000米厚的大气层依然需要16微秒的时间,从而到达地面时仅剩不到初始数目的 $1/2000$。但是实际测量到的粒子比例远远大于这个计算值,这是因为我们没有考虑相对论效应。

而在考虑相对论效应的情况下, $v = 0.99c$,在 μ 子所在的坐标系里,依据尺缩效应,大气层的厚度明显缩减,应为 $L/\gamma = 5000 \times 0.141 \approx 705$ 米,其穿越大气层的时间也大大缩减,成为2.37微秒,这样得到的衰变后的剩余粒子比例为:

$$\frac{N}{N_0} = \left(\frac{1}{2}\right)^{\frac{t}{\tau}} = \left(\frac{1}{2}\right)^{\frac{2.37}{1.5}} \approx 0.33$$

即有约 $1/3$ 的 μ 子可以在穿越大气层后依然被探测到,这与实际测量结果是相符的,成为相对论效应的实验证据之一。

上面的例子,还可以从另一个角度来理解:在地面坐标系看来,高速运动的 μ 子,依据钟慢效应,寿命大大增加,变为 γ 倍,而大气层厚度为 L,故它依然有足够的概率到达地面被探测到。可见,时间膨胀或是尺子缩短,无论从哪个角度分析,得到的结果实际上都是一致的。

二、质能方程符合相对论原理

接下来,我们讲解质能方程 $E = mc^2$ 的实例。同一元素的不同核素互称为同位素,它们的质子数相同而中子数不同。碳-14可衰变为氮-14、电

子 e^-、反中微子 $\bar{\nu}$。

$$^{14}_{6}C \rightarrow ^{14}_{7}N + e^- + \bar{\nu}$$

衰变前碳-14 中含有 6 个质子、8 个中子，衰变后生成的氮-14 含有 7 个质子、7 个中子并产生了一个电子，以及一个质量可以忽略的反中微子。这个过程称作 β 衰变。之所以称之为 β 衰变，是因为当时人们并不知道射出的是电子，只看到了一个射线，因此将其命名为 β 射线。比较衰变前后的"静质量"，会发现对不上。这是为什么呢？我们知道衰变后的氮-14 并不是静止的，由于氮-14 的质量远远大于电子的质量（约为 28000 倍），根据动量守恒可知，哪怕氮-14 在衰变后的速度只是很小的量，都会使得电子获得巨大的速度（约为 $0.64c$）。电子获得的能量大约为 $156\,\text{keV}$，而我们知道电子的质量如果换算成能量约为 $511\,\text{keV}$，也就是说电子获得的能量，甚至和它的质量是一个数量级。这时候，我们要利用相对论中"动质量"的概念，代替经典力学中的"静质量"。计算后可得电子的质量约为其静质量的 1.3 倍，而这与实验吻合得很好。

三、讨论物理学经典的质能关系，引入"能量阶梯"概念

我们先回顾经典的质能关系 $E = mc^2$。科学界公认，这个公式在不同能量、不同尺度下都适用，但在一般的物理变化和化学变化中质能转化并不明显，只在核过程中比较明显。这里，我们引入"能量阶梯"的概念，即在物理变化、化学变化、核过程中，能量量级阶梯式增加。

物理变化中，微观世界的结构没有变化，例如蛋糕切成两半、房间温度提升、挖土盖房等过程。化学变化中，则发生了原子的重组、电子的转移等，化学键断裂或生成，但原子核没有变化，例如纸燃烧成灰烬、吃的东西被消化等。而核过程中，有原子核的变化，其微观能量非常高，经常达到 MeV 量级，此时，质量能量的转换关系非常明显，例如原子弹的爆炸过程。

▲ 手稿
Manuscript

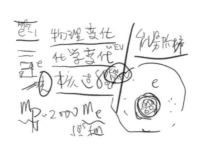

四、原子核的稳定性：排斥力和吸引力的博弈

关于核过程，这里先补充原子核的相关知识。原子核由质子和中子构成。原子内部其实相当空旷，如果将原子比作足球场，原子核只相当于苹果大小。原子核虽然小，但原子的质量却主要集中在这里。

中子和质子之间的力是核力。这是一种强相互作用力，其势能与核子之间的距离关系如下。

从上图可见：核子之间距离 r 较短时，是排斥力；当距离达到势能最低点时，处于平衡状态；当距离继续增大时，核力又变成吸引力，且强度随距离趋于指数衰减。总之，它表现为一种短程作用力。

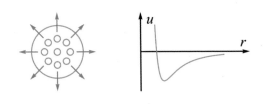

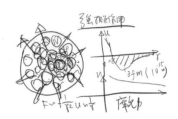

▲ 手稿
▲ Manuscript

　　原子核的稳定是由核子互相吸引的强相互作用和库仑排斥力的平衡所维持的。强相互作用力是短程力，核子只和邻近的核子有吸引力；但是库仑力是长程力，全部质子之间都有强烈的排斥力。因此，当核数较小时，质子和中子各占一半就能维持平衡；当原子序数达到 82 以上，则需要更多的中子才能维持核的稳定。

五、拆解原子弹爆炸过程，中子慢化为铀裂变接力产生链式反应

　　原子弹爆炸利用中子轰击铀-235 产生裂变，释放出更多中子去轰击其他铀核，这就是链式反应。此过程会释放巨大的能量。但原子核对于原子，就像苹果对于足球场，中间空荡荡的。中子要准确撞击原子核有一定困难，所以需要"慢中子"。慢中子就像"胖子"——"行动力"低，才容易撞上。

　　裂变产生的中子速度很高，需要降低"行动力"才能保证链式反应的持续进行。如何降低中子的"行动力"呢？这就需要中子减速剂——重水，它是制造原子弹的重要材料。这里有一段历史故事：二战时期，希特

勒想要研制原子弹，需要从自然界提取大量原材料用于合成重水，于是他把工厂建在挪威山林。美国方面得到情报，连续破坏工厂，迫使希特勒将工厂搬回德国。搬运过程途经山湖，盟军特工成功炸毁船只，导致希特勒计划失败。美国则成功研制出原子弹，改变了世界格局。

六、衰变有哪些科学应用？揭晓古物年龄测量方法

衰变在生活中有哪些应用？这里我们讲下有关 α 衰变和 β 衰变的案例。

关于 α 衰变，这里我们举两个例子：第一个例子是铀-238 的衰变，铀-238 原子经过衰变之后变成钍-234，并放射出 α 粒子；第二个例子是镭的衰变，镭-226 原子衰变之后变成氡-222，并且放射出 α 粒子。

土壤、地下岩石和建筑物材料都含有少量的镭，但是镭衰变产生的 α 粒子会被人体皮肤遮挡，从而不会对人体产生大的危害。不过衰变产物氡气也是一种放射性物质，它也会进行 α 衰变。空气中的氡气被人体吸收之后在肺部衰变放射出来的 α 粒子会引发肺癌。氡气是仅次于吸烟的肺癌诱因，把放射性物质直接吸入肺里肯定是不行的，会对身体造成伤害，所以不能长时间待在石材结构的、封闭的地下室，应当经常开窗透气，这是医学知识。

关于 β 衰变，以碳-14 的衰变为例。碳-14 经过 β 衰变会变成氮-14 并且释放出一个电子。大气中的碳-14 以二氧化碳的形式存在着，来源于太阳风、宇宙射线中的高能中子和氮气的碰撞，因此含量维持在一个稳定的水平之上。

碳-14 衰变在测定文物年代上如何应用？当考古学家发现了木乃伊或是古代木器，该如何测算这些古物的年龄呢？我们一般根据死亡生物体残余的碳-14 推断它的生存年代。生物存活时需要呼吸二氧化碳，体内的碳-

14 含量不变；而死后停止呼吸，不与外界进行碳交换，体内的碳-14 以 5730 年的半衰期进行 β 衰变并逐渐消失，所以只要测定剩下的放射性碳-14 的含量，就可推断其年代。

碳定年法如何详细地计算？由于 β 衰变，N 个原子在 Δt 时间内原子数量的变化是 $\Delta N = -N\lambda\Delta t$，解出这个方程便可以得到衰变原子的数目随时间的指数衰减关系。什么是活度？活度即单位时间内的辐射量，同样遵循指数衰减的变化关系。碳-14 的单位活度是 $0.25 \text{ Bq} / \text{g}$，其中 Bq 为放射性活度单位"贝可"。比如，通过探测埃及古物样品中碳-14 的实际活度为 $R = 0.64 \text{ Bq}$，结合活度的指数衰减公式 $R = R_0 \text{e}^{-\frac{t}{\tau}}$，可以求得 3.82 g 的古物年龄为 3300 年。即：

$$R_0 = 0.25 \text{ Bq} / \text{g} \times 3.82 \text{ g} = 0.955 \text{ Bq}$$

$$
\begin{aligned}
t &= \tau\left(\ln\frac{R}{R_0}\right) \\
&= 5730 \text{ yr}\left(\ln 2 \times \ln\frac{0.64 \text{ Bq}}{0.955 \text{ Bq}}\right) \\
&= 3300 \text{ yr}
\end{aligned}
$$

注：此处 yr 为时间单位——年（year）的缩写。

这是 β 衰变在考古学上的应用实例。

[小 结]
Summary

本小节作为狭义相对论的最后一节，主要介绍了一些相对论的应用以及实验。通过介绍这些具体的实例，证明在相对论很多反常识的结论背后确有其深刻的道理，而且也与实验相吻合。

最后需要说明的一点是，这个专题聚焦狭义相对论，而我们知道相对论总体包含两部分内容，除了狭义相对论，还有广义相对论。我们常常有一种疑惑：何时用狭义相对论，何时用广义相对论呢？现在国际上的标准是：凡是以闵氏时空，也就是平直时空作为背景时空的时候，都属于狭义相对论物理学；而当我们考虑的背景时空是弯曲的时，则必涉及广义相对论。例如，我们之前讨论的双生子效应，虽然涉及飞船加速，但由于我们考虑的背景时空是平直的，因此这个问题是属于狭义相对论范畴之内的。而该效应也在 1971 年被实验所证实，具体可参阅 Hafele 与 Keating 在 1972 年所发表的相关文章。

▲

第七部分

7

天体物理

太阳专题

太阳究竟有多大、有多重?
—— 对常见天文常量的估算[1]

摘要: 本节内容主要是利用一些已知的物理结果来估算地月距离、太阳质量以及太阳半径。其中估算地月距离和太阳质量使用的是牛顿万有引力理论,估算太阳半径使用的是黑体辐射理论。

从这一节开始,我们正式转向对太阳结构的探讨,意在认识和解决一些与太阳有关的问题。太阳结构是一个庞大的主题,需要接下来的好几节内容才能介绍清楚。这一节我们先来进行一些简单的计算,这常被称作 little calculations,直译就是"小计算"。在我们具备相关知识的情况下,可以进行一些不用费很大力气以及不必追求很高精确度的计算,而且这些计算的结果大多和实验结果符合得非常好,这就是"小计算"的威力。

一、从同步卫星轨道半径到月球距离与太阳质量

还记得前面介绍过的同步卫星吧?同步卫星是一种公转角速度等于地

球自转角速度的卫星，它相对于地面的人来说正好悬停在地球上面静止不动。这样的卫星可以稳定地对特定区域进行监测以及提供服务。那地球的自转角速度等于多少？这是一个简单的问题。比如我们思考一下，是什么造成了黑夜白天的交替？是地球的自转。因此，地球的自转周期大约是 24 小时。当然，真实的自转周期不严格等于 24 小时，只不过在这里我们不需要太精确的结果。知道了自转周期，用 2π 弧度除以周期就可以得到自转角速度，这也是同步卫星的公转角速度。

知道了同步卫星的公转角速度，就可以计算它的轨道半径了。有的读者可能会有疑问：不需要知道卫星质量吗？牛顿第二定律 $F = ma$ 提示我们需要知道物体质量才能得到物体的运动状态。但是对于万有引力，F 正比于卫星质量，因此这个牛顿第二定律式子中的质量 m 刚好可以消掉，最终卫星的运动方程和卫星质量无关。这就是我们能计算同步卫星轨道半径以及月球距离的关键。

在这里，我们将卫星轨道以及后文会考虑到的月球公转轨道、地球公转轨道都近似为圆形。利用前面介绍过的匀速圆周运动加速度公式 v^2/r 和万有引力定律，我们有：

$$\frac{v^2}{r} = \frac{GM_{\mathrm{e}}}{r^2}$$

其中已经按照前面的讨论消掉卫星质量，M_{e} 是地球质量。考虑到圆周运动中角速度和速度的关系 $v = r\omega$，代入上式消去速度 v 得到：

$$\omega^2 = \frac{GM_{\mathrm{e}}}{r^3} \tag{1}$$

我们在前面计算同步卫星轨道半径时已经得到过类似的结果。在地球表面，引力不仅可以用牛顿万有引力公式进行计算，还可以用重力公式计算，这样会得到 $g = GM_{\mathrm{e}}/R_{\mathrm{e}}^2$，这里的 R_{e} 代表地球半径，g 是重力加速度。所以，我们可以用 gR_{e}^2 替代式（1）中的 GM_{e}，得到：

$$\omega^2 = \frac{gR_e^2}{r^3}$$

上式中的 g 和 R_e 都是已知的，$g = 9.81\text{lm/s}^2$，R_e 大约是 6400 千米。于是，只要我们知道卫星的公转角速度，就可以求出它的轨道半径了。

根据这个思路，同步卫星的轨道半径为：

$$\sqrt[3]{\frac{gR_e^2}{\omega^2}} \approx \sqrt[3]{\frac{9.81 \times (6400 \times 10^3)^2}{\left(\frac{2\pi}{24 \times 60 \times 60}\right)^2}} \text{ m} \approx 42400 \text{ km}$$

这个距离相当于什么呢？打个比方，中国空间站的高度大约是 450 千米，和同步卫星对比的话，空间站就像在刚出了地球的家门口，而同步卫星就像出了远门。

同样，我们知道月球绕着地球进行公转的周期大约是 27 天，所以月球轨道半径大约是同步卫星轨道半径的 $\sqrt[3]{27^2} = 9$ 倍，于是月球轨道半径约为 38 万千米。

进一步地，可以利用这里的结果估算太阳的质量。这时候我们需要回到式 (1) 中，将其中的地球质量 M_e 换成太阳质量 M_s，其中的 r 换作地球到太阳的距离即可。在这些量里边，太阳质量是待求的量，$G = 6.67 \times 10^{-11} \text{ N} \cdot \text{m}^2/\text{kg}^2$ 是常量，地球公转角速度是已知量，可以由地球大约 365 天的公转周期计算得到，但是地球到太阳的距离 r 还不知道。所幸，地球到太阳的距离可以通过一些天文观测得到，我们在这里直接使用天文观测得到的日地数据，它大约为 1.50 亿千米。有了这些数据，我们就可以估算太阳的质量了：

$$M_s = \frac{\omega^2 r^3}{G} \approx \frac{\left(\frac{2\pi}{365 \times 24 \times 3600}\right)^2 (1.50 \times 10^{11})^3}{6.67 \times 10^{-11}} \text{ kg} \approx 2.0 \times 10^{30} \text{ kg}$$

这个数值非常接近目前太阳质量的公认值，因此我们在这里的估算是合理的。太阳的质量占整个太阳系质量的 99% 以上，是地球质量的 33 万倍。

二、从黑体辐射到太阳半径

知道了太阳质量之后，我们还想知道太阳的半径。太阳半径有很多计算方法，比如我们观察太阳的时候（注：用眼睛直接观测太阳会有危险，请不要盲目尝试），由于太阳的大小会产生一个视张角，我们可以利用视张角 θ 估算太阳的半径。首先，我们怎么得到视张角大小呢？这可以借助一根已知长度的小木棍得到。将木棍置于人的前面，并让它垂直于人和太阳的连线，调整人和木棍的距离使得木棍在人的视角中刚好成为太阳的"直径"，此时木棍的视张角就等于太阳的视张角，在弧度制下它约等于木棍长度除以木棍到眼睛的距离。不过，这里介绍的只是一种求视张角的非常简陋的方法，还有其他更好的方法，为了避免偏离主线这里就不做介绍了。得到视张角之后，利用太阳到地球的距离，就可以估算出太阳的直径，进而可以得到半径。

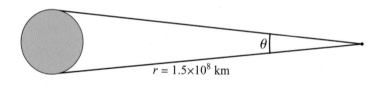

$r = 1.5 \times 10^8 \ \text{km}$

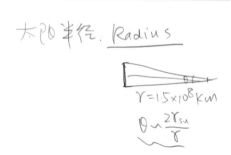

利用视张角估算太阳半径的示意图

接下来我们介绍一种更"奢侈"的估算太阳半径的方法，这个方法可以与上述方法互相验证。我们知道，我们在地球上接收到的太阳光是从太阳表面发射出来的。太阳光谱可以看作黑体辐射光谱，因此我们可以根据太阳光谱估算出太阳表面的温度。黑体辐射理论中的维恩位移定律告诉我们，黑体的温度和它的辐射的峰值波长成反比，比例常数约为 $2.898 \times 10^{-3}\,\mathrm{m \cdot K}$，这里的 K 表示温度单位开尔文。太阳光谱的峰值大约出现在 500 nm 处，这样我们可以知道太阳的表面温度约为：

$$T \approx \frac{2.898 \times 10^{-3}\,\mathrm{m \cdot K}}{500 \times 10^{-9}\,\mathrm{m}} \approx 5800\,\mathrm{K}$$

稍等，我们不是要估算太阳的半径吗？为什么突然计算起太阳的表面温度了呢？这是因为，只要知道了太阳表面的温度，就可以利用黑体辐射的相关知识计算出太阳表面处在单位面积、单位时间内以电磁波形式辐射出来的能量大小 I_s，我们称之为辐射强度。太阳辐射经过长途跋涉之后到达地球，由于球面不断变大，辐射强度会比刚辐射出来时要低，降低的比例可以由太阳半径与日地距离计算得到，因此，借助在地球位置测量的太阳光辐射强度，我们可以估算出太阳的半径。

明晰了这个方法的思路之后，我们接下来付诸行动，进行实际的计算。首先，太阳表面的辐射强度可以用黑体辐射理论中的斯特藩-玻尔兹曼定律求出：

$$I_s = \sigma T^4$$

其中 σ 为斯特藩常数，约等于 $5.67 \times 10^{-8}\,\mathrm{W/(m^2 \cdot K^4)}$。记地球位置接收到的太阳辐射强度为 I_e，根据能量守恒定律，太阳表面在单位时间内辐射的总能量，等于以太阳为中心、日地距离为半径的球面在单位时间内通过的太阳辐射能量。将这个论断写成公式为

$$4\pi R_s^2 I_s = 4\pi r^2 I_e$$

其中 R_s 为太阳半径，r 为日地距离。所以

$$R_s = \sqrt{\frac{r^2 I_e}{I_s}}$$

上式中的 I_e 应该等于多少呢？它是不是我们在地面接收到的太阳辐射强度？不是的。在地面接收到的辐射已经被大气层反射或者吸收了大部分，因此到达地面的太阳光辐射强度会比实际的小很多。而且，由于中午的太阳光和傍晚的太阳光经过的大气层厚度不同，因此到达地面后辐射强度差别很大，比如，中午时分我们感受到太阳非常猛烈，而傍晚时分的太阳则十分柔和。总而言之，我们不能使用地表的太阳光辐射强度代进上式，而应该使用大气外的太阳辐射强度，这个辐射强度有一个专门的术语，叫太阳光量常数，约等于 1400 W/m^2。利用太阳光量常数以及前面介绍的 I_s 与日地距离，可以得到太阳半径约为：

$$R_s = \sqrt{\frac{(1.50\times10^{11})^2 \times 1400}{5.67\times10^{-8}\times(5800)^4}}\ \text{m} \approx 7.0\times10^5\ \text{km}$$

也就是 70 万千米。这是一个非常大的尺寸，这个半径大约是地球半径的 109 倍，也就是说可以在太阳直径上连续摆放 109 个地球。如果考虑的是体积的话，那得按立方来算，也就是说太阳体积大约是地球体积的 109^3 倍，约等于 130 万倍。回忆前面估算的地月距离——38 万千米，太阳半径比地月距离还要大。如果太阳内部是空的，整个地月系统不用改变大小就可以塞进太阳里边。

[**小 结**]
Summary

从这一节的内容我们可以发现，只用一些很简单的计算就可以理解很多事情。物理是一件很有趣的事情，而要理解并掌握物理必须进行实际的计算。这里的计算都很简单，特别是使用黑体辐射估算太阳半径那一部分，不仅具有启发性，还可以复习黑体辐射的知识。介绍完怎么估算太阳半径之后（实际上我们连太阳表面温度也估算出来了），下一节我们将会估算太阳的寿命和太阳形成所花的时间。

▲

太阳的寿命有多长？
—— 估算太阳的寿命和太阳形成所花的时间[1]

摘要： 本节主要估算太阳的两个时间尺度：太阳的寿命以及太阳形成所花的时间。为此，我们将介绍太阳的形成过程，以及太阳内部的核反应。只有确定了太阳的能量来源为核聚变过程，我们才能估算出太阳的寿命。

在上一节中，我们估算了太阳的质量和太阳的半径，在这里我们继续估算和太阳有关的一些量：太阳的寿命和太阳形成所花费的时间。太阳的形成经历了很多个阶段，每个阶段所花费的时间各不相同，我们将其中时间最长的阶段估算为太阳的形成时间。另一方面，目前公认的太阳能量来源为核聚变，我们将以此来估算太阳的寿命。

一、解释太阳能量源于核聚变，估算太阳寿命约为百亿年

人类对太阳的认识经历了很多个阶段。很久以前，人们把太阳奉为神明，因此不必为太阳为什么发光耗费心思。随着天文学的发展，人们发现天上的行星遵循着和人们在地球上发现的物理一样的自然规律。更重要的

1.　本节内容来源于《张朝阳的物理课》第 43 讲和第 44 讲视频。

是，经过多位物理学家的研究建立起来的能量守恒定律，提示人们太阳必然存在一个源源不断的能量来源。起初，人们认为太阳的能量来源于化学能，后来认为其来源于太阳在形成之初所具有的引力势能。但是，按照太阳目前的辐射功率，这些能量来源最多只能让太阳持续发光几千万年——要知道，人们在地质学研究中已经找到了太阳存在了数十亿年的证据。直到 20 世纪，人们才弄清楚太阳的能量来源是核聚变。

太阳内部有一个核心，它占据了太阳的大部分质量。核心内部温度非常高，约为 1000 万开尔文。在后面几节中，我们将详细介绍太阳的内部结构，以及如何估算太阳核心的温度和压强。太阳的能量来源是核心处的核聚变，比如氢聚变成氦。由于氢核带正电，氢核之间存在库仑排斥力，因此存在势垒。另一方面，强相互作用会使得氢核在靠得特别近时释放能量形成新的原子核，也就是说在库仑势垒之内有一个很深的强相互作用势阱，这个势阱使得质子之间能克服库仑排斥力紧密结合在一起。所以，要想发生核聚变，氢核必须突破库仑势垒。两个电荷分别为 q_1 和 q_2 的点电荷相距 r 时静电势大小为：

$$\frac{1}{4\pi\varepsilon_0}\frac{q_1 q_2}{r}$$

其中 $\varepsilon_0 \approx 8.85 \times 10^{-12}$ C/(V·m)，是真空介电常数。以原子核半径的量级 10^{-15} m 来估算库仑势垒高度，得到结果约为 10^{-13} J。太阳的内核温度约为 1000 万开尔文，利用 kT 可以估算太阳内核粒子动能的量级为 10^{-16} J，这里的 $k \approx 1.38 \times 10^{-23}$ J/K，是玻尔兹曼常数。可见，太阳核心处的氢原子平均动能比库仑势垒高度要小三个量级。

如果仅仅从平均动能来看，内核的氢原子无法突破库仑势垒，核聚变似乎不会发生。那为什么核聚变还是真实地发生了呢？我们可以从两个角度来理解。第一个角度从经典的麦克斯韦速度分布出发，虽然内核粒子的平均动能突破不了库仑势垒，但是麦克斯韦速度分布允许具有更高动能的氢原子存在，这些氢原子虽然占比很小，但是足以产生核聚变反应。核聚变产生的能量一部分会向核心外传递，一部分会加热内核，使得部分低动能的氢原子获得更多的动能，从而补充了刚刚聚变掉的高能氢原子。另一个角度从量子隧穿出发，虽然根据经典力学，粒子无法穿过势垒，但是量子力学的隧穿效应保证了粒子实际上存在一定概率穿过库仑势垒，从而使核聚变得以发生。以上两个角度都是太阳为什么能发生核聚变的定性分析，为了避免偏离主题，这里不对这个问题进行定量的计算。

知道了太阳的能量来源，就可以估算太阳的寿命了。在太阳内部主要发生的是氢核聚变成氦核的过程。如果忽略中间状态，只考虑最初和最末状态，整个过程就相当于四个氢核变成一个氦核，释放的能量为 $\Delta E = \Delta mc^2$。可见，通过"质量亏损"可以计算得到聚变产生一个氦核所释放的能量。氢核是单个质子，质量约为 1.6726×10^{-27} kg，氦核的质量约为 6.6447×10^{-27} kg，所以质量亏损 $\Delta m \approx 4.57 \times 10^{-29}$ kg。于是，聚变产生一个氦核所释放的能量约为 0.41×10^{-11} J。

假设太阳最初全部由氢构成，我们在前面估算过太阳质量，结果约为 2.0×10^{30} kg，所以，太阳最初包含的氢原子数目约为：

$$\frac{2.0 \times 10^{30}}{1.6726 \times 10^{-27}}$$

假设太阳的氢完全反应了，由于需要四个氢核才能变成一个氦核，可以估算得到太阳能够释放的聚变能量为：

$$\frac{2.0 \times 10^{30}}{1.6726 \times 10^{-27}} \times \frac{1}{4} \times (0.41 \times 10^{-11} \text{ J}) \approx 1.2 \times 10^{45} \text{ J}$$

但是，不是所有氢都能聚变成氦，在这里我们假设能变成氦的氢占比为 10%，所以太阳能够释放的聚变能还要在上式的基础上乘以 0.1。

最后，假设在太阳的整个生命周期里，它的表面温度近似不变，于是太阳将在恒定的温度上以黑体辐射的形式向外辐射能量。根据黑体辐射理论，温度为 T 的黑体在单位表面上的辐射功率为 σT^4，其中 $\sigma \approx 5.67 \times 10^{-8}$ W/(m$^2 \cdot$ K^4)，为斯特藩常数。考虑到太阳半径 R 约为 70 万千米，太阳表面温度约为 5800 开

尔文，所以太阳的寿命约等于

$$\frac{0.1 \times 1.2 \times 10^{45} \text{ J}}{\sigma T^4 \times 4\pi R^2} \approx 3.04 \times 10^{17} \text{s} \approx 96.3 \times 10^8 \text{ yr}$$

可见，太阳寿命约为 100 亿年。目前太阳已经燃烧了约 50 亿年，剩余寿命大约为 50 亿年。在太阳的末期，太阳内部绝大部分氢会变成氦，这时候内核的核反应速率将会降低，这会使得内核产生不了足够的压力抵抗引力坍缩。太阳发生坍缩之时会加热外层的氢使得它们发生核聚变，核聚变产生的能量会将太阳外层"推"到遥远的地方。这样，太阳会膨胀成为红巨星，把周围的很多行星，甚至可能包括地球都吞噬掉。

如果太阳燃烧使用的是化学反应，可以借助氢原子结合能 13.6 eV 估算太阳完全燃烧所释放的能量，这个值约为 2.6×10^{39} J，比完全反应的聚变能要小 6 个量级。即使假设太阳把全部化学能都利用上，它也最多只能燃烧数十万年。可见化学能不足以提供给太阳燃烧数十亿年的能量。

二、太阳形成需多久？估算引力结合能，除以功率得时间

除了太阳的寿命，还有一个时间尺度很重要，那就是太阳形成所用的时间。这可以用太阳的引力结合能除以太阳在单位时间内的辐射量来估算。

太阳的形成过程分为好几个阶段，其中最长的阶段是引力坍缩加热气体并辐射能量的阶段。太阳一开始是一团气体，这团气体相互之间的引力结合能可以忽略不计。当这团气体坍缩成太阳后，引力势能会释放出来并转化成热量，然后热量会以辐射的形式散发出去。引力结合能提供辐射的机制被称为开尔文-亥姆霍兹机制，最开始是为了解释太阳为什么能够发光而被提出来的。但是，即使考虑到开尔文-亥姆霍兹机制，在没有核聚变的情况下，太阳也只能持续发光几千万年（后文我们会估算这个时间尺度），这不足以解释太阳已经燃烧数十亿年的地质证据。

在这里，我们将开尔文-亥姆霍兹过程所用时间估算为太阳形成所花的时间。我们进行的是一个估算，只保证数量级的准确性。我们假设在开尔文-亥姆霍兹过程中引力结合能都辐射出去了，并且辐射的温度是目前太阳的温度。

有了这些假设，接下来我们需要计算太阳的结合能。我们可以把太阳形成的过程，看成一层层的气体球壳依次从无穷远处移到它目前所在位置的过程，然后将每个气体球壳微元的引力势能改变量加起来，就可以得到引力结合能了。因为均匀球壳不会对内部的物质有引力作用，而均匀球壳对球壳外物质的引力等效于球壳质量集中于球心时的引力，因此引力结合能为：

$$-G\int_0^R \frac{M_r}{r}\,\mathrm{d}m_r$$

其中 M_r 表示半径 r 内的物质质量， $\mathrm{d}m_r$ 表示半径范围 $(r,r+\mathrm{d}r)$ 内的气体球壳微元质量。在这里，为了使计算得以简化，我们假设太阳形成后的密度为常数 ρ ，于是：

$$\begin{aligned}-G\int_0^R \frac{M_r}{r}\,\mathrm{d}m_r &= -G\int_0^R \frac{\frac{4}{3}\pi r^3\rho}{r}4\pi\rho r^2\,\mathrm{d}r\\&=-G\frac{(4\pi)^2}{3}\rho^2\frac{R^5}{5}\\&=-G\left(\frac{4}{3}\pi R^3\rho\right)^2\frac{3}{5R}\\&=-\frac{3}{5}\frac{GM^2}{R}\end{aligned}$$

这个能量值不是真实的开尔文-亥姆霍兹过程能释放的全部能量值。太阳形成之后处于平衡状态，因此它里边的分子必然带有动能以抵抗引力吸引。总的分子动能可以用力学中的位力定理来计算，等于 $3GM^2/(10R)$ 。于是，动能和势能之和为 $-3GM^2/(10R)$ 。因为在形成恒星之前，气体几乎静止地分布在非常广阔的空间内，引力势能和动能可以忽略不计。所以，在坍缩成半径为 R 的恒星之后，释放出来的能量为：

$$0 - \left(-\frac{3}{10}\frac{GM^2}{R} \right) = \frac{3}{10}\frac{GM^2}{R}$$

如果不考虑分子动能，全部释放出来的引力结合能为 $3GM^2/(5R)$，和上式相差一倍。不过，由于这里进行的是估算，我们仍然使用 $3GM^2/(5R)$ 这个值进行接下来的计算，这不会对数量级产生什么影响。

接下来的估算过程和前面使用聚变能量估算太阳寿命的过程类似，都是将能量除以太阳的黑体辐射功率。不过，既然前面已经得到太阳寿命约为 100 亿年，我们可以直接计算出引力结合能大小，将其和聚变能大小对比就可以得到太阳形成所花的时间了。根据这里推导的公式，释放出来的引力结合能约为 2.3×10^{41} J，这个能量大约是前文估算的能够反应产生的聚变能的 2‰，所以太阳形成所用时间大约是 2000 万年。

我们可以参照天文学研究中已知的一些恒星形成时间，其中太阳的形成时间约为 5000 万年，我们的估算结果与这个值在数量级上是一致的。

[**小 结**]
Summary

在这里我们估算了太阳的寿命和太阳形成所花的时间，其中太阳的寿命估算为 100 亿年，太阳形成所花时间约为几千万年。估算方法都是用其中主要过程的能量除以太阳的辐射功率。同时，我们也证明了化学能和引力结合能都不足以让太阳以目前的辐射功率持续发光数十亿年，核聚变能是目前唯一的可能。估算了太阳的寿命和它形成时所花费的时间之后，我们接下来会介绍太阳的内部结构，这将是一段奇妙的旅程。太阳的结构会是接下来几节的主题。

太阳的中心温度等于多少？
—— 探讨太阳内部结构[1]

摘要：本节先介绍太阳的内部结构和各层特点，然后推导太阳维持平衡时需要满足的流体静力学方程，最后利用流体静平衡方程估算太阳的核心温度和压强。

太阳是我们在白天抬头即可看到的对象，它为我们人类提供了源源不断的能源。想必大家都会好奇：太阳的内部结构是怎样的？它会是一团火构成的火球吗？我们在前面估算过太阳的表面温度大约是 5800 开尔文，那太阳的中心温度等于多少？太阳中心压强和地球大气压相比哪个更大？接下来，我们将一一回答这些问题。

一、太阳内部结构与各层特点

我们在前面介绍了怎么估算太阳质量和半径，得到的结果是：太阳半径 R_s 大约为 70 万千米，太阳质量 M_s 大约为 2.0×10^{30} kg。在估算太阳半径时，我们使用了黑体辐射的方法，并且顺便估算了太阳的表面温度，大

---

1. 本节内容来源于《张朝阳的物理课》第 40 讲视频。

约为 5800 K 。

接下来，我们简单介绍一下太阳的内部结构。太阳从里到外主要分为 6 个部分。最里边的被称为核（Core），有时候也被叫作内核，其半径约为太阳半径的 25%。太阳约 50% 的质量都集中在内核。太阳内核是太阳核反应的场所，所以这里的温度极高，压强极大。从核边界出发一直到距离中心大约 50 万千米处的这一层是辐射层（Radiative Zone），厚度约 30 万千米，约占太阳半径的 50%。在这一层中，能量从里到外的传递主要通过辐射进行，物质气体的压强不足以维持住流体静平衡状态，需要辐射的压强来帮忙才可以。第三层是对流层（Convective Zone），这一层的温度梯度比较大，从而能形成很强的对流。我们能通过光谱的红移或者蓝移观测这种对流现象，后面有一节我们会介绍测量太阳对流层对流速度的物理原理。

第四层是很薄的一层，叫光球层（Photosphere），其温度大约是 5800 K ，日常接收到的太阳光主要来自这一层。我们平时说的太阳半径主要指的是光球层的半径，比如我们在前面用黑体辐射估算太阳半径，估算的就是光球层的半径。光球层很接近太阳的最外层，太阳最外面两层是色球层和日冕。

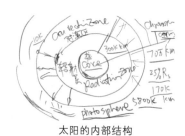

太阳的内部结构

根据前面对太阳寿命的估算，结合地质学证据我们可以知道，太阳目前正处于"青壮年"时期，大约再过 50 亿年才会死亡。根据人类目前对恒星的认知，届时太阳将会变成红巨星，膨胀很多倍，甚至可能把地球吞噬。不过大家不用担心，太阳现在处于很稳定的状态，大家安心吃饭睡觉就好。

虽然在地球上看起来太阳那里"风平浪静"，但实际上在太阳内部发生着激烈的反应。不过，总体来说，太阳维持在一种动态平衡的状态。目前太阳内部的平衡是两种甚至多种力相互竞争带来的结果。在太阳的内核，主要是引力和物质压力之间的平衡。在那里，温度极高，里边的原子核、电子的平均动能远大于氢原子电离能 13.6 eV，因此里边的物质处于电离状态。这样的等离子体在计算上可以当成理想气体来处理。内核的这些"气体"的密度非常高，甚至可以达到 150 g/cm³。作为一种气体，其密度竟然可以达到水的 100 倍，确实让人感到惊讶。在辐射层，物质密度在 0.05 g/cm³ ~ 0.5 g/cm³ 之间，这样的密度才和我们平时接触到的物质密度处于同一量级。

因为核心区半径占太阳半径的 25%，也就是 1/4，那么核心区的体积是太阳体积的 1/64。我们暂时将核心区的平均密度取为 30 g/cm³，外面各部分的平均密度取为 0.25 g/cm³，通过计算，可知核心区的质量是外层的 1.8 倍。这只是一个估算，和实际数据会有出入，不过我们依然能从中感受到太阳内核以非常小的体积占比，占去了大量的太阳质量。实际上，太阳内核的质量占太阳总质量的 50%[1]，在后文我们将会使用这一数据，而不会使用刚刚估算的"1.8 倍"。

1.　Carroll B W, Ostlie D A. An introduction to modern astrophysics[M]. Cambridge University Press, 2017.

二、计算均匀球壳内部引力，推导流体静平衡方程

前面提到，太阳目前处于动态平衡的状态，因此存在一个描述其平衡状态的方程。因为太阳内部的物质呈流体状态，所以这个方程被称为流体静平衡方程。在这一小节我们将推导这个方程。太阳内部的平衡主要由向内拉扯的引力和向外排斥的压力保持，因此我们需要分析这些力，建立起平衡方程。

我们先来回顾均匀球壳的引力。我在前面讲到过，均匀球壳对球壳外质点的引力等效于球壳所有质量集中在球心处的引力。但是，对于均匀球壳内部的质点，它所受的引力会是怎样的呢？答案是，均匀球壳内的质点受到球壳的引力为 0。

回忆以前我们推导半径为 r、厚度为 dr、密度为 ρ 的均匀球壳对处于球壳外质量为 m 的质点的引力时所用的积分：

$$F = 2\pi Gm\rho r dr \int_{R-r}^{R+r} \frac{1}{l^3} \frac{R^2 - r^2 + l^2}{2R} \frac{l}{R} dl$$
$$= 4\pi r^2 \rho \frac{Gm}{R^2} dr$$

其中 $R > r$，R 是质点到球心的距离，F 的方向指向球心的方向。从上式可以看出，球壳对球壳外质点的引力等于将球壳所有质量集中于球心时的引力。利用同样的推导方法，当质点位于球壳内时，$R < r$，得到的积分式和上式只差一个积分下限：

$$F = 2\pi Gm\rho r dr \int_{r-R}^{r+R} \frac{1}{l^3} \frac{R^2 - r^2 + l^2}{2R} \frac{l}{R} dl = 0$$

所以，均匀球壳内的质点受到球壳的引力为 0。

我们可以对这个结果做一个通俗的解释。球壳内的点假如不在球心，根据引力和距离平方成反比的性质，球壳上靠近物体的那些微元会提供比较大的引力，但是这部分微元比较少，而离物体较远的那些微元会提供比较小的引力，但是这部分微元比较多。而且，这两部分微元向质点提供

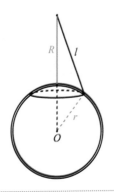

推导球壳引力的示意图

的力是方向相反的，最终刚好互相抵消，使得球壳对内部物体没有引力作用。

在这个结果的基础上，太阳内部位于半径 r 处的质量微元受到的引力，等于半径为 r 的球内部物质对质量微元的引力，这部分引力可以通过将所有相关物质集中到球心来计算，半径大于 r 的壳层对这部分质量微元没有引力作用。取质量微元沿半径的厚度为 $\mathrm{d}r$、截面积为 $\mathrm{d}S$、密度为 $\rho(r)$，于是它受到的引力为：

$$-G\frac{M_r}{r^2}\rho(r)\mathrm{d}S\mathrm{d}r$$

其中 M_r 表示在半径 r 内的物质质量，负号表示引力指向球心。然后，因为引力造成的收缩，所以存在压力梯度，靠近中心的压力更大，这就产生了一个和太阳引力相互平衡的力。这个力和流体力学中的浮力类似。假设半径改变 dr 时，压强改变 dP，那么上述质量微元受到的"浮力"为 dPdS。这个"浮力"和引力相平衡，所以：

$$\mathrm{d}P\mathrm{d}S = -G\frac{M_r}{r^2}\rho(r)\mathrm{d}S\mathrm{d}r$$

化简上式可以得到：

$$\frac{\mathrm{d}P}{\mathrm{d}r} = -\frac{GM_r}{r^2}\rho(r)$$

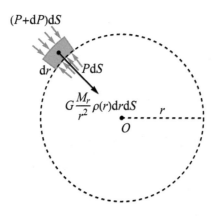

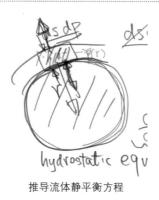

推导流体静平衡方程

这就是太阳的流体静平衡方程。在内核，其中的压强只包含物质压强；在辐射层，其中的压强还需要包含光压。

M_r 是密度 $\rho(r)$ 关于 r 的积分，它们之间存在复杂的关系，设太阳内部气体的平均粒子质量为 $\bar{m}$，考虑理想气体状态方程：

$$P(r) = \frac{\rho(r)}{\bar{m}}kT(r) \tag{1}$$

因此，可以通过温度和压强表示出物质密度，但是这样依然无法靠人力来解这组方程。后面我们主要进行的是估算而非严格的计算。

三、估算太阳中心的压强、温度

我们先来看看中心处压强随半径的变化率。在中心处 r 较小的区域内，M_r 约正比于 r 的三次方，代入流体静平衡方程，可知 dP/dr 正比于 r 的一次方。于是，dP/dr 在中心处等于 0，这说明压强在中心处不能是无穷大。

另一方面，太阳表面 R_s 处的压强为 0，那么核层半径 R_c 处的压强 P_c 可以根据流体静平衡方程通过积分得到：

$$P_c = \int_{R_c}^{R_s} \frac{GM_r}{r^2}\rho dr$$

太阳有大约 50% 的质量集中在核内，我们可以将上式积分中的 M_r 近似为 M_s。但是，由于此区域的物质密度 $\rho(r)$ 很小，半径 r 也比较大，使得整个积分结果与核层的压强相比较可以忽略，因此，作为良好的近似，我们可以选择忽略这个压强值。在这个近似下，压强从中心以一个很大的有限值降到核层边界约等于 0 的值。这个陡峭的下降曲线可以近似为直线，因此可以将 $R_c/2$ 处的 dP/dr 近似为：

$$\left.\frac{dP}{dr}\right|_{r=R_c/2} \approx \frac{\Delta P}{\Delta r} \approx -\frac{P_{cen}}{R_c} \tag{2}$$

其中 P_{cen} 表示太阳中心处的压强。

半径为 $R_c/2$ 的球体体积是半径为 R_c 的球体体积的 $1/8$。如果内核密度均匀，$M_{R_c/2}$ 应该等于内核质量 M_c 的 $1/8$。但是，因为太阳密度是内大外小的，所以我们用 $M_c/3$ 来估算 $M_{R_c/2}$。进一步地，我们使用 M_c 除以核心层体积来估算半径 $R_c/2$ 处的密度。根据前文提到的数据， $M_c \approx 0.5M_s$。将这些估算代入流体静平衡方程，得到：

$$\frac{dP}{dr}\bigg|_{r=R_c/2} \approx -\frac{G\left(\frac{1}{3} \times 0.5 \times M_s\right)}{\left(\frac{R_c}{2}\right)^2} \times \frac{0.5M_s}{\frac{4}{3}\pi R_c^3}$$

将其代入式（2），考虑到 $R_c \approx R_s/4$，化简得到：

$$P_{cen} = \frac{64}{\pi} \times G\frac{M_s^2}{R_s^4}$$

这是一个普遍的结果，虽然在得到这个式子的过程中使用了很多假设和简化，但是这些因素只会影响其中的系数，而恒星的中心压强正比于质量的平方、反比于半径的四次方的规律，是普遍成立的。

代入太阳的相应数据，可以得到太阳的中心压强估算值为 2.26×10^{16} Pa，相当于 2.3×10^{11} 个地球大气压。

用 M_c 除以内核体积，我们可以知道内核平均密度约为 45 g/cm³。这是一个平均值，实际上太阳中心处的密度可以达到 150 g/cm³。利用这个数据，我们借助理想气体状态方程［式（1）］可以估算太阳中心的温度。如果假设内核全部由氢核和电子组成，由于电子的质量相对于质子质量可以忽略不计，所以平均粒子质量为 0.5 倍的质子质量，这样会得到约为 1.0×10^7 K 的中心温度。不过，由于太阳内部发生的是核聚变，因此会产生很多比氢核重的原子核。由于重力作用，这些原子核有往中心聚集的趋势。总的来说，估算 $\bar{m}$ 时需要考虑这些重核，这会得到比 0.5 倍质子质量大的值。如果将 $\bar{m}$ 取为 0.85 倍质子质量，我们会得到 1.55×10^7 K 的中心温度，这和目前公认的值非常接近 [1]。

1. Carroll B W, Ostlie D A. An introduction to modern astrophysics[M]. Cambridge University Press, 2017.

[小 结]
Summary

在这一节我们介绍了太阳的内部结构和各层的主要特点，并分析了球壳对质点的引力作用，借助这个结果推导了太阳内部满足的流体静平衡方程。太阳的密度、压强与温度随着半径变化很大，使得太阳的流体静平衡方程难以直接求解，所以我们退而求其次，通过流体静平衡方程估算了太阳的中心温度和中心压强。我们发现太阳中心的压强非常大，比我们的大气压高出 11 个量级。

▲

光竟然具有压力
—— 探讨太阳辐射层光压能否辅助气压抵抗引力[1]

摘要：这一节主要探讨太阳辐射层的流体静平衡问题，我们会发现在辐射层气体压力不足以和引力形成平衡，正因如此，我们不得不考虑光压的贡献。基于此目的，我们介绍了黑体辐射的压强公式，并将其用到辐射层的光压估算上。

我们在上一节介绍了太阳的内部结构：太阳主要分为六层，从里到外依次是内核、辐射层、对流层、光球层、色球层和日冕。我们将主要关注最里边的三层。在上一节，我们集中精力估算了内核中心的压强和温度，使用的方法是将内核的压强曲线近似为直线，以及将内核边缘的压强近似为 0。接下来，我们将分析辐射层的压强。

一、估算辐射层压强公式，论述为何需考虑光压

我们先写出上一节估算太阳中心压强的结果：

$$\frac{P_{cen}}{R_c} = \frac{G\left(\dfrac{1}{3} \times 0.5 \times \dot{M}_s\right)}{\left(\dfrac{R_c}{2}\right)^2} \times \overline{\rho}_c$$

---

1. 本节内容来源于《张朝阳的物理课》第 41 讲和第 42 讲视频。

其中 $\bar{\rho}_c$ 表示内核平均密度，其他符号沿用上一节的定义。将 $R_c = R_s / 4$ 代入并化简，我们有：

$$P_{\text{cen}} = \frac{8}{3} \cdot G \frac{M_s}{R_s} \bar{\rho}_c \quad (1)$$

这个结果和上一节得到的中心压强公式是等价的。接下来，我们把辐射层与内核交界处的压强记为 P_1。根据流体静平衡方程，有：

$$\mathrm{d}P = -\frac{GM_r}{r^2} \rho(r) \mathrm{d}r$$

由于太阳表面压强为 0，对上式进行积分，我们得到：

$$P_1 = \int_{R_c}^{R_s} \frac{GM_r}{r^2} \rho(r) \mathrm{d}r$$

在上一节我们估算太阳中心压强时直接将 P_1 看作 0，这么做是合理的，因为当时我们经过简单的分析得知 P_1 相对于 P_{cen} 来说可以忽略不计，从而不影响用 P_{cen} / R_c 来估算 $R_c / 2$ 处的 $\mathrm{d}P / \mathrm{d}r$。在这里，我们需要估算出 P_1 的值。这个估算值将能在两方面给我们提供帮助：第一，我们可以用它来验证 P_1 远小于 P_{cen} 的论断；第二，我们可以用它来估算整个辐射层的压强变化情况。

在这里，我们仅在保持量级不变的情况下进行估算。为此，我们将 P_1 积分式中的 M_r 估算为内核质量，也就是 $0.5M_s$。由于 $0.5M_s \leq M_r \leq M_s$，这样的估算最多带来两倍的差距，不会影响量级。进一步地，我们将其中的密度取为辐射层平均密度 $\bar{\rho}_R$。辐射层的密度随半径变化不是很剧烈，这样的估算也是合理的。于是，我们有：

$$P_1 \approx 0.5 GM_s \bar{\rho}_R \int_{R_c}^{R_s} \frac{1}{r^2} \mathrm{d}r$$

$$= 0.5 GM_s \bar{\rho}_R \frac{R_s - R_c}{R_s R_c}$$

$$= 1.5 G \frac{M_s}{R_s} \bar{\rho}_R$$

　　这个结果和前面的式（1）很相似，密度前面的因子大致相同。所以，辐射层平均密度是核心层平均密度的多少分之一，就会导致 P_1 是 P_c 的多少分之一。根据上一节的介绍，辐射层的物质密度在 0.05 g/cm³ 至 0.5 g/cm³ 之间，而内核的平均密度约为 30 g/cm³，所以 P_1 将比 P_{cen} 小两个量级。可见，在估算 P_{cen} 时直接忽略 P_1 是合理的。

　　重复和估算 P_1 一样的过程，在忽略一些量级为 1 的系数后，我们会得到：

$$P_R(r) \approx \frac{GM_s}{R_s} \rho_R(r) \qquad (2)$$

其中的下标 R 表示辐射层。这个结果可以通过将 P_1 式子中的平均质量换成 $\rho_R(r)$ 得到，因此我们其实可以快捷地从 P_1 的表达式得到 $P_R(r)$ 的近似表达式。

　　从式（2）可以看到，在辐射层上，为达到流体静平衡所需的压强正比于密度的一次方。另一方面，辐射区的理想气体压强是：

$$P_g = \frac{\rho_R}{\bar{m}} kT$$

可见理想气体压强不仅正比于密度，还正比于温度。温度是随着半径增大而下降的。所以，随着半径增大，理想气体的压强必然会下降，使得它无法提供足够的"浮力"与引力达成平衡。

　　因此，在辐射层我们必须考虑另一种压力，那就是光压。在核心层，理想气体的压强很大，足以与引力形成平衡。相对于理想气体压强，核心层的光压很小，可以忽略。而到了辐射层，这一点就不成立了，物质气体提供的压强变得比较小，无法与引力形成平衡，这时候光压的作用相对来说更大，因此必须考虑光压才能重新得到平衡的结果。太阳内核产生的高能光子会在太阳内部不断地与离子碰撞，导致平均行进速度非常缓慢。在辐射层，这些光子会提供一个量级可观的压力，用以抵抗引力的收缩。照射到人身上的太阳光的光压是很小的，我们感受不到。但是在太阳内部这种极端环境下，光压会非常大。

二、推导黑体辐射的光压公式，估算太阳辐射层光压量级

有读者可能会有疑问：光怎么会具有光压？如果从光子的角度出发，光压是很容易理解的——因为光子带有动量，当光子碰到墙壁，光子无论被吸收还是被反射，都发生了动量的传递，因此会表现为光对墙壁具有压力。我们在日常生活中遇到的光强都很小，因此完全感受不到光压，但是感受不到不代表光压不存在。接下来，我们将在黑体辐射的情况下推导光压公式。为什么选择黑体辐射的情况呢？这是因为太阳内部的光本质上是一种黑体辐射，我们这里推导的结果将会用于估算太阳辐射层的光压。

我们将黑体辐射的能量密度记为 u，黑体辐射通量密度记为 I。根据斯特藩-玻尔兹曼定律，$I = \sigma T^4$，其中 σ 是斯特藩常数，约等于 5.67×10^{-8} W/m²K⁴。辐射通量密度指的是黑体单位表面、单位时间所辐射的能量，它包含了各个方向的辐射，因此，我们还需要考虑黑体沿特定方向在单位时间、单位面积内辐射的能量，即面辐射强度。我们将面辐射强度记为 I_Ω，其中下标 Ω 用于标明它是沿特定立体角的辐射能量。

我们的第一步目标是建立 u 和 I 的关系，为此，我们需要先得到 u 和 I_Ω 的关系。我们知道，光不是静止的，位于空间某一处的黑体辐射，来自各个方向，同时也会朝所有方向以光速 c 辐射出去，因此

$$I_\Omega = \frac{uc}{4\pi} \tag{3}$$

考虑黑体表面的一小块面积微元 $\mathrm{d}S$，这块面积微元会朝整个半球面的方向辐射能量。当辐射方向和法向的夹角是 $\cos\theta$ 时，这块面积微元朝这个方向的辐射通量为：

$$I_\Omega \cos\theta \mathrm{d}\Omega \mathrm{d}S$$

其中的因子 $\cos\theta$ 来源于面积微元在辐射方向的投影。由于 I 是黑体在单位表面单位时间上所辐射的能量，所以：

$$I = \int_{半球} I_\omega \cos\theta \mathrm{d}\Omega$$

因为黑体表面只能向外辐射，所以立体角的积分范围是半个球面的立体角。将式（3）代入，可以得到：

$$
\begin{aligned}
I &= \int_{半球} \frac{uc}{4\pi} \cos\theta \mathrm{d}\Omega \\
&= \frac{uc}{4\pi} \int_0^{2\pi} \mathrm{d}\varphi \int_0^{\frac{\pi}{2}} \cos\theta \sin\theta \mathrm{d}\theta \\
&= \frac{uc}{4}
\end{aligned}
$$

根据斯特藩-玻尔兹曼定律，我们有：

$$u = \frac{4\sigma T^4}{c}$$

接下来，我们开始计算辐射对黑体表面的压强。因为黑体和外面的辐射保持热平衡，黑体吸收多少辐射就会发射出多少辐射，这就等效于辐射照射到黑体表面后全部被反射回来。对于单个光子，能量为 $h\nu$，动量为 $h\nu/c$，这两者都是依赖于频率 ν 的，因此我们需要将辐射的能量密度分解成各个频率的叠加：

$$u = \int u_\nu \mathrm{d}\nu$$

然后，我们单独考虑各个频率在单位时间单位黑体表面上由于反射导致的动量变化，这与计算能量通量是类似的。我们先对特定立体角内的辐射计算其单位时间内射来的光子数，这可以通过用能量通量除以单个光子能量得到：

$$\frac{u_\nu c}{4\pi h\nu} \cos\theta \mathrm{d}\nu \mathrm{d}\Omega$$

其中出现因子 $\cos\theta$ 是因为黑体的单位表面需要对入射方向做投影，这与前面计算辐射强度时出现了 $\cos\theta$ 的原因类似。由于反射，每个光子沿黑体表面法线方向的动量改变量等于 $2\cos\theta h\nu/c$。于是，从立体角 $\mathrm{d}\Omega$ 方向射来的光子，在单位时间单位黑体表面上的动量改变量为：

$$\frac{u_\nu c}{4\pi h\nu}\cos\theta\mathrm{d}\nu\mathrm{d}\Omega\cdot 2\cos\theta\frac{h\nu}{c}=\frac{u_\nu\mathrm{d}\nu}{2\pi}\cos^2\theta\mathrm{d}\Omega$$

根据牛顿力学，单位时间的动量改变量等于力，所以上式本质上是单位面积上的力。那压强是什么呢？压强是单位面积上受到的力，所以上式就是压强。由于力是可以叠加的，所以压强也是可以叠加的。将上式对频率和半球的立体角积分就会得到总压强，所以：

$$P_{\mathrm{ra}}=\int u_\nu\mathrm{d}\nu\int_{\text{半球}}\frac{1}{2\pi}\cos^2\theta\mathrm{d}\Omega$$

其中下标 ra 表示辐射压强。对 u_ν 进行频率积分会得到 u，于是总压强为：

$$\begin{aligned}P_{\mathrm{ra}}&=\int_{\text{半球}}\frac{u}{2\pi}\cos^2\theta\mathrm{d}\Omega\\&=\frac{u}{2\pi}\int_0^{2\pi}\mathrm{d}\varphi\int_0^{\frac{\pi}{2}}\cos^2\theta\sin\theta\mathrm{d}\theta\\&=\frac{u}{3}=\frac{4}{3c}\sigma T^4\end{aligned}$$

这就是黑体辐射的压强公式，它刚好等于能量密度的 $1/3$。和理想气体不同的是，黑体辐射压强仅仅和温度有关。

三、另一视角：从分子动理论看光子气体

在分析太阳辐射层的压强之前，我们再介绍另一种对黑体辐射压强公式的理解方式。从单原子理想气体入手，建立笛卡儿三维空间坐标系，考虑气体分子朝 x 轴正向对 yz 坐标面的碰撞，碰撞导致的压强为：

$$\begin{aligned}P&=\int_0^\infty 2mv_x\cdot n_{v_x}v_x\mathrm{d}v_x\\&=\int_{-\infty}^{+\infty}mv_x^2 n_{v_x}\mathrm{d}v_x\end{aligned}$$

其中 n_{v_x} 是 x 方向的速度分量在区间 $(v_x,v_x+\mathrm{d}v_x)$ 内的粒子数密度，m 为气

体分子质量。设空气体积为 V ，那么可以将 n_{v_x} 改写为 N_{v_x}/V ，于是：

$$P = \int_{-\infty}^{+\infty} m v_x^2 \frac{N_{v_x}}{V} \mathrm{d}v_x$$

$$= \frac{N}{V} \frac{\int_{-\infty}^{+\infty} m v_x^2 N_{v_x} \mathrm{d}v_x}{N}$$

$$= n \left\langle m v_x^2 \right\rangle$$

考虑到体系的各向同性， x 方向速度平方的均值应与 y 方向的和 z 方向的速度平方均值相同，由于 $v^2 = v_x^2 + v_y^2 + v_z^2$ ，我们有：

$$P = n \left\langle m v_x^2 \right\rangle = \frac{n}{3} \left\langle m v^2 \right\rangle = \frac{2}{3} n \left\langle \frac{1}{2} m v^2 \right\rangle = \frac{2}{3} n \bar{u}_{\mathrm{tr}}$$

其中 $\bar{u}_{\mathrm{tr}}$ 表示分子动能平均值。

以上分析方法是我们在以前推导理想气体状态方程时所用的方法。在这里我们要研究的是光子气体，与理想气体模型类似，却又有所不同。光子的速度是光速 c ，光子的静质量为 0 ，但是动质量 m 却不为 0 。根据质能关系，光子的能量是 mc^2 ，所以光子气体的能量密度为 $u = n \langle mc^2 \rangle$ 。另一方面，光子的动量依然可以使用 mc 来描述，所以上述对理想气体的推导过程对光子气体同样成立，于是光子气体相应的压强为：

$$P_{\mathrm{ra}} = \frac{u}{3}$$

这与前面用严密的黑体辐射理论推导得到的结果一致。

从分子动理论的角度看待黑体辐射会比从辐射角度看更具直观性。不过，两种角度本质上是一样的，而且不会给压强的推导带来便捷性。前面从辐射角度出发的推导，最后也使用了光子概念，因此两种方法并无差别。在这里推导得到 $P_{\mathrm{ra}} = u/3$ ，只是整个压强公式推导的一部分而已，我们还需要将 u 替换为温度才能达到最终的目的，而这一步是理想气体模型无法做到的。这是因为，根据理想气体的热力学，分子平均动能为 $3kT/2$ 。让光子平均能量等于这个量，最后会得到 $P_{\mathrm{ra}} = nkT$ 。但是，光子数密度和温度的关系并不能通过分子动理论得到，因此这个方法无法进一步实施下去。另一方面，即使我们用黑体辐射的普朗克理论求出光子数密度，将其代入 $P_{ra} = nkT$ 中仍会得到错误的压强公式。总的来说，这里介绍的分子动理论视角，不能盲目扩大它的适用范围。光子气体是一种量子模型，经典热力学中的很多结论对它都不适用。

四、估算辐射层的光压

接下来，我们回到太阳辐射层的压强分析上。我们将刚刚得到的黑体辐射压强公式应用到计算太阳辐射层光压的场景中。前面我们讲到，单单使用气体压强不足以抵抗引力的压缩，我们需要别的压强"援军"。现在气体压强的"援军"到了，我们还需要知道这个"援军"能不能抵抗引力的压缩。

根据上一节的估算结果，太阳中心温度是 1000 多万开尔文，温度对半径的依赖可以近似为线性关系：半径越大，温度越低。相对于密度的急速下降来说，温度的线性下降是非常缓慢的。因此，我们假设辐射层温度为 700 万开尔文，将其代入光压公式，得到光压约为 6×10^{11} Pa。在前文，我们估算得到，在辐射层维持流体静平衡所需的压强与太阳中心的压强的比值，约等于该处密度与太阳内核平均密度的比值。我们在上一节估算得到太阳中心压强是 2.66×10^{16} Pa，同时提到太阳核心层平均密度为 45 g/cm^3。如果辐射层某处密度下降到核心层密度的 1‰，那么辐射层这一位置的压强约为 2.66×10^{13} Pa。根据刚刚推导的光压量级，光子是有望提供一部分压强作为补充的。

[小 结]
Summary

在这一节,我们主要对辐射层的压强做了估算,我们发现物质气体的压强不足以抵抗引力的压缩,因此需要寻找别的压力来源,由此我们展开了对光压的研究。我们主要在黑体辐射的框架内分析光的压强,并且从两个角度证明了黑体辐射的压强等于能量密度的 1/3。进一步地,我们计算了黑体辐射的能量密度与温度的关系,表明能量密度只和温度有关,正比于温度的四次方。将这两部分结论综合起来就得到了黑体辐射的压强公式。最后,在黑体辐射压强公式的基础上,我们估算了太阳辐射层的光压,发现这部分光压达到 6×10^{11} Pa,远远大于我们的大气压。同时,我们估算了流体静平衡状态下辐射层的压强,最终表明了光压能够提供一部分压强来"辅助"物质气体的压强用以抵抗引力压缩。

太阳对流层的对流速度有多大？
—— 借助光的多普勒效应[1]

摘要： 这一节我们介绍太阳对流层的性质，并借助多普勒效应估算太阳对流层的对流速度，为此，我们将详细讲解声波的多普勒效应，并将所得结果推广到光波上，由此推导出光波的波长变化公式。

如果仔细观察生活，我们会注意到当火车迎面驶来时，火车汽笛声比较尖锐；而当火车驶过我们身边后，汽笛声又突然变得没那么尖锐了。莫非是调皮的火车驾驶员故意改变汽笛声来和我们打招呼？不是的，产生这种现象的原因是多普勒效应。多普勒效应具有很多应用场景，比如可以用来给车辆测速，可以用来测量太阳对流层的对流速度，甚至能够用来观测宇宙膨胀。接下来，我们将继续太阳的主题，介绍其对流层的特点，以及怎么利用多普勒效应计算出对流层的对流速度。

一、太阳对流层的特点

我们知道，太阳最里边的三层分别是内核、辐射层和对流层。在这三

---

1. 本节内容来源于《张朝阳的物理课》第 42 讲和第 43 讲视频。

层中，温度大致随着半径增加而线性下降。在内核与辐射层，密度随着半径的增加而下降得很快，这就导致密度梯度很大。因此，在内核与辐射层，离太阳中心比较远的物质不会下沉，离太阳中心近的物质不会上浮。于是，在这两层里，物质是相对趋近于静态的，不会出现对流现象。

在对流层里边，物质密度的梯度比较小，温度梯度比较大，因此对流层表面的物质经过冷却后密度会比对流层底部的物质大，这就使得表面物质下沉到底部被加热，底部物质上浮到表面被冷却，如此往复形成对流。

怎么测量对流层的对流速度呢？这可以通过多普勒效应得到。我们看一篇关于利用多普勒效应测量太阳对流层对流速度的论文里的图片（见下图）。该图片中的红线是太阳光谱中的一部分，其中光谱的凹处对应着太阳元素对太阳光的吸收。由于元素吸收的光波波长是固定的，因此我们能从光谱的"吸收谷"识别出元素。比如，我们可以从图中看到在 6300 埃（1 埃等于 10^{-10} m）附近出现了一个铁元素的吸收谷。特别地，即使光谱发生移动，只要吸收谷足够多，我们仍能通过这些吸收谷识别出对应的元素，从而测量出光谱的移动距离。那为什么光谱会移动呢？光谱的移动距离能给我们提供什么样的信息呢？这就需要用多普勒效应来解释了。

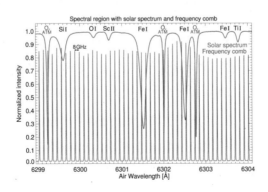

太阳光谱（红色曲线）[1]

---

1. Löhner-Böttcher J, Schmidt W, Stief F, et al. Convective blueshifts in the solar atmosphere-I. Absolute measurements with LARS of the spectral lines at 6302 Å [J]. Astronomy & Astrophysics, 2018, 611: A4.

二、多普勒效应

为了进一步说明，我们需要先了解多普勒效应。以声波为例，当声源向着我们移动时，我们听到的声音频率会比声源原来的振动频率高；当声源远离我们运动时，我们听到的声音频率会比声源原来的振动频率低。比如说，我们站在铁路旁边，当火车迎面驶来时，我们会感觉火车发出的声音比较尖；当火车驶过之后，我们会感觉到火车的音调一下子降低了，这就是多普勒效应。

假设一个人站在地面，距离为 S 的声源以速度 u 远离此人（如果 $u < 0$ 就表明声源向人靠近）。在 0 时刻，声源开始发出声音，那么人听到声音的时刻为 $t_1 = S/v$，其中 v 是声速。声源发出一个完整的波用时为周期 T，此时声源已远离距离 $u \cdot T$。那么，人听完整个波长的时刻是 $t_2 = T + (uT + S)/v$。所以，$t_2 - t_1$ 是这个人接收到的声波周期，它等于：

$$\Delta t = t_2 - t_1 = T + \frac{S + uT}{v} - \frac{S}{v} = T\left(1 + \frac{u}{v}\right)$$

因为频率等于周期的倒数，所以

$$v_d = v\frac{1}{1 + u/v}$$

其中下标 d 表示考虑多普勒效应后的频率。可见，当声源不断远离人们时，人们听到的声音频率会偏小；而当声源不断靠近人们时，人们听到的声音频率会偏大。这就解释了前面所说的火车汽笛声频率改变的情况。

假如这个波不是声波而是光波，我们还需要考虑相对论效应。由于时间延缓效应，此时前面式子中的 T 不再等于光波周期，而应该是 γT_0，其中 T_0 是光源上发射一整个周期的固有时，也就是光波原来的周期。所以，人们接收到光波一整个周期所花时间为

$$\Delta t = \frac{T_0}{\sqrt{1 - (u/c)^2}}\left(1 + \frac{u}{v}\right)$$

这个 Δt 就是人们测量到的光的周期，所以光的频率为

$$\nu_d = \frac{\sqrt{1-(u/c)^2}}{1+u/c}\nu_0 = \sqrt{\frac{1-u/c}{1+u/c}}\nu_0 \tag{1}$$

这就是光的多普勒效应公式。在定性上，光的频率变大还是变小和声波的情况是类似的。

由于我们经常遇到的情况都是速度远小于光速的情况，因此我们可以在 $u \ll c$ 的条件下做近似。对式（1）做变量为 u/c 的泰勒展开，仅保留 u/c 的一次项后我们有

$$\nu_d = \sqrt{\left(1-\frac{u}{c}\right)\left(1-\frac{u}{c}+o\left(\frac{u}{c}\right)\right)}\nu_0 \approx \nu_0 - \frac{u}{c}\nu_0$$

所以：

$$\Delta\nu = \nu_d - \nu_0 = -\frac{u}{c}\nu_0$$

进一步地，我们要将描述频率改变的公式转化成描述波长改变的公式。因为波长 λ 乘以频率 ν 等于光速，光速是个常数，所以

$$\lambda\Delta\nu + \nu\Delta\lambda = 0$$

所以

$$\frac{\Delta\lambda}{\lambda} = -\frac{\Delta\nu}{\nu} = \frac{u}{c}$$

于是

$$u = \frac{\Delta\lambda}{\lambda}c \tag{2}$$

这个式子表明我们可以通过测量多普勒效应造成的频谱移动来计算出光源远离我们的速度，这正是我们利用多普勒效应测量太阳对流层对流速度的理论基础。

三、多普勒效应的应用：测量对流层的对流速度和哈勃膨胀

让我们回到太阳的对流层上来。当对流层的物质运动时，对流层上面的铁原子会随着对流层一起运动。对流层上面的发光物质相对于对流层的铁原子来说是静止的，但是对于地球上的人来说叠加了一个对流速度。因此，在地球的观测者看来，太阳光谱线上铁原子的吸收位置偏移了。

我们上面展示了一张图片，这个图片来源于一篇论文，这篇论文给出的测量结果显示，铁元素的吸收位置偏移量约为 6 毫埃，而这个吸收位置原来应该处于 6301 埃。将这些数据代入式（2）即可求出太阳对流层的对流速度：

$$u = \frac{6 \times 10^{-3}\ \text{Å}}{6301\ \text{Å}} \times 3 \times 10^{8}\ \text{m/s} \approx 300\ \text{m/s}$$

这与论文里的结果一致。这个速度虽然比声速要低，但是它已经比我们绝大部分交通工具的速度高了。

多普勒效应的应用还不止于此。在 20 世纪，哈勃通过观察恒星光谱的移动，发现绝大部分都是红移，于是他借助多普勒效应解释说所有恒星都在远离我们而去，继而提出了宇宙膨胀假设。宇宙膨胀在当时人们的眼中是不可思议的，因此哈勃的这项工作是一个了不起的成就。在当今的宇宙学理论中，宇宙膨胀已经能够由大爆炸理论很好地解释。

[小 结]
Summary

在这一节，我们先介绍了太阳对流层的特点，定性解释了为什么太阳对流层能发生对流。然后，我们详细推导了声

波的多普勒频移公式，并将这个公式推广到了光波上。得到了光的多普勒频移公式后，我们进行了低速近似，最后得到了用多普勒频移计算光源速度的公式。使用这个公式，结合文献给出的测量结果，我们得到了太阳对流层的对流速度约为 300 m/s 。顺便，我们介绍了多普勒效应在观测宇宙膨胀上的应用。至此，我们关于太阳的研究终于落下帷幕。

潮汐专题

▼

怎么解释潮汐现象？（上）
—— 求解地月系统的离心势能与引力势能[1]

摘要：本节将地球与月球的两体运动方程通过约化质量和相对位移的概念化简成了单体运动方程，求解发现地球与月球绕着它们的质心做圆周运动。为了进一步引出潮汐力，本节以做圆周运动的地球为参考系，引入惯性力，此外还将惯性力与月球引力用势能的梯度进行表达，以方便下一章节对潮汐的高度进行计算。

通过第一部分的计算已经知道，质点与球体之间的引力可以等效地看成球体所有质量集中在球心的引力，所以地球和月球之间的引力可以等效为它们质量集中在球心的引力。但我们若更加细致地看地球上各点的受力，会发现月球对它们的引力有将地球的形状沿着地月连线拉长的趋势，地球上的海水受到这种力的影响，因此沿着地月连线方向的海平面更高，而我们知道地球的自转远大于月球的公转，所以跟随地球表面自转的人们就能看到海水高度的变化，这就是潮汐现象，于是我们也把造成上述现象的力称为潮汐力。

其实不仅是月球，太阳对地球也有潮汐力，虽然太阳的潮汐力小于月

---

1. 本节内容来源于《张朝阳的物理课》第 47 讲视频。

球，但其量级与月球相当，所以分析地球整体的潮汐现象需要同时考虑月球与太阳的影响。当月球处在地球与太阳的连线上时，月球与太阳给地球造成的形变趋势一致，这时它们的潮汐力是叠加的，所以地球上看到的潮汐在朔月与满月的时候最明显。但当月球绕转到上弦月或下弦月的位置时，月球与太阳给地球造成的偏离球体的形变趋势会相互抵消，这时候潮汐现象最弱。这就解释了自古以来中国农历制与潮汐现象之间一直存在的神奇联系。接下来两小节我们将对潮汐力以及潮汐高度进行具体计算，更加深刻地展现潮汐的成因。

一、将两体运动化为单体运动：引入约化质量与质心坐标

潮汐力主要是由天体之间的万有引力引起的，我们先来推导地球和月球的运动。设地球质量为 m_1，位置矢量为 $\vec{r_1}$，它受到的太阳引力为矢量 $\vec{f_1}$，受到的月球引力为矢量 $\vec{g}_{21}$，那么由牛顿第二定律可以得到地球的运动方程：

$$\vec{f_1} + \vec{g}_{21} = m_1 \frac{\mathrm{d}^2 \vec{r_1}}{\mathrm{d}t^2} \tag{1}$$

设月球质量为 m_2，位置矢量为 $\vec{r_2}$，而它受到的太阳引力为矢量 $\vec{f_2}$、受到的地球引力为矢量 $\vec{g}_{12}$，那么由牛顿第二定律可以得到月球的运动方程：

$$\vec{f_2} + \vec{g}_{12} = m_2 \frac{\mathrm{d}^2 \vec{r_2}}{\mathrm{d}t^2}$$

上述四个力中，地球对月球的引力 $\vec{g}_{21}$ 与月球对地球的引力 $\vec{g}_{12}$ 互为作用力与反作用力，根据牛顿第三定律，二者大小相等方向相反：

$$\vec{g}_{21} = -\vec{g}_{12}$$

那么可以将地球的运动方程与月球的运动方程相加，得到：

$$\vec{f}_1 + \vec{f}_2 = M\frac{\mathrm{d}^2}{\mathrm{d}t^2}\vec{r}_{CM} \tag{2}$$

其中 $M = m_1 + m_2$ 是地月系统的总质量，$\vec{r}_{CM} = \dfrac{m_1\vec{r}_1 + m_2\vec{r}_2}{m_1 + m_2}$ 则是地月系统的质心位置，它是地球位置与月球位置按照对应的质量进行的权重叠加。

注意到矢量 $\vec{f}_1$ 加上矢量 $\vec{f}_2$ 正是地月系统受到的总外力，所以式（2）表明系统的质心运动等效于一个位于质心的质点的运动：该质点的质量等于系统的总质量，该质点受到的力等于系统受到的总外力。不过质心只能描述整个系统的位置，却不能描述系统内部的相对位置，所以我们接下来关注地球相对于月球的相对位移 $\vec{r} = \vec{r}_1 - \vec{r}_2$，以及地球与月球的相对运动。地球相对于系统质心的位置与 $\vec{r}$ 有如下关系：

$$\vec{r}_1 - \vec{r}_{CM} = \frac{m_2}{m_1 + m_2}(\vec{r}_1 - \vec{r}_2) = \frac{m_2}{m_1 + m_2}\vec{r} \tag{3}$$

将上式对时间求二阶导数可得：

$$\left(\frac{m_2}{m_1 + m_2}\right)\frac{\mathrm{d}^2}{\mathrm{d}t^2}\vec{r} = \frac{\mathrm{d}^2}{\mathrm{d}t^2}(\vec{r}_1 - \vec{r}_{CM}) = \frac{\mathrm{d}^2\vec{r}_1}{\mathrm{d}t^2} - \frac{\mathrm{d}^2\vec{r}_{CM}}{\mathrm{d}t^2} \tag{4}$$

原则上我们可以直接将地球的运动方程式（1）以及质心运动方程式（2）一起代入式（4），以此推导出相对运动方程，但这样的推导方法略显复杂，我们留到之后的章节再详细讨论，本节先用一种更方便的方法来化简公式（4）。早在伽利略时期，人们就知道重物与轻物下落得一样快，并且之前求解卫星绕地球运动的轨迹也与卫星的质量无关，这都是由牛顿万有引力与受力物体质量成正比这一特殊性造成的。同理，虽然地球与月球质量相差很大，受到太阳的引力大小相差也很大，但太阳对它们造成的加速度是一样的，若不考虑它们之间的万有引力，它们将保持相对静止，这说明在地月系统的质心系下看，地球与月球仿佛不受太阳的万有引力影响一般运动。所以若我们选取地月系统的质心为参考系，可直接忽略太阳对地球的引力 $\vec{f}_1$，那么公式（1）可以改写成：

$$\vec{g}_{21} = m_1 \frac{d^2 \vec{r}_1}{dt^2} \tag{5}$$

另外在地月质心参考系中显然有 $\frac{d^2 \vec{r}_{CM}}{dt^2} = 0$ ，利用此性质并把式（5）代入式（4）可得：

$$\left(\frac{m_2}{m_1 + m_2} \right) \frac{d^2 \vec{r}}{dt^2} = \frac{\vec{g}_{21}}{m_1} \tag{6}$$

根据牛顿万有引力公式，可进一步写出月球作用于地球的引力 $\vec{g}_{21}$ 的具体表达式：

$$\vec{g}_{21} = -\frac{G m_1 m_2}{r^2} \vec{e}_r \tag{7}$$

其中 $\vec{e}_r$ 是相对位移 $\vec{r}$ 方向的单位向量。进一步定义约化质量 $\mu = \frac{m_1 m_2}{m_1 + m_2}$ ，并联立式（6）与式（7）即可得到地月系统的相对运动方程：

$$\mu \frac{d^2 \vec{r}}{dt^2} = -\frac{G \mu M}{r^2} \vec{e}_r \tag{8}$$

这个方程就是标准的两质点受万有引力影响的运动方程，其中质量为 μ 的质点受到质量为 M 且位置固定的质点的引力而运动。求解上述方程，得到矢量 $\vec{r}$ 的集合，即为运动轨迹。在前文中，已经研究过此方程，并且得到了方程的多种解，鉴于地球与月球的运动近似圆周运动，只取这一特殊情况，设圆周运动的半径为 r ，则相应的角速度可由相对运动方程式得到：

$$\omega = \sqrt{\frac{GM}{r^3}}$$

解得了地球相对于月球的运动之后，回过头来看地球的运动，这就需要研究其位置矢量 $\vec{r}_1$ 。为了方便推导，先选取系统质心为参考系的原点，那么根据式（3）可以得到：

$$\vec{r}_1 = \frac{m_2}{m_1 + m_2} \vec{r}$$

地球的运动矢量 $\vec{r_1}$ 与相对运动矢量 $\vec{r}$ 只相差一个比例系数。由于已知矢量 $\vec{r}$ 做的是半径为 r、角速度为 ω 的圆周运动，故地球的运动也是角速度为 ω 的圆周运动，但相应地地球的运动半径为 $\dfrac{m_2}{m_1+m_2}$ 倍的 r。

若参考系原点不选在质心坐标，那么根据式（3），$\vec{r_1}$ 完整的表达式为：

$$\vec{r_1} = \vec{r}_{CM} + \frac{m_2}{m_1+m_2}\vec{r}$$

这样地球的运动可以看成地球绕着地月质心运动，而地月质心绕着太阳运动。

同理，根据相对位置与质心位置的定义，也可以证明月球同样以角速度 ω 绕质心做圆周运动，不过圆周运动的半径不是 r，而是 $\dfrac{m_1}{m_1+m_2}$ 倍的 r。由于地球的质量 m_1 远远大于月球的质量 m_2，所以地球绕质心的半径远远小于月球绕质心的半径，实际上地球到质心的距离小于地球的半径，即地月系统的质心处在地球内部，所以"月球绕地球转，而地球绕太阳转"的传统说法是近似成立的。

二、将力用势能梯度表示：离心势能与引力势能

为了研究潮汐力，我们选取跟随地月系统一起以角速度 ω 旋转的参考系。已知地球与月球相对于质心系做角速度为 ω 的圆周运动，所以在这个参考系内，地球和月球相对位置保持不变。需要注意的是，这是一个非惯性参考系，参考系里的点会受到惯性力，并且惯性力还与点的位置有关。

现在考察一个质量为 m_0 的质点，若它在惯性系中绕地月质心做半径为 x、角速度为 ω 的圆周运动，其受到指向质心的向心力为 $m_0\omega^2 x$，但此运动在以 ω 旋转的非惯性参考系下看是静止的，如果期望牛顿第二运动定律在此非惯性参考系下仍然成立，可以引入一个惯性力来抵消向心力，那么

这个惯性力与向心力大小相等而方向相反，即大小为 $m_0\omega^2x$ ，方向从质心指向质点所在的位置。

为了之后方便计算潮汐高度，本次推导将力的信息转换成势能，之后只需对势能 U 求梯度即可得到矢量力 $\vec{F}=-\nabla U$ 的大小和方向。若选取 $x=0$ 处的质心点为势能零点，那么刚刚分析的质点 m_0 对应的惯性力势能是：

$$U_c = -\int_0^x f\,\mathrm{d}x' = -\int_0^x \omega^2 x' m_0 \mathrm{d}x' = -\frac{1}{2}m_0\omega^2x^2$$

在旋转参考系下，地球不仅仅受到惯性力，还会受到传统月球对地球的引力，不过引力势能在前文已经解出，设 r 是质点 m_0 到月球中心的距离，并选取无穷原点为势能零点，那么质点具有的月球引力势能为：

$$U_g = -\frac{Gm_2m_0}{l}$$

将惯性力与引力一起考虑，总的势能 U 就是离心力势能与引力场势能之和：

$$U = U_c + U_g$$

这样求解潮汐力与潮汐高度的准备就完成了，下一节将建立更具体的坐标系，然后利用计算出的总势能进一步分析潮汐。

小结
Summary

潮汐的根源是地球、月球以及太阳之间的引力作用，所以我们以它们之间的引力作为出发点进行计算。由于太阳质量非常大，可默认静止不动，那么只需要考虑地球与月球的运动，这是一个二体问题。曾经我们在求解氢原子薛定谔方程的时候也遇到过同样的问题，当时采取的方法是将二体运动分离为质心运动部分与相对运动部分。现在考虑的地月系统也是如此，将原来方程中混杂在一起的描述地球与月球的参数，重新整合并分解到两个相互独立的方程中去，最终可以轻易解出质心运动部分与相对运动部分。但需要注意的是，我们还得通过地球、月球位移与质心以及相对位移的关系，才能把地月实际的运动表达出来。求解完天体的运动就可以来讨论潮汐力了，我们将力的信息转换成势能，这样就能避免力的方向带来的复杂性，除此之外，使用势能带来的更大优势将在下一节体现出来。在下一节，我们将建立更加细致的坐标系，并利用这节课推导出的势能进行潮汐力以及潮汐高度的计算。

▲

怎么解释潮汐现象？（下）
——计算潮汐高度[1]

摘要：本节建立了完善方便的坐标系，将上一节求得的离心势能与月球引力势能表达出来，通过求解势能的梯度，可得到潮汐力的大小和方向。接着引入地球的引力势能，联立离心势能与月球引力势能方程，求解总势能的等势面，以求得海水高度随坐标的变化规律，结合地球的自转解释了潮汐现象。最后利用潮汐现象说明月球逐渐远离地球的原因。

前一节中，我们已经求解出地球与月球的运动是绕着其质心的圆周运动，并以此求出了离心势能。这节课将继续上节课的计算，利用离心势能与月球引力势能求解出潮汐力，并结合地球引力势能计算潮汐高度，但这些势能的表达式中关于检验质量位置的描述各不相同，有用检验质量到质心轴的距离来表述的，也有用检验质量到月球球心的距离来表述的。为了能对总势能进行有效操作，我们特别需要建立一个完善的坐标系来统一这些势能的表达，这也是本节的难点所在。另外，上节也说了太阳对潮汐的影响与月球是同量级的，因而不可忽略，这里计算出的月球潮汐高度公式，同时也适用于计算太阳引起的潮汐高度，只需要将其中的月球参数换成相应的太阳参数即可。

---

1. 本节内容来源于《张朝阳的物理课》第 48 讲视频。

一、潮汐势能与潮汐力

上一节已经通过计算表明，地球与月球的运动是绕系统质心以角速度 $\omega = \sqrt{\dfrac{GM}{r^3}}$ 旋转的圆周运动，其中 M 是地球与月球的总质量，r 是地球与月球的距离。选取旋转参考系使地球与月球在此系相对静止，可以得到质量为 m_0 的质点在这个坐标系下的离心力势能 U_c：

$$U_c = -\frac{1}{2}\omega^2 x^2 m_0 \tag{1}$$

其中 x 是参考点到地月质心的距离。同时，我们还知道了月球引力势能 U_g 为：

$$U_g = -\frac{Gm_2 m_0}{l} \tag{2}$$

其中 l 是参考点到月球中心的距离，m_2 是月球的质量。若想进一步利用这两个势能计算潮汐力和潮汐高度，需要建立更具体的坐标系来描述参量 x 与 l。于是我们选取如下图的坐标系：

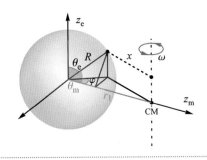

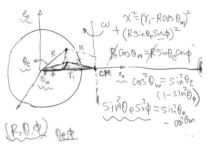

建立坐标系表达离心势能与月球引力势能

如上图所示，点 CM 是地月系统的质心，以地球中心为原点，选取 z_m 轴从地球中心指向月球中心，选取 z_e 轴平行于地月系统绕质心的旋转轴，建立如图所示的球坐标系。（注：实际上，地月质心 CM 位于地球内部，但为了方便读者理解，将点 CM 画到地球外部。）那么地球上的点可以用球坐标 (R, θ_e, φ) 表示，但参量 l 同时与 θ_e 和 φ 有关，并且关系表达式相对复杂。于是根据系统对称性引入另一坐标 θ_m，它为参考点位移方向与 z_m 轴的夹角，而参量 l 只由 θ_m 决定，另外参考点在 z_m 轴上的投影可写为：

$$R\cos\theta_m = R\sin\theta_e \cos\varphi \tag{3}$$

由此可以将传统球坐标系里的坐标 φ 代换成 θ_m，球上的点可用 (R, θ_e, θ_m) 来表示。

建立好坐标系后，就可以将 x 与 l 具体用坐标表达出来。如上图所示，在垂直于 z_e 轴的平面上包含 x 的直角三角形，利用勾股定理可得：

$$\begin{aligned}
x^2 &= (r_1 - R\cos\theta_m)^2 + (R\sin\theta_e \sin\varphi)^2 \\
&= r_1^2 - 2r_1 R\cos\theta_m + R^2\cos^2\theta_m + R^2\sin^2\theta_e(1 - \cos^2\varphi)
\end{aligned} \tag{4}$$

其中 r_1 是地球到地月系统质心的距离。如果我们进一步考虑关系式（3），则可以将式（4）化为：

$$x^2 = r_1^2 - 2r_1 R\cos\theta_m + R^2\sin^2\theta_e \tag{5}$$

将求得的 x 表达式（5）代回离心力势能的表达式（1），就能得到 U_c 在此坐标系下的表达：

$$\begin{aligned}
U_c &= -m_0 \frac{1}{2}\omega^2 x^2 \\
&= -m_0 \frac{1}{2}\frac{GM}{r^3}(r_1^2 - 2r_1 R\cos\theta_m + R^2\sin^2\theta_e) \\
&= -\frac{m_0 Gm_2}{r}\frac{m_2}{2M} + \frac{m_0 Gm_2}{r}\frac{R}{r}\cos\theta_m - \frac{1}{2}\frac{m_0 GM}{r}\left(\frac{R}{r}\right)^2\sin^2\theta_e
\end{aligned} \tag{6}$$

其中第二个等号利用了角速度的表达式 $\omega = \sqrt{\dfrac{GM}{r^3}}$，第三个等号利用了 $\vec{r}_1 = \dfrac{m_2}{m_1 + m_2}\vec{r}$。

分析完离心力势能，再来看引力势能。

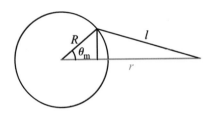

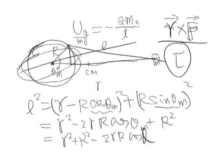

将质点到月球的距离化为坐标表示

选取地球中心、月球中心和质点位置构成的三角形，如上图所示，利用勾股定理能得出 l 的值：

$$l^2 = (r - R\sin\theta_{\mathrm{m}})^2 + (R\sin\theta_{\mathrm{m}})^2 = r^2 + R^2 - 2rR\sin\theta_{\mathrm{m}}$$

将求得的 l 代回月球引力势能的表达式（2），就能得到 U_g 在此坐标系下的形式：

$$U_g = -\frac{m_0 G m_2}{l} = -\frac{m_0 G m_2}{r}\left[1 - 2\frac{R}{r}\cos\theta_{\mathrm{m}} + \left(\frac{R}{r}\right)^2\right]^{-\frac{1}{2}}$$

由于 R 约为地球半径，相比于地月距离 r 非常小，所以上式的 U_g 还可以按照 $\dfrac{R}{r}$ 展开：

$$U_g = -\frac{m_0 G m_2}{r}\left[1 + \frac{R}{r}\cos\theta_{\mathrm{m}} + \frac{1}{2}\left(\frac{R}{r}\right)^2(3\cos^2\theta_{\mathrm{m}} - 1)\right]$$

$$= -\frac{m_0 G m_2}{r} - \frac{m_0 G m_2}{r}\frac{R}{r}\cos\theta_{\mathrm{m}} - \frac{m_0 G m_2}{2r}\left(\frac{R}{r}\right)^2(3\cos^2\theta_{\mathrm{m}} - 1)$$

(7)

上式 (7) 中的第一个等号利用了函数 $f(x) = (1 + ax + x^2)^{-\frac{1}{2}}$ 在 $x = 0$ 附近关于 x 的二阶泰勒展开式 $f(x) \approx 1 - \dfrac{a}{2}x + \dfrac{1}{2}(\dfrac{3}{4}a^2 - 1)x^2$，其中 $a = -2\cos\theta_m$，$x = \dfrac{R}{r}$。

将式 (6) 与式 (7) 相加，最终得到的离心力势能 U_c 与月球引力势能 U_g 的总势能 U 的表达式：

$$U = U_c + U_g$$
$$= m_0\left[-\frac{Gm_2}{r}\left(1 + \frac{m_2}{2M}\right) - \frac{Gm_2R^2}{2r^3}(3\cos^2\theta_m - 1) - \frac{1}{2}\frac{GMR^2}{r^3}\sin^2\theta_e \right] \qquad (8)$$

这个势能有三项，第一项与坐标无关，是个常数。它相当于势能零点，不会贡献力。第三项只与 θ_e 有关，由于它关于地球自转轴是旋转对称的，其引起的海面高度的变化不能被跟随地球自转的观察者发现。而第二项与 θ_m 有关，它并不是关于地球自转轴旋转对称的，所以一旦地球自转起来，地球上的观察者将能发现它引起的海面高度的变化，它才是引起潮汐力的势能。为了方便书写，之后的总势能 $U = U_c + U_g$ 只是指上式中的第二项。

有了潮汐力的势能，即式 (8) 的第二项，对其求梯度，就可以得到潮汐力的大小和方向了：

$$\vec{F} = -\nabla(U_c + U_g)$$
$$= -\left(\vec{e}_R \frac{\partial}{\partial R} + \vec{e}_{\theta_m} \frac{1}{R} \frac{\partial}{\partial \theta_m} \right)U$$
$$= \frac{m_0 Gm_2 R}{r^3}(3\cos^2\theta_m - 1)\vec{e}_R - \frac{3}{2}\frac{m_0 Gm_2 R}{r^3}\sin(2\theta_m)\vec{e}_{\theta_m}$$

其中 $\vec{e}_{\theta_m}$ 是坐标 θ_m 对应的单位向量，$\vec{e}_R$ 是坐标 R 对应的单位向量。

可以发现潮汐力在 z_m 轴上是从地心向外的，而在 $\theta_m = \dfrac{\pi}{2}$ 的环上，潮汐力是指向地心的，其他 θ_m 位置处潮汐力方向介于这两者之间，如下图所示：

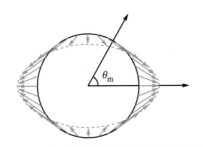

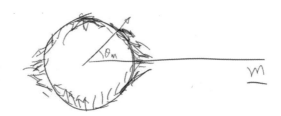

潮汐力方向示意图

从上图明显看出，潮汐力在地球表面是非常不对称的，可以想象它会影响地球表面海水高度的分布。

二、潮汐高度的计算

对于像水这样的流体，如果其表面的力有平行于其表面的分量，那么水就会流动，不能保持静止恒定。所以，在一个势场中的水，如果达到静止，它的表面受到的力是垂直于其表面的，由于力是负的势能梯度，这说明水的表面就是势场的等势面。地球上的海水拥有的势能不仅仅是之前计算过的离心势能和月球引力势能，还包含了地球本身的引力势能。若地球半径为 R，地球质量为 m_1，海水高度为 h，那么质量为 m_0 的海水具有的地球引力势能为：

$$U_e = -\frac{m_0 G m_1}{R+h} = -\frac{m_0 G m_1}{R} + \frac{m_0 G m_1}{R^2}h = u_0 + m_0 g h$$

其中 $g = \dfrac{Gm_1}{R^2}$ 是地球表面的重力加速度，另外，由于 h 远远小于 R，第二个等号按照 $\dfrac{h}{R}$ 展开到一阶。

由于海水表面为势能场的等势面，即要求总势能场 U_t 为一个常数：

$$U_t = U_e + U_g + U_c = \text{const.}$$

由此可解得海水高度与坐标 θ_m 的关系：

$$h = \frac{Gm_2 R^2}{2r^3 g}(3\cos^2\theta_m - 1) + h_0$$

$$= \frac{m_2}{m_1}\frac{R^4}{2r^3}(3\cos^2\theta_m - 1) + h_0$$

此处 h_0 为常量。化简过程中用到了关系式 $g = \dfrac{Gm_1}{R^2}$。从 h 的表达式可以看出，当 $\theta_m = 0$ 和 $\theta_m = \pi$ 时，h 取得最大值，这说明在 z_m 轴上的海水高度最高；而当 $\theta_m = \dfrac{\pi}{2}$ 时候，海水高度最小。

先前求得的潮汐力的表达式也可以解释这种高度的变化，潮汐力在 z_m 轴上是从地心向外的，将海水向远离地心的方向拉扯，而在 $\theta_m = \dfrac{\pi}{2}$ 的环上，潮汐力是指向地心的，将海水向地心方向下压。地球若沿着轴 z_e 自转起来，赤道的人会先后经过海水高度最大值点 $\theta_m = 0$，π 和最小值点 $\theta_m = \dfrac{\pi}{2}$，他会发现海水高度在 h 的最大值与 h 的最小值之间变化，这就是潮汐现象。

为了计算潮汐高度，将具体参数值代入 h 的表达式中，可以求得 h 的最大值为 $h_0 + 0.36\,\text{m}$，而 h 的最小值为 $h_0 - 0.18\,\text{m}$。潮汐高度就是最大值减去最小值，为 $0.54\,\text{m}$，这就是在赤道上随地球自转的观察者所观察到的由潮汐作用引起的海水高度的最大变化值。

利用潮汐可以解释月球远离地球的神奇现象。前面说过，水的表面是势场的等势面，但这只能在水是静态的情况下达到。

实际上地球是快速自转的，它会带动海水一起转。由于海水的惯性，水不能时时刻刻达到静态平衡，在地球旋转的拖动下，原本在 $\theta_m = 0$ 和 $\theta_m = \pi$ 的最高海面点会跟随地球转动一个小角度，这使得潮汐引起的地球海水的形变不再是随 z_m 轴旋转对称的。那么地球给月球的引力将不再准确地指向地球，因此质心系下月球的位移叉乘地球的引力不再是 0，即地球的引力对月球的力矩不再是 0，那么月球的角动量必然变大，而轨道运行半径与其角动量的平方成正比，所以月球运行的轨道半径将增大而逐渐远离地球。

$$[\ \ \textbf{小 结}\ \ ]$$
$$\text{Summary}$$

　　本节内容主要是在上一节得到的势能基础之上，进一步推导出潮汐力以及潮汐高度。从我们的推导过程可以看出，潮汐力实际上是月球引力与地球受到的惯性力抵消得到的力，在地球的中心两者正好完全抵消，但在地球其他地方会有剩余。以前的课程说过，卫星绕地球的运动实际上也可以看成是卫星不断地向地球下落的运动，所以，虽然我们计算的是地球、月球相互绕转的情况，但也可以等效认为是月球与地球由于万有引力向对方"下落"的情况，也就是说若地球、月球不旋转，而是直接朝对方自由落体，那么它们也会受到潮汐力，这也解释了掉进黑洞之前的"意大利面效应"——因为黑洞强大的潮汐力把飞船和宇航员拉伸成"意大利面条"了。潮汐力除了有那些让物体形变的明显效果之外，还有一些令人意想不到的惊人作用，例如本节课最后解说的月球远离地球的原理，谁能轻易想到月球远离地球的原因竟然是因为潮汐作用呢？

太阳也有潮汐力？
—— 计算太阳引力对地月系统的影响[1]

摘要：本节进一步分析月球引力势场和离心势场每一项的意义，并估算地球自转对海水高度的影响。随后将之前计算月球潮汐的公式套用到太阳上，可以发现太阳的潮汐作用约为月球的一半，并更加仔细地分析了在地月系统的运动中太阳引力的影响。

前两节课我们导出了离心力势场，并结合月球和地球的引力势场推导出了月球对地球的潮汐力和潮汐高度公式，整个推导过程计算非常复杂，所以这节课我们先缓一缓，重新审视之前的推导细节，并做一些简单的扩充，例如计算太阳引起的潮汐高度。

上节课建立坐标系之后得到的势能表达式中有三项，我们只着重讨论引起潮汐现象的第二项，而直接忽略了第一项与第三项。但所有的果都有因，第一项来源于势能零点的选取，而第三项的根源又是什么，它对海水高度的影响又是怎样的？我们下面就会揭开这个谜底。还有，最初我们计算地月系统的相对运动时，直接忽略了太阳的引力，实际上更严谨的方法

---

1. 本节内容来源于《张朝阳的物理课》第 49 讲视频。

是在惯性系下对地月系统的受力进行考察计算，严格把太阳引力的效果计算出来，最终我们会发现太阳引力对地月相对运动的影响确实非常小。

一、地球自转影响海水高度，效应虽强却与潮汐无关

上节已经求出月球引力势场和离心势场的总和为：

$$\frac{U_c + U_g}{m_0} = -\frac{Gm_2}{r}\left(1 + \frac{m_2}{2M}\right) - \frac{Gm_2 R^2}{2r^3}(3\cos^2\theta_m - 1) - \frac{1}{2}\frac{GMR^2}{r^3}\sin^2\theta_e \quad (1)$$

其中 M 是地球与月球的总质量，m_2 为月球的质量，R 为地球半径，r 是地月中心距离，θ_m 是地心到观察点的连线与地月中心连线的夹角，θ_e 是地心到观察点的连线与地球自转轴的夹角。第一项与坐标 θ_m 和 θ_e 均无关，只是个势场零点，不贡献力。而第二项就是导致潮汐力的势场，上节通过计算其等势面得到它引起的海水高度的变化量为：

$$h_m = \frac{m_2}{m_1}\left(\frac{R}{r}\right)^3 \frac{R}{2}(3\cos^2\theta_m - 1) \quad (2)$$

其中 m_1 是地球质量，由于我们只关心海水高度的变化，所以之后都忽略基准高度值。

但势场（1）中的第三项也会影响海水的高度，而且实际上影响还不小。为了分析第三项产生的原理，将它写成如下形式：

$$-\frac{1}{2}\frac{GMR^2}{r^3}\sin^2\theta_e = -\frac{1}{2}\omega^2 R^2 \sin^2\theta_e$$

其中 $\omega = \sqrt{\dfrac{GM}{r^3}}$，是地月公转的角速度。之前要求地球在我们建立的地月旋转参考系中保持相对静止，这说明除了地球与月球互相绕着对方以角速度 ω 公转之外，地球还有以角速度 ω 的自转，这与地球、月球都平动地绕对方旋转不同。

再联系之前推导过的离心势能的表达式，可以知道上面讨论的第三项

正是地球由于角速度 ω 的自转导致的离心势场。为了更加仔细地考察第三项的影响，我们可以像上节课利用等势面计算潮汐高度那样，要求重力势场 gh 与第三项离心势能 $-\dfrac{1}{2}\dfrac{GMR^2}{r^3}\sin^2\theta_{\mathrm{e}}$ 之和为一个常数：

$$gh - \frac{1}{2}\frac{GMR^2}{r^3}\sin^2\theta_{\mathrm{e}} = \mathrm{const.}$$

由此解得该项所引起的海水高度的变化量：

$$h_{\mathrm{em}} = \frac{1}{2}\frac{GMR^2}{gr^3}\sin^2\theta_{\mathrm{e}} = \left(\frac{R}{r}\right)^3\frac{R}{2}\sin^2\theta_{\mathrm{e}} \tag{3}$$

上式第二个等号代入了地球表面重力加速度的表达式 $g = \dfrac{Gm_1}{R^2}$，同时利用了近似：$\dfrac{M}{m_1} = \dfrac{m_1+m_2}{m_1} = 1 + \dfrac{m_2}{m_1} = 1 + \dfrac{1}{81} \approx 1$（地球的质量是月球的 81 倍）。

将第三项引起的海水高度变化（3）与第二项引起的海水高度变化（2）做比较，由于地球质量是月球质量的 81 倍，那么由于地球以月地公转角速度 ω 的自转引起的海水高度变化，是潮汐高度变化的 81/3 倍。但从 h_{em} 的表达式看，该项引起的海水高度变化量只与地球的纬度有关，不会随着经度改变。

我们在地球表面上看到潮水高度的变化是由于地球快速自转（不是公转角速度的自转）引起的。在自转过程中，若海水高度随经度有变化，我们将看到潮起潮落，反之则看不到。所以第三项不贡献随地球表面自转的参考者所看到的潮汐。即使第三项比第二项大几个量级，在计算潮汐高度时依然可以忽略第三项。

对于地球而言，除了上述由于公转参考系引起的缓慢自转，真正造成潮汐现象的是地球一天一圈的快速自转，相应的角速度 $\Omega = 27.3\,\omega$，那么快速自转的离心势能是第三项的 $(27.3)^2$ 倍，所导致的高度变化为：

$$h_{\mathrm{e}} = (27.3^2)h_{\mathrm{em}} \approx 10\sin^2\theta_{\mathrm{e}}\ \mathrm{km}$$

可以看到快速自转导致的海水高度变化远远大于潮汐高度。但同样的道理，它只随纬度变化，所以跟随地球表面自转的观察者感觉不到此现象。需要说明的是，这里自转导致的高度变化只是简单估算，实际上此量级的形变会使地球表面不同纬度的重力场产生变化，准确的计算需要考虑此差别。

二、太阳引力对地月系统的作用，引起潮汐却不影响相对运动

地球除了受到月球的引力，还受到太阳的强大引力。设太阳的质量为 m_s，地球中心到太阳中心的距离为 r_s，而地球中心到观察点的连线与地球中心到太阳中心连线的夹角为 θ，那么与推导月球潮汐高度同样的道理，可以写出太阳引力导致的潮汐高度的变化公式：

$$h_s = \frac{m_s}{m_1}\left(\frac{R}{r_s}\right)^3 \frac{R}{2}(3\cos^2\theta_s - 1)$$

为了估算它的量级，我们将太阳和月球各自引起的潮汐高度做比值：

$$\frac{\Delta h_s}{\Delta h_m} = \frac{m_s}{r_s^3}\frac{r^3}{m_2}$$

$$= \frac{\dfrac{Gm_s}{r_s^3}}{\dfrac{Gm_1}{r^3}}\frac{m_1}{m_2}$$

$$= \left(\frac{\omega_s}{\omega}\right)^2 \frac{m_1}{m_2}$$

$$= \left(\frac{27.3}{365}\right)^2 \times 81 = 0.46$$

其中第三个等号利用了地球绕太阳公转角速度的表达式 $\omega_s = \sqrt{\dfrac{Gm_s}{r_s^3}}$，以及地月公转角速度表达式 $\omega = \sqrt{\dfrac{GM}{r^3}} \approx \sqrt{\dfrac{Gm_1}{r^3}}$。

太阳引力造成的潮汐效应大约是月球的一半，当月球处在太阳与地球的连线上时，日月引力相互叠加，地球上的潮汐现象最强。当月球继续转过 90 度时，月球引起的潮汐效果将被太阳的作用抵消一大半，此时地球的潮汐现象最弱。

    于是我们可以发现，太阳引起的潮汐作用相比于月球依然不可忽略，说明太阳的引力对地月系统其实仍有非常大的影响。但我们知道，前面推导地月系统公转的时候，太阳的引力并没有出现在相对运动公式中，为此，我们再来仔细看看太阳的引力是如何在推导相对运动公式的过程中消失的。

    设地球质量为 m_1，位置矢量为 $\vec{r}_1$，地球受到的太阳引力为矢量 $\vec{f}_1$、受到的月球引力为矢量 $\vec{g}_{21}$，那么由牛顿第二定律可以得到地球的运动方程：

$$\vec{f}_1 + \vec{g}_{21} = m_1 \frac{\mathrm{d}^2 \vec{r}_1}{\mathrm{d}t^2}$$

    先前已经推导出地月系统的质心运动只与太阳的引力有关，设太阳对月球的引力为矢量 $\vec{f}_2$，地球与月球的总质量 $M = m_1 + m_2$，地月系统的质心位置为 $\vec{r}_{\mathrm{CM}} = \dfrac{m_1 \vec{r}_1 + m_2 \vec{r}_2}{m_1 + m_2}$，那么质心运动方程为：

$$\vec{f}_1 + \vec{f}_2 = M \frac{\mathrm{d}^2}{\mathrm{d}t^2} \vec{r}_{\mathrm{CM}}$$

    而地球相对于系统质心的位置是：

$$\vec{r}_1 - \vec{r}_{\mathrm{CM}} = \frac{m_2}{m_1 + m_2}(\vec{r}_1 - \vec{r}_2) = \frac{m_2}{m_1 + m_2}\vec{r}$$

    上式对时间求二阶导数，结合牛顿万有引力的具体表达式，并利用地球的运动方程以及质心的运动方程可得：

$$\begin{aligned}
\left(\frac{m_2}{m_1 + m_2}\right)\frac{\mathrm{d}^2}{\mathrm{d}t^2}\vec{r} &= \frac{\mathrm{d}^2}{\mathrm{d}t^2}(\vec{r}_1 - \vec{r}_{\mathrm{CM}}) \\
&= \frac{\mathrm{d}^2 \vec{r}_1}{\mathrm{d}t^2} - \frac{\mathrm{d}^2 \vec{r}_{\mathrm{CM}}}{\mathrm{d}t^2} \\
&= \frac{\vec{f}_1 + \vec{g}_{21}}{m_1} - \frac{\vec{f}_1 + \vec{f}_2}{m_1 + m_2} \\
&= \frac{m_2 \vec{f}_1 - m_1 \vec{f}_2}{m_1(m_1 + m_2)} + \frac{\vec{g}_{21}}{m_1}
\end{aligned} \tag{4}$$

    上面公式的第二项为月球引力项，而太阳的引力全部划归到第一项中。进一步设 $\vec{e}_1$ 为地球中心指向太阳中心方向的单位向量，$\vec{e}_2$ 为月球中心指向太阳中心方向的单位向量，r_1 为地球中心到太阳中心的距离，r_2 为月球中心到太阳中心的距离，那么根据牛顿万有引力公式，太阳对地球引力 $\vec{f}_1$ 的具体表达式为：

$$\vec{f}_1 = \frac{m_1 m_s}{r_1^2} \vec{e}_1$$

以及太阳对月球的引力 $\vec{f}_2$ 的表达式为：

$$\vec{f}_2 = \frac{m_2 m_s}{r_2^2} \vec{e}_2$$

具体将太阳对地球和月球各自的引力的表达式代入式（4）中的太阳引力项（第一项）中，考察其大小量级得到：

$$\left| \frac{m_2 \vec{f}_1 - m_1 \vec{f}_2}{m_1(m_1 + m_2)} \right| = \frac{G m_2 m_s}{m_1 + m_2} \left| \frac{\vec{e}_1}{r_1^2} - \frac{\vec{e}_2}{r_2^2} \right| \tag{5}$$

由于我们并不需要精确计算而只是考察其量级大小，可以选取地月公转过程中两星球绕行到 $r_1 = r_2$ 时的情况来估算其量级，此时以地球、月球与太阳为顶点构成的三角形是等腰三角形，又因为地球与月球的距离 r（三角形的底边长）远远小于地球与太阳的距离 r_1（三角形的腰长），所以三角形的顶角 θ 近似等于底边长比上腰长，即 $\theta \approx \dfrac{r}{r_1}$。而由 $\vec{e}_1$ 与 $\vec{e}_2$ 的定义可知，这两个单位矢量之间的夹角正是顶角 θ，所以有：

$$|\vec{e}_1 - \vec{e}_2| = \sqrt{(\vec{e}_1 - \vec{e}_2)^2} = \sqrt{2 - 2\vec{e}_1 \cdot \vec{e}_2} = \sqrt{2 - 2\cos\theta} = 2\left|\sin\frac{\theta}{2}\right| \approx \theta \approx \frac{r}{r_1}$$

那么我们就可以估算公式（5）的量级：

$$\left| \frac{m_2 \vec{f}_1 - m_1 \vec{f}_2}{m_1(m_1 + m_2)} \right| = \frac{G m_2 m_s}{m_1 + m_2} \left| \frac{\vec{e}_1}{r_1^2} - \frac{\vec{e}_2}{r_2^2} \right| \sim \frac{G m_2 m_s}{m_1 + m_2} \frac{1}{r_1^2} |\vec{e}_1 - \vec{e}_2| \approx \frac{m_2}{m_1 + m_2} \frac{G m_s}{r_1^3} r \tag{6}$$

由于地球的质量是月球的 81 倍，所以上式中的 $\dfrac{m_2}{m_1 + m_2}$ 可做近似 $\dfrac{m_2}{m_1 + m_2} \approx \dfrac{m_2}{m_1}$，并不影响量级的分析，另外，我们还知道地球绕太阳公转的角速度为 $\omega_s = \sqrt{\dfrac{G m_s}{r_1^3}}$，那么式（6）可进一步化为：

$$\left|\frac{m_2\vec{f}_1 - m_1\vec{f}_2}{m_1(m_1+m_2)}\right| \sim \frac{m_2}{m_1}\omega_s^2 r \qquad (7)$$

为了比较（4）中太阳引力项（第一项）与月球引力项（第二项）的大小，我们也需要月球引力项的具体表达式。同理，利用牛顿万有引力公式以及地月公转角速度的表达式 $\omega = \sqrt{\frac{GM}{r^3}} \approx \sqrt{\frac{Gm_1}{r^3}}$，可以计算出月球引力项的大小：

$$\left|\frac{\vec{g}_{21}}{m_1}\right| = \frac{1}{m_1}\frac{Gm_1m_2}{r^3}r = \frac{m_2}{m_1}\omega^2 r \qquad (8)$$

对比太阳引力项的大小（7）与月球引力项的大小（8），由于月球绕地球的角速度是地球绕太阳公转角速度的 13 倍，可以知道月球引力项为太阳引力项的 $\left(\frac{\omega}{\omega_s}\right)^2 = 13^2 \approx 170$ 倍，所以太阳引力项可以忽略不计，于是就得到公式：

$$(\frac{m_2}{m_1+m_2})\frac{\mathrm{d}^2\vec{r}}{\mathrm{d}t^2} = \frac{\vec{g}_{21}}{m_1}$$

若我们进一步定义约化质量为：

$$\mu = \frac{m_1m_2}{m_1+m_2}$$

那么上式可以化为：

$$\mu\frac{\mathrm{d}^2\vec{r}}{\mathrm{d}t^2} = -\frac{G\mu M}{r^2}\vec{e}_r$$

此即我们最开始推导出的地月相对运动方程，这说明虽然太阳的引力很大、不可忽略，但它产生的效应几乎不会进入地月相对运动部分，同时也说明太阳的引力对地月在此质心系下的运动并没有很大影响，这给我们计算月球对地球的潮汐效应带来很大的方便。

[小 结]
Summary

　　这节课将前两节关于潮汐计算的内容补充得更加完善，加深了大家关于推导细节的理解。前两节课推导离心势场所用的参考系是一个旋转的参考系，并且要求月球与地球在参考系中保持静止，这样的要求使得地球也有一个自转。实际上，我们也可以选择平动地绕着地月质心旋转的地球为参考系来计算出同样的潮汐力，这样就不会有第三项的产生，并且这样的选择等效于将地球运动看成不断朝质心做自由落体运动，即若我们选择一个自由落体的星球为参考系，也能同样计算出潮汐力，并且结果一致，这也说明了潮汐力其实是普遍存在的，跟是否做圆周运动或是否有自转无关。另外，我们还将太阳的引力对地月相对运动的影响的量级计算出来了，发现可以忽略不计。在相对运动中，太阳对地球的引力效果与太阳对质心的引力效果相互抵消了，这说明在"自由落体"的质心系下看，太阳对地球的引力刚好与惯性力抵消了，使得地球仿佛没感受到太阳引力一般，这本质上来源于牛顿万有引力公式中引力正比于质量的这一特殊关系，这也是爱因斯坦建立广义相对论最重要的灵感来源。

▲

中子星专题

中子星的自转有多快？
—— 中子星的起源与自转角速度[1]

〰〰〰〰〰〰〰〰〰〰〰〰〰〰〰〰〰〰〰

摘要：在这一节，我们将会介绍恒星的演化和中子星的形成过程，了解了中子星的形成过程之后，我们将利用角动量守恒定律估算中子星的自转速度，我们会发现中子星的自转速度非常快，达到上百转每秒。

前面我们介绍了太阳的结构，估算了太阳内部的一些物理量。现在，我们来关注一下一般的恒星。我们以前介绍过，太阳在生命末期会膨胀成为一颗红巨星。那么，对于一般的恒星，它们的生命历程是怎么样的？这将是接下来的话题。我们将会了解到，当恒星质量在一定范围内，恒星会经历超新星爆发变成一颗中子星。中子星有很多有趣的性质，其中之一就是它具有非常高的自转速度。我们将利用角动量守恒定律估算中子星的自转速度。

一、恒星的演化与中子星的形成

由于恒星自身会发光，因此人类目前发现的星体绝大部分都是恒星，

可见恒星必然在天体物理中占有非常重要的地位。

通过测量众多恒星的温度和光度，将它们绘制在一张图上，以此来反映恒星颜色与星等的分布特征，有助于我们分析恒星的特点。这样的图被称为赫罗图（Hertzsprung-Russell diagram）。当恒星处在主序星阶段时，其在赫罗图上的位置集中在一条特定的曲线附近，它在曲线的具体位置由它的质量决定。这些主序星阶段的恒星在赫罗图上形成一个被称为主序带的带状图形。

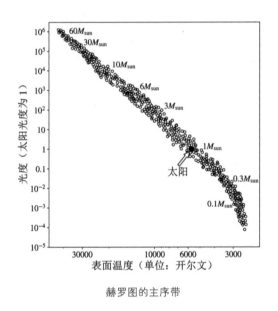

赫罗图的主序带

从赫罗图我们可以发现，恒星的质量越大，其表面温度越高，光度越大。处于主序阶段的恒星有什么不同呢？事实上，主序阶段的恒星都是通过轻核聚变获取能量的，当恒星的核燃料逐渐消耗殆尽时，它会逐步离开主序带。与太阳质量相当的恒星，在生命末期，其外层会被推开，变成红巨星，并会进一步形成行星状星云，而它的核心最后会变成白矮星。

白矮星是一种靠内部电子气体的简并压抗衡引力收缩的天体，它发出的光接近白色。而大于 8 倍太阳质量的恒星，在生命末期会发生超新星爆发，并将大量的物质抛洒出来。超新星爆发会产生非常极端的物理环境，从而让原子序号排在铁原子之后的元素得以被创造出来。太阳系中的重元素就来自超新星爆发过程。太阳内部目前只能制造一些轻核，重核则来自很久以前在附近发生的超新星爆发。

超新星爆发也会留下一个致密的核心，这个核心的质量超过 1.4 倍太阳质量，这会导致电子简并压不足以抗衡引力的压缩，从而继续坍缩直到质子和电子反应成为中子，并由中子简并压来抵抗引力。处于这个阶段的天体就被称为中子星。如果这个核心的质量更大，使得中子简并压也无法抗衡引力，那么它就会进一步坍缩成为黑洞。

中子星内部原子结构不复存在，只靠核子紧密地挤压在一起[1]。这导致中子星的体积极小，大约在 10 千米量级；同时它的质量又很大，大约为 2 倍太阳质量。于是中子星的密度极高，一小勺中子星物质就有好几亿吨。

恒星一般都存在自转，不过这个自转角速度很低。在形成中子星之后，由于体积急剧缩小、转动惯量也急剧变小，最终使得中子星的转速非常高。这就与花样滑冰运动员在转动时把手缩回来从而提高自转速度一样。

另一方面，中子星表面存在非常强的磁场，由于各种各样的物理效应，中子星会沿磁极方向发射强烈的辐射，就像一个手电筒那样。中子星的磁极和自转轴一般不重合，于是其辐射方向会不断地、快速地周期性变化。从地球的角度来看，人们会观测到中子星不断地发射脉冲。当"手电筒"旋转指向地球时，会观测到一个脉冲峰值。这样的脉冲峰值会由于中子星的自转而不断重复，这就是中子星作为脉冲星模型的由来。

---

1. "核子紧密地挤压在一起"是一个简单但有点笼统的表述，实际上中子星内部物质结构很复杂。本节不对中子星的内部物质结构进行深究，因此从略表述。

二、估算中子星的自转角速度

一般 8 至 15 倍太阳质量的恒星最后会形成中子星，我们取典型情况，以恒星质量约为 10 倍太阳质量进行估算。由于恒星的质量大部分集中在内核，若把内核看成均匀球体，可以估算其内核质量大约是太阳内核的 10 倍。由于均匀球体的质量正比于半径的三次方，所以 10 倍太阳质量的恒星内核半径大约是太阳核心半径的 $\sqrt[3]{10} \approx 2.2$ 倍。

在超新星爆发之后，这个恒星内部 1.5 倍太阳质量的物质会变成中子星。这里做一个假定：超新星爆发时内部物质的角动量没有被传递出来，于是最终中子星的角动量就等于原来这 1.5 倍太阳质量的内部物质的角动量。为了估算这部分角动量，我们需要知道其转动惯量。为此，我们先来估算这 1.5 倍太阳质量的物质在恒星阶段的体积是多大。

由于这个恒星初始质量为 10 倍太阳质量，根据之前章节对太阳的介绍，可以估算这个恒星的内核大约为它的总质量的一半，也就是 5 倍太阳质量。而内核里 1.5 倍太阳质量的物质会变成中子星，占整个内核质量的 $1.5 / 5 = 0.3$，于是可以估算这部分物质的半径大约是核心半径的 $\sqrt[3]{0.3}$，约等于 0.67。

太阳内核半径约为 18 万千米，对于 10 倍太阳质量的恒星，我们在前文估算了它的内核半径大约是太阳内核半径的 2.2 倍。于是，我们可以估算得到，恒星内 1.5 倍太阳质量的物质对应的半径约为 $0.67 \times 2.2 \times 18$ 万千米，约等于 27 万千米。

有了质量也有了半径，我们可以估算得到它的平均密度，约为 $36 \ \mathrm{g/cm^3}$。不过，我们还可以通过另一种方法估算这 1.5 倍太阳质量的内核物质的平均密度。

因为恒星的能量来源主要是氢的聚变，这就决定了不同质量的恒星内核温度大致相同，而在恒星形成之初，氢核主要通过引力加速达到能产生

核聚变的温度，于是

$$kT \sim G \frac{m_\mathrm{p} M_\mathrm{c}}{R_\mathrm{c}} \approx G \frac{m_\mathrm{p} \frac{4}{3} \pi R_\mathrm{c}^3 \overline{\rho}}{R_\mathrm{c}} \propto R_\mathrm{c}^2 \overline{\rho}$$

其中 T 是内核温度，k 是玻尔兹曼常数，m_p 是质子质量，M_c 和 R_c 分别是内核质量和半径，$\overline{\rho}$ 是内核的平均密度。由于不同质量的恒星内核温度大致相同，所以内核平均密度与内核半径的平方成反比。前面估算了 10 倍太阳质量的恒星的内核半径大约是太阳的内核半径的 2.2 倍，借此我们可以利用太阳的内核密度来估算 10 倍太阳质量的恒星内部 1.5 倍太阳质量的内核物质平均密度。由于这部分物质是靠近内核的，所以会比内核平均密度要高很多，于是我们应该使用太阳的中心密度来估算这部分物质的平均密度。太阳中心的密度大约为 150 g/cm³，所以这 1.5 倍太阳质量的内核物质平均密度为

$$\overline{\rho} \approx \frac{1}{(2.2)^2} 150 \text{ g/cm}^3 = 31 \text{ g/cm}^3$$

这个结果和前面估算的 36 g/cm³ 比较接近。

接下来我们估算这 1.5 倍太阳质量物质的转动惯量。转动惯量表达式为

$$I = \int r^2 \mathrm{d}m$$

值得注意的是，上式中的 r 是柱坐标上的径向分量，不是球坐标的。不过，由于我们现在处理的"刚体"都是球形的，因此使用球坐标更便于计算。使用球坐标的话，上式的 r 需要换成 $r\sin\theta$。所以，这 1.5 倍太阳质量的物质的转动惯量为

$$\begin{aligned}
I_\mathrm{mc} &= \int (r\sin\theta)^2 \mathrm{d}m \\
&= \rho_\mathrm{mc} \int_0^{2\pi} \mathrm{d}\varphi \int_0^{\pi} \sin^3\theta \mathrm{d}\theta \int_0^{R_\mathrm{mc}} r^4 \mathrm{d}r \\
&= \frac{8\pi}{15} R_\mathrm{mc}^5 \rho_\mathrm{mc}
\end{aligned}$$

其中下标 mc 表示与这 1.5 倍太阳质量的物质相关的量。

根据目前天体物理的认识，我们估算中子星中心密度约为表面密度的 4 倍，而且密度从内到外线性变化，用 ρ_{nc} 表示中子星中心密度，于是中子星密度分布近似为

$$\rho = \rho_{nc}\left(1 - \frac{3}{4}\frac{r}{R}\right)$$

其中 R 是中子星半径。这样可以估算中子星的转动惯量为

$$I_{nc} = \rho_{nc}\int_0^{2\pi}d\varphi\int_0^{\pi}\sin^3\theta d\theta\int_0^R\left(1 - \frac{3}{4}\frac{r}{R}\right)r^4 dr$$
$$= \frac{\pi}{5}R^5\rho_{nc}$$

根据角动量守恒，可以估算得到中子星的自转角速度等于

$$\frac{d\theta_n}{dt} = \frac{I_{mc}}{I_{nc}}\frac{d\theta_s}{dt} = \frac{8R_{mc}^5\rho_{mc}}{3R^5\rho_{nc}}\frac{d\theta_s}{dt}$$

其中下标 n 表示中子星，下标 s 表示一般的恒星。根据目前天体物理对中子星密度的估值，我们使用 5×10^{14} g/cm³ 作为中子星中心密度。这时候我们还需要计算中子星的半径。根据我们前面假设的中子星密度分布，中子星质量为

$$M = \rho_{nc}\cdot 4\pi\int_0^R\left(1 - \frac{3}{4}\frac{r}{R}\right)r^2 dr = \frac{7\pi}{12}R^3\rho_{nc}$$

由于我们前面假设了这个中子星的质量为 1.5 倍太阳质量，根据上式我们可以估算得到中子星半径约为 14.8 千米。使用前面估算的 $\rho_{mc} = 36$ g/cm³ 和 R_{mc} 为 27 万千米，我们得到

$$\frac{8R_{mc}^5\rho_{mc}}{3R^5\rho_{nc}} \approx 4.0\times10^8$$

可见，中子星角速度约为它在成为中子星之前的角速度的 4.0×10^8 倍。这是一个非常强的放大效应。

　　我们假设恒星内核的角速度不依赖于质量，从而可以使用太阳内核的角速度作为中子星形成前的角速度。

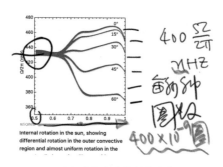

太阳内部各处旋转频率[1]

　　上图取自维基百科，显示的是太阳内部各处旋转频率，可见内核的旋转频率约为 430 nHz，因此可以估算得到中子星的旋转频率为 200 Hz，也就是每秒转 200 圈。考虑到中子星存在两个磁极，也就是有两个发射脉冲的方向，所以中子星每秒脉冲约 400 下。换言之，中子星的脉冲周期在毫秒量级。这个估算结果与目前的天文观测值比较接近。

[小 结]
Summary

　　　　在这一节最开始，我们介绍了恒星的演化过程。恒星会根据自身质量的不同而具有不同的结局，其中一个结局就是在超新星爆发之后变成中子星。我们通过一系列估算，得知

1.　https://en.wikipedia.org/wiki/Solar_rotation 或 者 Christensen-Dalsgaard J, Thompson M J. Observational results and issues concerning the tachocline[J]. The solar tachocline, 2007, 53.

了恒星在形成中子星的过程中会经历一个跨越 8 至 9 个量级的角速度放大过程，这个过程使得中子星最终的自转角速度达到上百转每秒。

▲